高等学校计算机科学与技术教材

Java 程序设计

（第 2 版）

主　编　赵卓君

副主编　代俊雅　魏志军　夏力前　姜　斌

清 华 大 学 出 版 社

北京交通大学出版社

·北京·

内 容 简 介

Java 是目前世界最流行的高级编程语言之一。自诞生以来，Java 迅速成为开发互联网应用程序首选的编程语言。本书针对普通高等院校计算机专业 Java 相关课程的教学要求而编写，对 Java 的起源、特性、开发环境、Java 的基础语法、面向对象编程、异常和异常处理、字符串、集合框架和泛型、输入输出和序列化、GUI 图形用户界面、JDBC 数据库编程、多线程、网络编程等 Java 基础知识都作了深入讲解，还采用了大量完整的程序案例来辅助说明。

本书涵盖了 Oracle 公司的 Oracle Certificated Java Programmer（OCJP）认证要考核的基本知识点。本书既可作为普通高等院校计算机本科专业的 Java 教材，也可作为 OCJP 认证考试的辅导用书。

图书在版编目（CIP）数据

Java 程序设计 /（新西兰）赵卓君主编；代俊雅等副主编．—2 版．—北京：北京交通大学出版社：清华大学出版社，2022.8

ISBN 978-7-5121-4763-8

Ⅰ．①J…　Ⅱ．①赵…　②代…　Ⅲ．①JAVA 语言-程序设计　Ⅳ．①TP312.8

中国版本图书馆 CIP 数据核字（2022）第 130629 号

Java 程序设计
Java CHENGXU SHEJI

责任编辑：谭文芳

出版发行：清 华 大 学 出 版 社　　邮编：100084　　电话：010-62776969　　http://www.tup.com.cn
　　　　　北京交通大学出版社　　邮编：100044　　电话：010-51686414　　http://www.bjtup.com.cn

印 刷 者：三河市华骏印务包装有限公司

经　　销：全国新华书店

开　　本：185 mm×260 mm　　印张：23.5　　字数：628 千字

版 印 次：2015 年 7 月第 1 版　　2022 年 8 月第 2 版　　2022 年 8 月第 1 次印刷

定　　价：69.00 元

本书如有质量问题，请向北京交通大学出版社质监组反映。对您的意见和批评，我们表示欢迎和感谢。
投诉电话：010-51686043，51686008；传真：010-62225406；E-mail：press@bjtu.edu.cn。

序

对于计算机类学科的学生而言，从实用的角度来看，Java 编程是一门最接近实战的高级语言课程，Java 计算平台的应用可覆盖网络应用的所有方面，例如嵌入式和移动应用、游戏、Web 应用、企业软件等；从学习的角度看，除了与 C 语言一脉相承外，选修 Java 语言理由还在于它具有全球最大的开源社区，具有丰富的类库，还有跨平台性、安全性和可靠性等许多优势，使 Java 计算平台在各类企业级应用开发上伸展自如，成为越来越多的专业人员追捧的全球标准。根据 Java 官方的统计数字，目前其开发者的人数已超过 1000 万人。

由于应用需求的增加，Java 计算平台的沿革在近几年变快了。例如，到 2021 年，Java SE 计算平台的软件开发工具包的版本已升级到 JDK17。

为了适应形势的变化，本书编写团队在 2015 年《Java 程序设计》第 1 版基础上进行了整理和改编，编写了第 2 版，并力求突出以下特点：

（1）基于最新版本的 JDK；

（2）基于最新版本的开源工具 Eclipse 平台教学；

（3）提供丰富的教学案例；

（4）提供配套的电子资源，包括课件、实验、课后练习等。

本书第 1 版出版至今已过近 7 年时间，编者及其团队一直在教学实践中不断完善教学方法和教学案例，此版本是对第 1 版的完善和总结，并使第 1 版表述自然、通俗易懂的特点得以继承。另外，随着近两年实训教学的扩充，丰富了教学案例。编者还对第 1 版部分教学内容进行了精简。根据 JDK 的情况，在第 2 版中增加了 Lambda 表达式、枚举、反射、注解、断言、Date 类、StringBuffer 类等知识点，并增加了 JDK 新版本的部分新特性。

按照学院所极力倡导的“格物致知，知行合一”的导学理念，为了使学生在学习中具有更多的练习机会，本书还配套了充足的习题和丰富的实验，使其更加易学易用。

本书经过多年实际教学的实践和精炼，可以作为普通高等院校计算机类学科 Java 编程的本科教材，也可以作为 Java 编程自学教程。

北京理工大学珠海学院计算机学院院长

2022 年 3 月

前　言

Java 是一个完全面向对象的高级编程语言。从 1995 年问世以来逐步被 IT 界所接受。Java 语言拥有丰富的类库，具有与平台无关、解释执行、简单安全等特点，又解决了互联网上的大型应用问题，一出现就被广泛应用于多个领域。

目前所有普通高等院校的计算机本科专业都开设了多门与 Java 相关的课程。很多学生虽已学过 C 语言，有了一定程序设计基础。但是在学习 Java 中仍然遇到不少困难。有些学生甚至反映 Java 语言难学，不如 C#容易入门、较易掌握。编者在多年的 Java 程序设计语言的实际教学中也遇到了类似的问题，在不断地解决这些问题的过程中编者积累了一定的经验，深知对于难以理解的知识点在理论课上需要深入浅出的阐述，在实验课上要细心地引导学生，从实际动手中让学生进一步理解知识点。本书在 2015 年编著的《Java 程序设计》第 1 版的基础上进行整理和修改而成，并添加 JDK 新版本的部分新特性。

本书仍然继续使用通俗易懂的风格来阐述 Java 知识，并用大量完整的案例来辅助说明这些知识点。全书共 11 章，包括 Java 概述、Java 基础语法、面向对象的实现、异常和断言、java.lang 包和字符串、集合框架和泛型、输入输出和序列化、GUI 图形用户界面、JDBC 数据库编程、多线程、网络编程等知识。在编写中，尽量保证 Java 知识体系的完整性，也尽量考虑到 Java 教学中的逻辑顺序。为了让教师和学生更好地使用本书，本书配套了丰富的教学资源（请发送邮件到 zhao_zj@bitzh.edu.com 与编者联系）。

本书由赵卓君主编，参与本书编写的人员还有代俊雅、魏志军、夏力前和姜斌，均来自北京理工大学珠海学院计算机学院。赵卓君负责本书前言、第 1 章、第 4 章、第 8 章、第 9 章的编写；姜斌负责第 2 章、第 11 章的编写；夏力前负责第 3 章、第 10 章的编写；代俊雅负责第 5 章、第 6 章的编写；魏志军负责第 7 章的编写。本书的整合和校对工作由赵卓君完成。

参与本书编写的老师平时都有繁重的教学和科研任务，但仍然坚持完成本书的编写。在这里向所有参与编写的老师表示衷心的感谢。没有大家的努力，就没有这本书。另外，在编写过程中也获得很多其他老师的帮助和支持，尤其是北京理工大学珠海学院计算机学院院长路良刚博士的大力支持。路良刚院长还参与本书的审核，给予了很多宝贵的建议，并亲自为本书再次撰序。在这里特别鸣谢路良刚院长。

尽管编者已经尽了最大的努力，但仍然难免有错误和疏漏之处，恳请所有读者不吝指出，以便我们修改。再次感谢所有读者的鼓励和支持。

编　者

2022 年 3 月

目　录

第 1 章 Java 概述

本章要点：

☑ Java 的起源和发展
☑ Java 的特点
☑ Java 开发环境的配置
☑ 编写和运行第一个 Java 程序
☑ Eclipse 的使用

Java 是目前世界最流行的高级编程语言之一。自 1995 年问世至今，Java 技术已涉及桌面系统、企业应用、无线应用、Web 服务等多个方面，并成功地应用在网络计算及移动等各应用领域，Java 技术的通用性、高效性、平台移植性和安全性使之成为网络计算的理想技术。从笔记本电脑到数据中心，从游戏控制台到科学超级计算机，从手机到互联网，从跨国金融系统到卫星通信，Java 已无处不在！

如今，Java 技术日益成熟，吸引了全世界超过 1000 万的软件开发者，成为开发互联网应用程序首选的编程语言。它在各个重要的行业部门得到了广泛的应用，而且还出现在各种各样的设备、计算机和网络中。那么 Java 是如何起源的？它具有什么特点，为什么会迅速流行和具有如此的魅力呢？我们又如何开始编写第一个 Java 程序呢？这些都是本章将要讨论的。

1.1 Java 的发展简介

20 世纪 90 年代初期，Sun Microsystems（太阳微系统公司，以下简称 Sun 公司）的 James Gosling（被誉为 Java 之父）等人致力于开发一种语言。当时开发人员所在的办公室窗外有一棵大大的橡树，因此他们给这个语言命名为 Oak 语言（这是 Java 语言的前身）。Oak 语言其最初的目的是为家电消费电子产品开发一个分布式系统。这样用户可以把电子邮件发给电冰箱、电视机等家用电器，对它们进行控制。当时，C 语言已经很难满足人们的这一愿望。因为 C 语言总是针对特定的芯片将源程序编译为机器码，该机器码的运行就与特定的芯片指令有关。在其他不同类型的芯片（如不同类型、不同厂商的电子产品的芯片）上可能无法运行或出现运行错误，甚至可能引起设备的毁坏等灾难性后果。解决这个问题需要一门独立于特定芯片的语言。在这个需求下，Java 语言诞生了。

Java 命名的来由也有一段广为人知的故事。有一天，几位 Sun 公司的 Java 组成员讨论给这门新的编程语言取什么名字时，他们当时正在喝着爪哇（Java）岛产的咖啡。有一个人建议说就叫 Java 怎么样？他的提议得到了其他人的赞同，于是 Java 这个名字就这样定了下来，而 Java 的图标正是一杯冒着热气的咖啡。

Java 不仅适合开发大型的桌面程序，也特别适合开发网络通信应用程序，已经成为目前技术开发中最常用的编程语言之一。Java 作为软件开发的革命性技术的地位已经确立。企业的解决方案正在从客户端/服务器（C/S）架构转换到浏览器/服务器（B/S）架构。在传统的 C/S 架构中，要针对不同的机器类型和操作系统类型编写不同的应用程序，开发难度大，而且难以维护。而在 B/S 架构中，终端用户的界面为浏览器，这其中 Java 起了不可替代的巨大作用。

Java 最初的出现是为了解决 Internet 上的大型应用问题，因此 Java 和互联网之间有着千丝万缕的联系。随着互联网的迅速发展，Web 的应用日益广泛，Java 语言也得到了迅速发展，而 Java 语言的发展反过来也进一步推动了互联网的发展。

1999 年 Sun 公司将企业级应用平台作为 Java 语言的发展方向，包含 Java SE、Java EE 和 Java ME 三个平台。Java SE 是 Java 标准版平台，主要用于桌面应用程序的开发；Java EE 是企业级开发平台，主要用于企业级 Web 应用开发和大型网站的开发；Java ME 主要是为机顶盒、移动电话和 PDA 之类嵌入式消费电子设备提供的 Java 语言平台。

2004 年 Sun 公司发布了 Java SE 的 Java 开发工具集 Java Developer's Kit（以下简称 JDK）1.5 版本。同时，Sun 公司将版本号 1.5 改为 5.0，之后 JDK1.6 版本也就是 JDK 6.0，依次类推。

2009 年 4 月 20 日，美国数据库软件巨头 Oracle（甲骨文）公司宣布以 74 亿美元收购 Sun 公司。2021 年 9 月 14 日，最新版 JDK17 版本正式发布。本书介绍的都是基于 Java SE 平台的 Java 程序设计。

1.2 Java 的特点

Java 出现后得到迅速的推广，它和互联网的完美结合、平台无关性、解释执行、安全可靠等特点引起了计算机业界的广泛关注。要想学好 Java 语言，当然首先需要了解它的特点。下面介绍 Java 语言的特点。

1. 简单性

Java 语言的语法规则和 C 语言非常相似，并且 Java 还舍弃了 C 语言中复杂的数据类型（如：指针和结构体），因此很容易入门和掌握。Java 的面向对象编程思想的特性是从 C++继承过来的，但又对其进行了改善。例如：使用接口来取代 C++中的多重继承；提供了内存垃圾自动回收机制等，大大简化了人工管理内存的工作。总之，Java 是一门易学易用的高级编程语言。它的这个特点，相信读者在学了 Java 之后会有深刻的体会。

2. 可靠性和安全性

Java 从源代码到最终运行经历了一次编译和一次解释，每次都进行了代码检查，比其他只进行一次编译检查的编程语言具有更高的可靠性和安全性。Java 的可靠性和安全性具体体现在以下几点。

- Java 是一种强数据类型的编程语言，要求显式的变量和方法声明，不支持隐式声明。这保证了编译器可以发现变量方法的使用错误，保证程序在运行时更加可靠。
- Java 不支持指针数据类型，加上它的自动内存垃圾回收的特点，防止了非法访问内存及破坏数据的可能性。
- Java 虚拟机（Java virtual machine，JVM）中有一个字节码校验器，对 Java 源代码编译之后产生的字节码文件进行第二次检查，可以发现数组和字符串访问的越界。

- Java 语言提供了异常处理机制，对程序运行过程出现的异常可以进行捕获和处理，并安全终止程序的运行并释放占用的内存空间，防止程序因意外突然中断没有释放内存空间。

上述几种机制结合起来，使得 Java 成为一种安全可靠的编程语言。

3. 面向对象

面向对象的编程思想旨在计算机程序中模拟现实世界中的概念。现实世界中任何实体都可以看作是对象，任何实体都可归属于某类事物，任何对象都是某类事物的一个具体的实例，任何对象之间是通过消息相互作用的。如果说传统的面向过程的编程语言（如：C 语言）是以过程为中心以算法为驱动的话，那么面向对象的编程语言则是以对象为中心以消息为驱动。用公式来表示，面向过程的编程语言可表示为：程序=算法+数据；面向对象的编程语言可表示为：程序=对象+消息。

Java 是一种完全面向对象的编程语言，具有面向对象编程语言都具有的封装、继承和多态三大特点。所谓封装，就是把对象的数据和方法封装成一个整体。Java 语言的基本封装单元是“类”(class)。类定义了该类对象应该具有的形式，指定了对象的数据和操作数据的方法。继承是指一个对象直接使用另一个对象的属性和方法。Java 的类具有层次结构，子类拥有父类的属性和方法。与另外一些面向对象编程语言不同的是，Java 只支持单一继承。多态性是面向对象程序设计的又一个重要手段。简单来说，就是同一种事物表现出的多种形态。多态允许将子类的对象当作父类的对象使用。父类的引用可以指向其子类的对象，调用的方法是该子类中重写父类的方法。这里引用和调用方法在代码编译前就已经决定了，而引用所指向的对象可以在运行期间动态绑定。

4. 平台无关和解释执行

Java 语言的一个非常重要的特点就是平台无关性。它是指用 Java 编写的应用程序编译一次后不用修改就可在不同的操作系统平台上运行。Java 之所以能平台无关，主要是依靠 Java 虚拟机（JVM）来实现的。JVM 是一种抽象机器，它附着在具体操作系统之上，本身具有一套虚拟机器指令，并有自己的栈、寄存器组等。

Java 编译器将 Java 源代码编译后生成字节码文件（一种与操作系统无关的二进制文件）。字节码文件通过 JVM 里的类加载器加载后，经过字节码校验，由解释器解释成当前计算机的操作系统能够识别的目标代码并最终运行。图 1-1 展示了 Java 程序从编译到最后运行的完整过程。

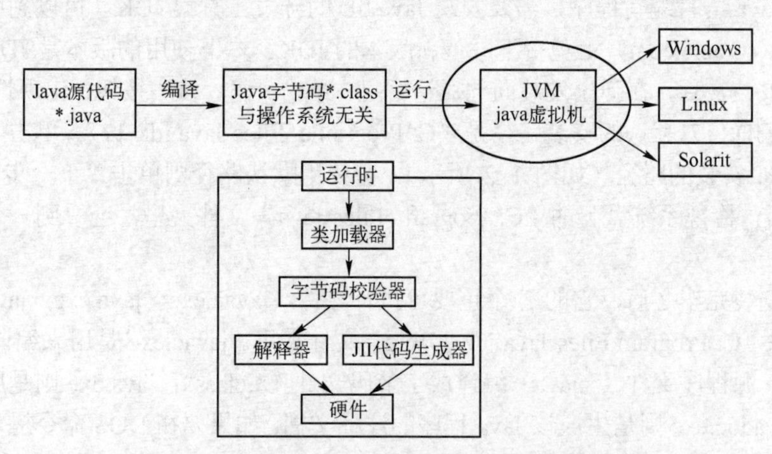

图 1-1　Java 程序编译、解释、运行过程示意图

Java 的平台无关性具有深远的意义。首先，它将编程人员梦寐以求的事情——开发一次软件在任意操作系统上运行变成了事实。这将大大加快和促进软件产品的开发。其次，Java 的平台无关性正好迎合了“网络计算机”思想。如果常用的应用软件（如字处理软件等）都是用 Java 编写的，并且放在某个 Internet 服务器上，那么用户每当需要使用某种应用软件时，只需下载该软件的字节代码即可，运行结果也可以发回服务器。目前，已有数家公司开始使用这种新型的计算模式构筑自己的企业信息系统。

5．分布式

分布式包括数据分布和操作分布。数据分布是指把数据可以分散在网络的不同主机上，操作分布是指把一个计算分散在不同主机上处理。

Java 支持 WWW 客户-服务器计算模式。因此，它既支持数据分布也支持操作分布。对于数据分布，Java 提供了一个称为 URL 的对象，它可以打开并访问具有相同 URL 地址上的对象，访问方式与访问本地文件系统相同。对于操作分布，Java 的 Applet 小程序可以从服务器下载到客户端，即部分计算在客户端进行，提高系统执行效率。

6．多线程

线程是操作系统的一种新概念，它又被称作轻量进程，是分配内存资源最小的单位。多线程是指程序在同一时间执行多个任务的功能。C 和 C++采用单线程体系结构，而 Java 却提供了多线程支持。

Java 在两方面支持多线程。一方面，Java 环境本身就是多线程的，系统线程运行负责必要的无用内存空间回收，系统维护等系统级操作；另一方面，Java 语言内置多线程控制，可以大大简化多线程应用程序开发。Java 提供了一个 Thread 类负责启动、运行、终止线程，并可检查线程状态。Java 还可以对线程实行并发控制。利用 Java 的多线程编程接口，开发人员可以方便地写出支持多线程的应用程序，提高程序执行效率。必须注意的是，Java 的多线程支持在一定程度上受运行时操作系统的限制。如果操作系统本身不支持多线程，Java 的多线程特性可能就表现不出来。

1.3　开发工具包 JDK 及其配置

要想用 Java 语言编写程序，需要安装 Java SE 的开发工具集 JDK。可以到甲骨文官方网站（http://www.oracle.com）上免费下载最新版本的 JDK。本书使用的版本是 JDK17。双击下载的 JDK17 安装文件，在弹出安装向导对话框里，单击“下一步”按钮，出现选择 JDK 安装路径对话框，JDK17 默认的安装路径是“C:\Programe Files\Java\jdk-17”。单击“更改”按钮可以选择 JDK 安装的路径（如图 1-2 所示），若使用默认路径则单击“下一步”按钮。JDK 安装完毕之后，检视系统盘下的“C:\Program Files\Java”文件夹里，会看到一个子文件夹：jdk-17。

JDK17 安装完毕之后，它的 3 个重要可执行文件（javac.exe、java.exe、javadoc.exe）都在其安装目录“C:\Program Files\Java\jdk-17\bin”文件夹里。javac.exe 是用来编译 Java 源程序的，它把 Java 源程序文件（*.java）编译成字节码文件（*.class）；java.exe 则是用来执行字节码文件的；javadoc.exe 则是生成该 Java 程序的注释文档。如果要在 DOS 命令提示符下使用这 3 个可执行文件，需要配置 3 个环境变量：JAVA_HOME、CLASSPATH 和 PATH。下面以

Windows 7 操作系统为例讲解具体配置步骤：

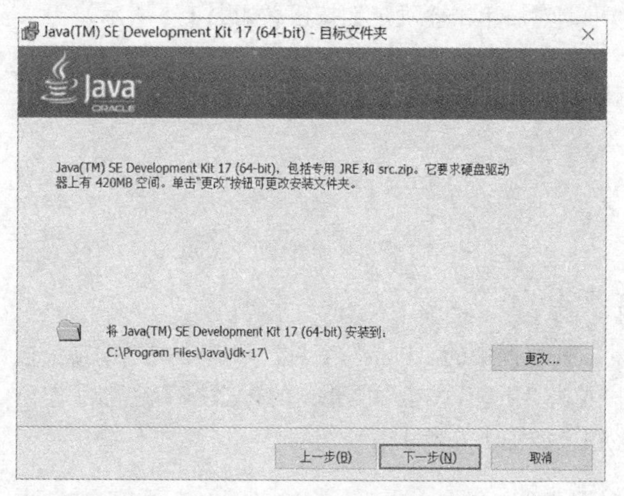

图 1-2　选择 JDK 安装路径

（1）配置 JAVA_HOME

鼠标右击“计算机”，在右键菜单里选择“属性”，打开“属性”对话框，单击右边导航的“系统高级设置”，选择“高级”选项卡，再选择下面的“环境变量”按钮，弹出“环境变量”对话框（如图 1-3 所示）。单击“系统变量”列表框下的“新建”按钮，弹出“新建系统变量”对话框，在“变量名”文本框里输入“JAVA_HOME”，然后在“变量值”输入框里输入“C:\Program Files\Java\jdk-17”，然后单击“确定”按钮（如图 1-4 所示）。

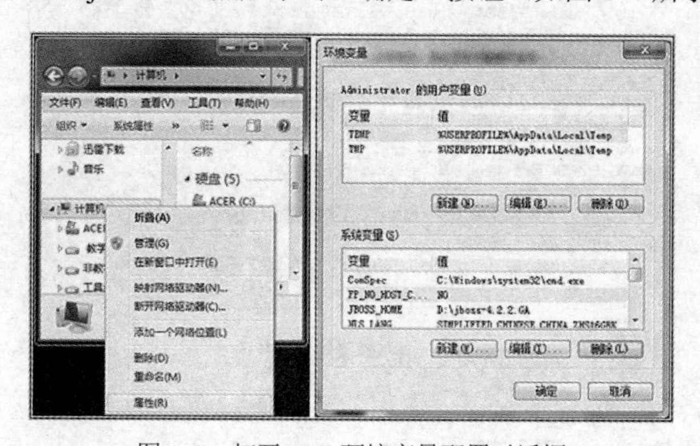

图 1-3　打开 JDK 环境变量配置对话框

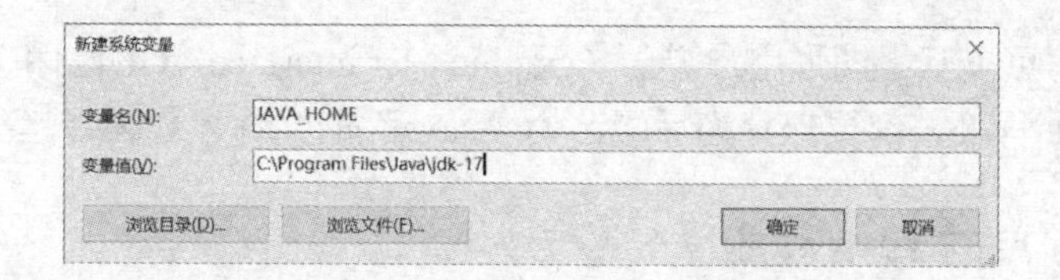

图 1-4　配置环境变量 JAVA_HOME

（2）配置 CLASSPATH

再次单击“系统变量”列表框下的“新建”按钮，重新弹出“新建系统变量”对话框，在“变量名”文本框里输入“CLASSPATH”，在“变量值”文本框里输入“.;%JAVA_HOME%\lib”（注意开头是点和分号），然后单击“确定”按钮（如图 1-5 所示）。

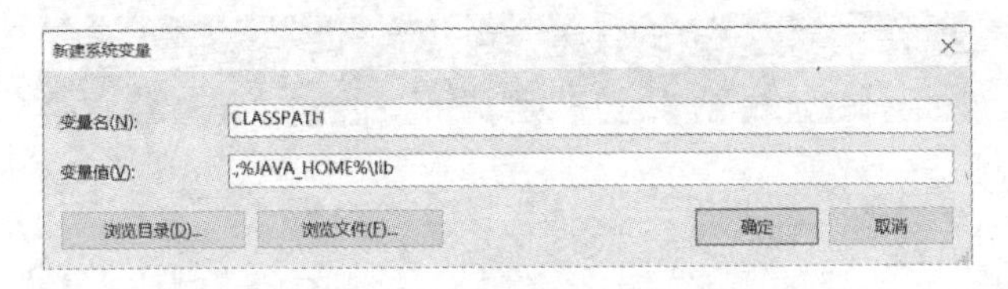

图 1-5　配置环境变量 CLASSPATH

（3）配置 PATH

单击“系统变量”列表框中的“Path”变量，然后单击“编辑”按钮，在弹出的“编辑环境变量”对话框里，单击“新建”按钮添加 JDK 的 PATH 环境变量配置“%JAVA_HOME%\bin”，然后单击“确定”按钮（如图 1-6 所示）。

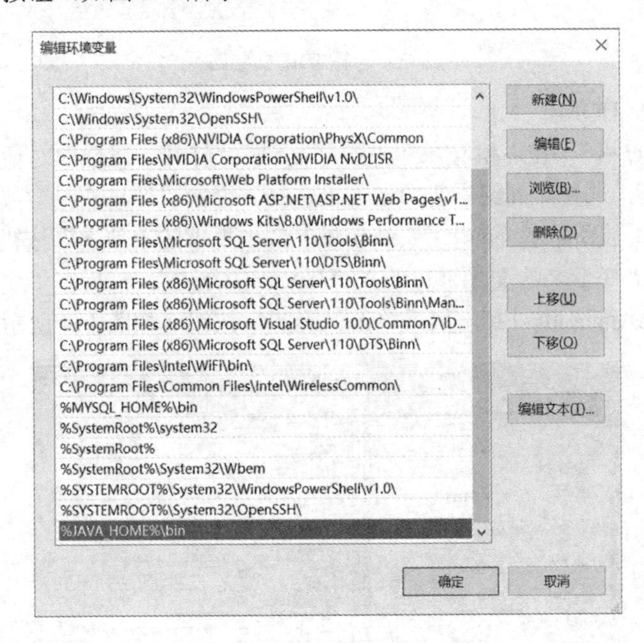

图 1-6　配置环境变量 PATH

1.4　编写简单的 Java 程序

Java 应用程序可以基于图形用户界面（graphic user interface，GUI）和基于字符型界面编程。无论哪种 Java 程序，都要保存为后缀名为“.java”的文件才能编译运行。

1.4.1　一个最简单的 Java 程序

Java 程序的源代码文件是一种文本文件，所以可以用任何一种文本编辑器来编写 Java 程序，如：记事本、UltraEdit、EditPlus 等。下面先用记事本来编写一个最简单的 Java 程序。新建一个记事本文件，在里面输入以下代码，见例 1-1。

【例 1-1】 第一个 Java 程序，在控制台输出欢迎信息

```
/**
 * 文档注释
 * 第一个 Java 程序，在屏幕上输出 Hello World
 * @author 北京理工大学珠海学院 计算机学院
 */
public class HelloWorld {
    /*
     * 这是一个 main 方法（多行注释）
     */
    public static void main(String [ ] args) {
        // 输出此消息 （单行注释）
        System.out.println("Hello World");
    }
}
```

将该记事本文件保存为 HelloWorld.java。Java 的注释有三种：单行注释（//)、多行注释（/*　*/）和文档注释（/**　*/）。单行注释和多行注释与 C 语言的注释是相同的，而用/**　*/来标注的注释可以在今后形成该程序的 API 帮助文档（稍后将解释什么是 API 帮助文档)。

Java 是一种完全面向对象的编程语言，所以离开对象和类是无法编写代码的。所以该程序的第一行代码是 public class HelloWorld 开头。public 是 Java 的访问修饰符，意指该类可以从任何地方被访问。class 是类的关键字。HelloWorld 是该类的名称。HelloWorld 之后的一对大括号代表该类定义的开始和结束。

public static void main(String[ ] args)是 Java 应用程序的起点 main 函数。在 Java 中，函数被称为方法，main 函数也被称为 main 方法。static 指 main 方法是一个静态方法，即不需要通过该类对象来调用，而是可以通过该类的类名直接调用。void 指明 main 方法没有返回值。Java 中 main 方法是有参数的。main 方法后面的 String[ ] args 就是 main 方法的参数。String[ ]代表参数的数据类型是字符串数组。值得注意的是，Java 的 main 方法头部的写法是固定的。前面的 public static void 修饰符一个都不能少。如果少了一个，即使编译不报错，运行时也会报“java.lang.NoSuchMethodError: main”(找不到 main 方法)的错误。String[ ] args 可以写成 String args[ ]。当然参数名称可以另行命名，不过这个改变的意义不太大。因此，建议写 main 方法时保持上面的标准写法。main 方法后面的一对大括号代表 main 方法的方法体。“System.out.println ("Hello World");”语句表示向控制台上输出字符串 Hello World。System.out.println 是 Java 的标准输出语句。Java 语言是严格区分大小写的，所以 public、class 等关键字全部是小写。而 String、System 是 Java JDK 提供的系统类，第一个字母均需要大写。Java 在每行代码最后需要用分号“;”来结束。

1.4.2 编译和运行 Java 程序

如何编译和运行例 1-1 中的 Java 程序呢？从“开始”菜单中单击“运行”，在“运行”对话框里输入命令：cmd，打开 DOS 命令提示符窗口。在命令提示符下先进入 Hello.java 文件所在的路径（假设在 D 盘根目录下），然后键入命令 javac Hello.java。如果没有任何错误，

说明该程序通过了编译。这时到 D 盘根目录下检视可以发现新生成一个 Hello.class 的字节码文件。接下来在 Dos 命令提示符下输入命令“java Hello”即可运行，输出“Hello World”，如图 1-7 所示。

图 1-7　在 DOS 下编译和运行 Java 程序

在这里，javac 是编译 Java 程序的命令，而 java 是运行 Java 程序的命令。这两个命令都是 exe 文件，位于 JDK 安装路径下的 bin 文件夹下（在此处的路径是“C:\Program Files\Java\jdk-17\bin”）。

下面就 bin 文件下重要的可执行文件进行解释。

（1）javac.exe

用于编译 Java 程序源代码，编译之后生成字节码文件（.class）。

语法：javac [option] source

[option] 是指可选项，可包括以下的选项。

- -classpath<路径>：指定将使用的类路径或要使用的封装类的 jar 文件的路径。
- -d<目录>：指定 Java 源文件编译之后生成的字节码 class 文件存放的位置。

source：指代 Java 源文件名，包括文件扩展名.java。

（2）java.exe

用于执行 Java 程序编译之后的字节码文件。

语法：java [option] classname [arguments]

[option] 是指可选项，可包括以下的选项。

- -classpath<路径>：指定将使用的类路径或要使用的封装类的 jar 文件的路径。
- -version<目录>：显示 JDK 的版本。

classname 是编译之后的字节码文件，但不包含文件扩展名.class。

[arguments]：是可选的，指代传递给 main 方法的参数。main 方法的参数是字符串数组。所以 arguments 的位置可以放多个字符串，用空格进行分隔（详细解释请见第 2 章的命令行参数）。

（3）javadoc.exe

用于将 Java 程序源代码中的类、方法和文档注释（/**　*/）抽取出来形成一个源代码配套的 API 帮助文档。

语法：javadoc [option] source

[option] 是指可选项，可包括以下的选项。

- -classpath<路径>：指定将使用的类路径或要使用的封装类的 jar 文件的路径。
- -author：使用该选项可以将文档注释中@author 段落指定的作者名显示在生成的 API 帮助文档中。

JDK17 有一个对应的 API 帮助文档（如图 1-8 所示）。该文档对 JDK 中每个类的特点和常用方法的使用提供了详细的信息，是 Java 程序员最经常查阅的资料。而这个文档正是使用 javadoc 命令来生成的。该文档可以在甲骨文公司的官方网址下载。

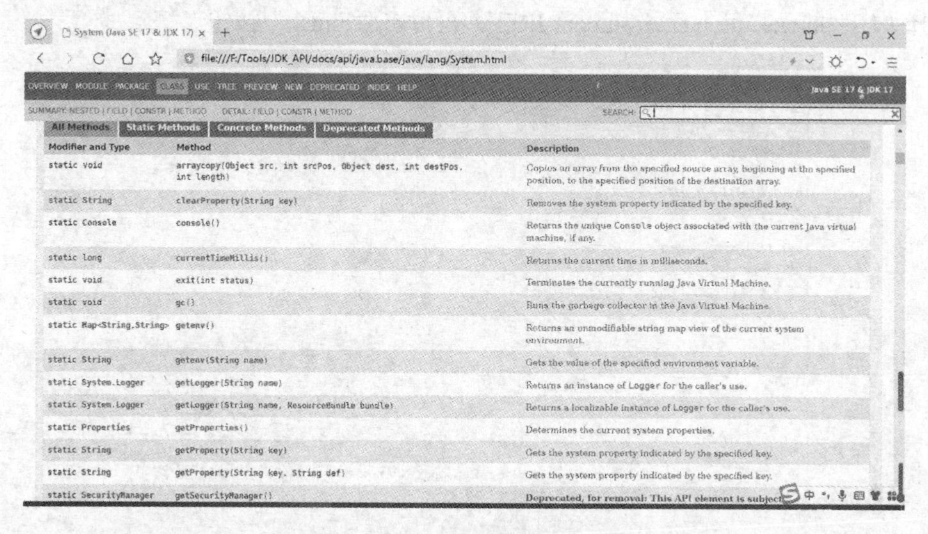

图 1-8　JDK 17 的 API 帮助文档

除了在记事本、UltraEdit、EditPlus 等文本编辑器里编写 Java 程序之外，还可以在专门的 Java 开发工具中编写和运行 Java 程序。下面介绍一个开源的 Java 程序开发工具：Eclipse。

1.5　Eclipse 的使用

Eclipse 是 IBM 公司开发的一个开源的、基于 Java 的可扩展开发平台，于 2001 年移交给 eclipse.org 协会。Eclipse 附带了一个标准的插件集，包括 JDK。可从 Eclipse 的官方网站（http://www.eclipse.org）下载 Eclipse。本书使用 2021 年 12 月发布的版本。双击下载的 eclipse-inst-jre-win64-2021-12.exe 文件即可安装。安装成功后，在桌面上会生成一个快捷访问图标。双击该图标即可启动 Eclipse 并弹出一个 Workspace Laucher 设置工作区的对话框。可以使用 Eclipse 默认的工作区路径，也可以单击 Browse 按钮另选一个文件夹作为 Eclipse 的工作区（如图 1-9 所示）。设置好工作区后，在 Eclipse 里创建的所有工程项目均保存在该工作区文件夹里。

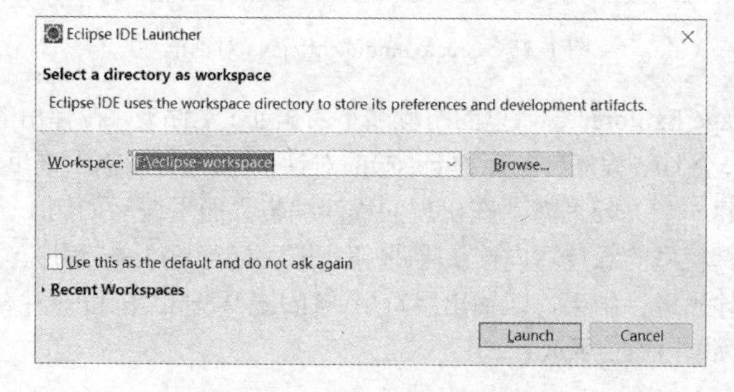

图 1-9　Workspace Laucher 对话框

在打开的 Eclipse 左边的导航里选择 Create a Java project 超链接，或者单击菜单 File→New→Java Project 打开新建 Java 工程的对话框（如图 1-10 所示）。在 Porject Name 输入框里输入工程名称，如：Ch01（注：必须使用英文字母开头，后面可以是英文字母、数字和下划线），JRE 选择“Use an execution environment JRE”，再单击“Finish”按钮。

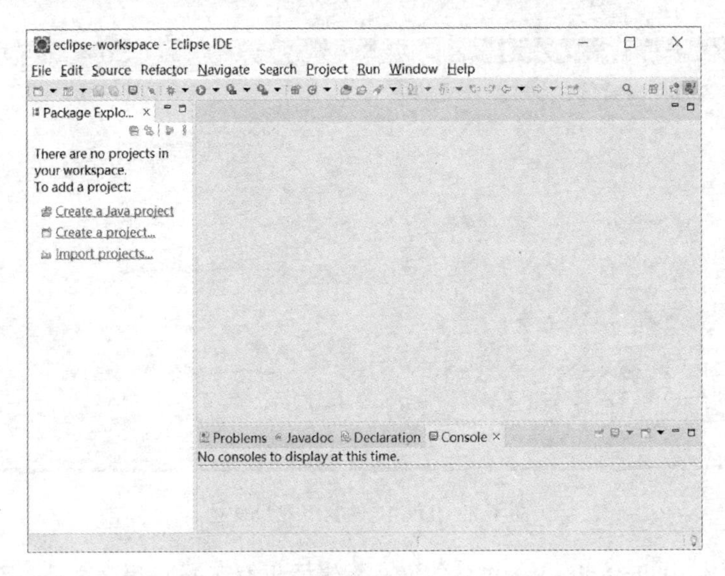

图 1-10 Eclipse 编辑和运行 Java 程序对话框

在弹出的 Create module-info.java 对话框里，单击 Don't Create 按钮，表示目前先不创建 module-info.java 文件（如图 1-11 所示）。

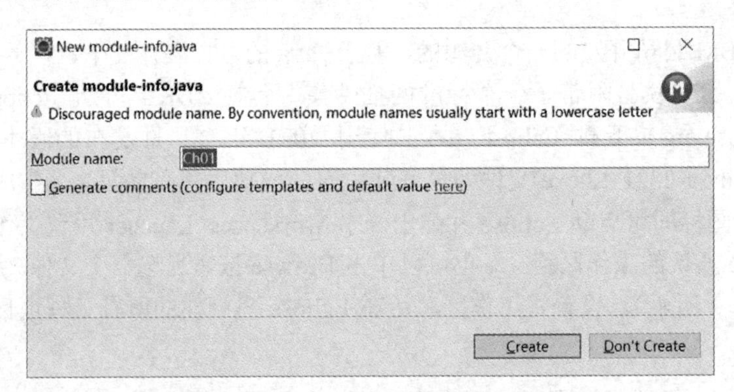

图 1-11 Create modul-info.java 对话框

在左边的 Package Explorer 窗口里的工程名下右击 src 文件夹，在弹出的菜单里单击 New→Class，弹出新建一个 Java 程序(即:新建 class)的对话框，在 Name 输入框里输入:HelloWorld，单击 Finish 按钮新建一个 Java 程序。在出现的程序编辑界面里编写如例 1-1 的 Java 程序，并保存。然后单击工具栏里的绿色右向箭头按钮，即可运行该 Java 程序。在下面的 Console 控制台窗口里将会输出运行结果，即输出字符串：Hello World。Eclipse 中编译和运行都用这个按钮来完成（如图 1-12 所示）。

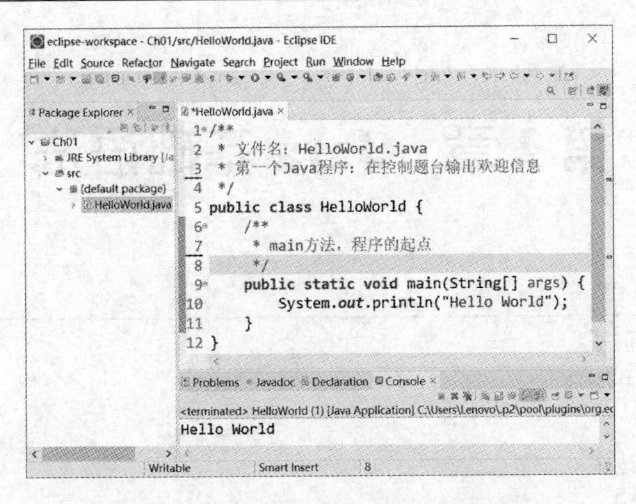

图 1-12　Eclipse 编辑和运行 Java 程序对话框

总结

本章介绍了 Java 的起源和发展。Java 是 Sun 公司 1995 年推出的一门完全面向对象的高级编程语言，2011 年甲骨文公司收购 Sun 公司。至此，Java 所有技术版权归属甲骨文公司。

Java 语言编写的程序编译以后，可以在任何一种操作系统上运行。这是因为 Java 源程序文件（.java 文件）编译后生成的字节码文件（.class 文件）是一种与操作系统无关的二进制文件，经过 Java 虚拟机（JVM）加载、效验和解释，最终生成当前计算机的操作系统可以执行的目标代码。

编辑和运行 Java 程序需要使用免费的 Java 开发工具集 Java Developer's Kit（JDK）。本书采用的版本是 JDK17。

可以用任何一种文字编辑工具来编写 Java 程序。Java 程序可以在 DOS 命令提示符下进行编译和运行。Eclispe 是一款开源的 Java 集成开发工具。

第 2 章　Java 基础语法

本章要点：

☑ 标识符和关键字
☑ 数据类型和类型转换
☑ 常量与变量
☑ 运算符与表达式
☑ 程序流程控制
☑ 一维数组
☑ 二维数组和多维数组
☑ foreach 循环和数组
☑ 命令行参数
☑ Scanner 的控制台输入
☑ Lambda 表达式

本章主要介绍编写 Java 程序所需要掌握的重要基本语法知识，包括标识符和关键字、常量和变量、数据类型和类型转换、运算符和表达式、程序流程控制、数组和运行时参数、Scanner 控制台输入、Lambda 表达式等。

2.1　标识符

2.1.1　标识符定义

标识符（identifier）是表示名称的字符序列，用来标识类名、变量名、方法名、接口名、数组名、文件名等。换句话说，任何类、变量、方法、接口、数组、文件等都需要有名字。例如，文件名 IdentifierDemo.java；类名 IdentifierDemo；字符串变量名 mySchool；方法名 showInfo。

【例 2-1】 标识符使用案例。

```
public class IdentifierDemo{
	public static void main(String[ ] args) {
		String mySchool = "北京理工大学珠海学院";
		showInfo (mySchool);
	}
	private static void showInfo (String s) {
		System.out.println(“所就读学校：”+s);
```

```
    }
}
```

运行结果如下：

```
所就读学校：北京理工大学珠海学院
```

2.1.2　标识符构成规则

为了能正确且有效地使用标识符，需要了解标识符的以下若干条命名规则：

- 由英文字母（A～Z、a～z）、特殊符号（$、_）和数字（0～9）组成；
- 必须以字母、下划线、$符号开头，不能是数字开头；
- 不能为关键字，如 int、class、if、for 等，但关键字可以是标识符中的部分，如 intA、class1，myclass 等；
- 区分大小写，如 abc、Abc、ABC 是不一样的；
- 没有长度限制，但单词间不能有空格。

例如：myVar1、thisPicture、ClassDemo、_var1、$tempValue、OK、_23b、Y_123、_3_等都是有效的标识符。

2.1.3　标识符命名约定

编程的命名约定是推荐的命名法，目前一般遵循两种命名约定：帕斯卡命名法（PascalCase）和驼峰命名法（camelCase）。 帕斯卡命名法约定在多个单词组成的名称里，每个单词除首字母大写，后面的字母均小写。驼峰命名法约定在多个单词组成的名称里，除了第一个单词全小写，其余每个单词除首字母大写，后面字母均小写。帕斯卡命名法一般用于自定义的类型，如类名、接口名，而 camelCase 约定一般用于变量名、方法名，不同命名主体的约定请参考表 2-1。

表 2-1　Java 语言命名约定用法表

命名主体	使用的约定	单个单词	多个单词（包：多层）
变量	camelCase	age，sex，area，perimeter（有含义的词汇，一般用于成员变量），a, b, c, i, j, a1,a2（可用于局部或变量）	studentScore，studentName
方法名	camelCase	print()，exit()，next()	nextInt(), setScore(), computeStudentScore(int studentId)（方法的形参名也用 camelCase 约定）
类名	PascalCase	String，System，Scanner	StudentScoreManager, InputStream
包名	全小写	demo, package1, package2,	student_app，my_tools（多个词汇间加下划线间隔） java.lang，　java.util，cn.edu.bitzh.my_oa（分层的包之间用句点“.”来间隔,一般用机构的域名反序来组织，并后面加上子包名）
常量名	全大写	PI，MIN，MAX	MIN_VALUE，MAX_VALUE，MY_PI，TAX_RATE_UNIT

个别初学者编程时会用汉语拼音给方法或变量命名。这样的命名很难让使用者理解程序的意图，因此不建议这样做。也不能使用中文名称，中文名称也不符合前面的命名约定。推荐使用英文给标识符命名，在程序中的使用英文命名时，原则上不使用太复杂单词。命名要

力求简单、明了、意思准确，望其名而知其意。

2.1.4 分隔符

标识符的作用是为了方便用户在编程时引用常量、变量、数据类型、类、对象和方法等。分隔符对于控制程序文本的格式起着重要作用，它包括空白符、分号、逗号、冒号和大括号五种类型。这些分隔符的使用场合与功能如下。

空白符：具体又包括空格、换行符、制表符，空格一般用于分割程序语句中的两个关键字、换行符完成换行功能、制表符一般用于程序中语句的缩进，以便实现整个程序的一种缩进对齐型的排列格式。

分号：用于表示语句结束，或用于 for 循环语句中。

逗号：用于变量之间的分隔。

冒号：用于?: 条件运算符与 switch 中的 case 语句，也可以用于 for each 循环。

大括号：用于表示类体、方法体、复合语句（for/while/switch/if）。

2.2 关键字

关键字是指编程系统中已定义好并赋予特殊涵义的单词。类似其他语言，Java 中预留了不少关键字，如：class、if、for、while 等。Java 语言中的关键字请参考表 2-2。

表 2-2 Java 语言中的关键字

abstract	continue	for	new	switch
assert	default	goto	package	synchronized
boolean	do	if	private	this
break	double	implements	protected	throw
byte	else	import	public	throws
case	enum	instanceof	return	transient
catch	extends	int	short	try
char	final	interface	static	void
class	finally	long	strictfp	volatile
const	float	native	super	while
var（JDK 10 引入）				

Java 关键字中，都有其特殊作用。例如：class 用于类的声明，if、while、for 用于结构化代码组织等。目前不需要死记，后面会逐步介绍。对于 Java 关键字的使用，有以下几条需要注意：

- 所有关键字的写法都是全小写。
- 程序中的标识符不能以关键字命名（参考 2.1.2 规则第 3 条）。
- false，true 和 null 不属于关键字，它们在 Java 语言中具有特殊的用途。
- const 和 goto 关键字在当前版本中没有使用。

2.3 数据类型、变量与常量

通常计算机语言将数据按其性质进行分类，每一类称为一种数据类型（data type）。数据类型定义数据性质、取值范围、存储方式，以及对数据所能进行的运算和操作等。对数据类型、常量与变量的学习可以加深对于标识符、关键字及分隔符的理解。

2.3.1 数据类型

Java 中的数据类型主要可分为基本数据类型与引用数据类型。

2.3.2 基本数据类型

Java 中的基本数据类型（也叫原始数据类型）。基本数据类型的变量直接存储数据。例如：

```
int a = 100;
double b = 1.2345;
```

Java 中的基本数据类型如表 2-3 所示。

表 2-3 Java 中的基本数据类型和默认值表

类型分类和名称		大小	范　围	默认初始值
整型	byte（字节整数）	1 B	−128～127	0
	short（短整数）	2 B	−32 768～32 767	0
	int（整数）	4 B	−2 147 483 648～2 147 483 647	0
	long（整数）	8 B	-2^{63}～$2^{63}-1$	0L
实型	float（单精度）	4 B	−3.403e38～3.403e38	0.0F
	double（双精度）	8 B	−1.798e308～1.798e308	0.0D
字符型	char	2 B	\u0000～\uffff	\u0000
布尔型	boolean	1 bit	true, false	false

基本数据类型定义语法格式为：

```
数据类型 变量名 [= 初始值];
```

如：

```
int i = 1000;
long l = 8000L;              // 或 long l = 8000l;
double d1 = 1.2345;
double d2 = 1.2345D;         // 或 double d2 = 1.2345d;
double d3 = 26.77e3;         // 科学计数法
float f = 12.345F            // 或 float f = 12.345f;
char c = 'd';
boolean b1 = true;
boolean b2 = false;          // 不能像 C 语言中用数字来代表逻辑值
```

2.3.3 引用数据类型

引用数据类型有些书上也称为复合数据类型或抽象数据类型，包括数组（array）、类（class）、接口（interface）与字符串（string）和用户自定义类型等，自定义类在第 3 章介绍，如可把事物抽象定义为类，如学生 Student、动物 Animal 等。引用数据类型的变量中存储的不是数据，而是数据在内存中存放的地址。

由于引用数据类型的知识与面向对象密切相关，所以关于引用数据类型的知识在 2.7 节中只对于数组做详细介绍，而关于引用数据类型的其他知识将在后面用专门的章节具体介绍。

2.3.4 类型转换

不同数据类型的数据在计算时可能需要互相转换，如：二元运算符的两个操作数类型不同，或表达式值的类型与变量的类型不同。类型转换是指将一种类型的数据转换为另一种类型的数据，包括将操作数转换为同种类型然后再运算，整数型、实数型之间的转换，以及整数型与字符型之间的转换等。类型转换的方式有以下两种。

1. 自动类型转换

自动类型转换又称为隐式转换（implicit conversion）或宽化转换（widening conversion），隐式转换一般只允许从小的值范围类型转换到大的值范围类型，可由系统自动完成，Java 会在下列两个条件都成立时，自动对数据类型进行转换。

① 转换前数据类型和转换后的数据类型兼容。

② 转换后数据类型的范围比转换前数据类型的范围要大。

数据类型所对应的值范围大小，其实就是该类型内存所占位的多少，决定了转换的优先关系，对应关系如下所示：

值范围从小到大：byte→short→char→int→long→float→double

优先级从低到高：低 ——————————————→ 高

自动转换情况一般有几种，第一种是在赋值运算中，赋值号两边量的数据类型不同时，符合上述①和②的条件，赋值号右边量的类型将转换为左边量的类型。例如：

```
int i = 123;
long j = i; //此时由 int 自动转换为 long
double d = i; //此时由 int 自动转换为 double
```

第二种是若在表达式中多个操作数的类型不同，则先转换成其中占位最多的操作数的类型，然后进行运算，转换时保证精度不降低。如 int 型和 long 型运算时，先把 int 量转成 long 型后再进行运算。

```
int a = 123;
long b = 456L;
double c= 789.987;
System.out.println(a+b+c);   //此时由 a 和 b 对应的量都先转换为 double，然后再参与运算，结果类型为
double
```

第三种是在涉及数据类型范围小于 int 的（如 byte，char，short）时，数据类型会自动提

升为 int 类型，比如，两个 byte 类型的数据在进行运算时，运算结果就会变成 int 类型。

```
byte a= 12;
byte b= 45;
System.out.println(a+b);    //此时由 a 和 b 对应的量都先转换为 int，然后运算结果为 int
```

为了便于大家去直接对照，基本类型间合理的隐式类型转换请参考表 2-4。

表 2-4　隐式类型转换

源类型	转换后不会降低精度的目的类型
byte	short, char, int, long, float, double
short	char, int, long, float, double
char	int, long, float, double
int	long, float, double
long	float, double
float	double

2．强制类型转换

又称为显式类型转换（explicit conversion）或窄化转换（narrowing conversion），显式转换一般只允许从大的值范围类型转换到小的值范围类型，需要在括号内指定转换的目标类型。请看下面两行代码：

```
double d = 1.9;
int n = d;
```

编译之后会出现“可能损失精度”的编译错误。这是因为将双精度数占 8 个字节的内存空间，因此将它赋值给仅占 4 个字节的整数会产生溢出。因此，将以上代码改成：

```
double d = 1.9;
int n = (int)d; //n 的值会为 1
```

多加了一个“(int)”，其实就是根据整数所占内存空间的大小（4 个字节）将双精度数截断，使之可以在整数的 4 个字节空间里保存，且值为 1，注意这里实际上丢失小数点后位的精度。例 2-2 与例 2-3 是显式类型转换的两个简单的案例。

【例 2-2】 显式类型转换的使用案例 1。

```
public class ConvertDemo1 {
        public static void main(String[ ] args) {
                double d = 3.1415926;
                int n = (int)d; //将双精度变量 d 强制转换为整数类型
                System.out.println("d=" + d);
                System.out.println("n=" + n);
                float c = 12345.67f;
                int b = (int) c + 10;    //注意 c 在转换时是截整，不是四舍五入
                System.out.println("b="+b);
        }
}
```

运行结果如下：

```
d=3.1415926
n=3
b=12355
```

【例 2-3】 显式类型转换的使用案例 2。

```
public class ConvertDemo2{
    public static void main(String[ ] args) {
        char c1 = 'A', c2;  // A 的 ASCII 值为 65，a 的 ASCII 值为 97
        int i;
        i = c1 + 32;
        c2 = (char) i;
        System.out.println(c1 + c2);
        System.out.println(c1 + ", " + c2);
    }
}
```

运行结果如下：

```
162
A, a
```

2.3.5 常量

常量存储的是在程序中不能修改的固定值。其分类可划分为：整型常量、实型常量、布尔型常量、字符型常量、字符串常量等。下面分别介绍这几种类型常量的特点。

1．整型常量

Java 中的整型常量常用十进制、八进制、十六进制表示，且可以有正负号（见表 2-5）。

表 2-5 整型常量

进制	开 头	最大整数（正）	最大长整数（正）	举 例
十进制	1~9（非 0）	2147483647	9223372036854775807L	23，+567，-12，1234
八进制	0	017777777777	0777777777777777777777L	016，0175，-0777L
十六进制	0x	0x7FFFFFFF	0x7FFFFFFFFFFFFFFFL	0x3E，0x45L

2．实型常量

实型常量包括：双精度实数（double，8 个字节，数字后加字母 D 或 d)，浮点实数（float，4 个字节，数字后加字母 F 或 f)。若实型数字后面无明确字母标识，则系统默认为双精度实数。实型常量可以用以下两种方法来表示。

① 十进制：数字和小数点组成，必须有小数点，如 0.12，.12，12.，12.0。

② 科学计数法：123e3，123E3，0.4e8D，-5e9。

3．布尔型常量

布尔型常量只包括 true 和 false 两种。

4. 字符型常量

字符型常量是指用单引号括起来的单个字符，如：'a'，'A'，' @'，' '，'&'，'” '，'\'。Java 中的字符为 Unicode 的双字节字符，范围为 '\u0000'～'\uFFFF'。字符型常量还包括转义字符序列，用于控制输出的格式（见表 2-6）。

表 2-6　转义字符序列

转义字符	意义	转义字符	意义
\f	换页	\\	反斜杠
\b	退格	\'	单引号
\t	制表符	\"	双引号
\n	换行	\uxxxx	1～4 位 16 进制数（xxxx）所表示的 Unicode 字符
\r	回车	\ddd	1～3 位 8 进制数（ddd）所表示的 Unicode 字

在 Java 中用 Unicode 编码后，不管是英文还是汉字都只占一个字符。

【例 2-4】 转义字符序列的使用案例。

```
public class SpecialCharDemo{
    public static void main(String[ ] args) {
        System.out.println("面向对象程序设计\n 语言");
        System.out.println("面向对象程序设计\t 语言");
        System.out.println("\\面向对象程序设计 语言\\");
        System.out.println("\'面向对象程序设计 语言\'");
        System.out.println("\"面向对象程序设计 语言\"");
        System.out.println("面向对象程序设计\r 语言");
        System.out.println('\101'); //ASCII:65,即'A'
        System.out.println('\u0041');//ASCII:65,即'A'
        System.out.println('\u4E25');//u4E25,即汉字的'严'
    }
}
```

运行结果如下：

```
面向对象程序设计
 语言
面向对象程序设计	语言
\面向对象程序设计 语言\
'面向对象程序设计 语言'
"面向对象程序设计 语言"
面向对象程序设计
 语言
A
A
严
```

5．字符串型常量

字符串常量是指用双引号括起来的若干个字符序列，也可为 0 个字符，称为空字符串，即为""。字符串中可以包括转义字符和空格，空格也算 1 个字符，如："你好!\n 张三", "张 三"。

6．用户常量的声明

方法内部声明的常量，称为“局部常量”。类中声明的常量，称为“成员常量”或“常量字段”。常量声明的形式与变量的声明基本一样，只需要用关键字 final 标识。其赋值的句法和格式如下：

```
final 类型 局部变量名[ = 初值];
```

例如：

```
final int MAX=10;
final float PI = 3.14f;
```

上面的 MAX 和 PI 都是常量的名称。常量只有赋一次初值的机会，值指定后，不能再对其进行重新赋值，否则会导致编译错误。Java 语言建议常量标识符所有字母全部大写。

2.3.6 变量

1．变量的定义、分类

变量是指在程序中值可以改变的量。使用变量的原则是“先声明再使用”。变量有四个要素：名字、类型、值和作用域。其中类型可以为基本类型或引用类型。变量类型为抽象型时也称为引用变量。

变量定义格式为：

```
类型 变量名 [=初值][, 变量名[=初值] …];
```

如：

```
int x, y, z; //声明三个 int 整数变量 x,y,z
float a, b;
Student s1; //声明一个学生类型的引用变量 s1
```

变量的赋初值或初始化可以采用两种方式。

（1）在变量声明时赋值

如：

```
int i1=100, i2=200; //声明两个变量，并依次赋初值，i1 为 100, i2 为 200
float e = 1.6789f;
Student s2 = new Student(); //声明一个学生类型的引用变量 s2，并引用新创建的学生对象
```

（2）先声明，再赋值

如：

```
float   pi, y;
pi = 3.1415926f;
y = 2.71828f;
```

2．变量的生命期和作用域

变量的生命期是指变量在哪个时间段之内是有效的。变量的作用域是指变量的有效使用范围。它有下述约定。

- 变量可以在某一级代码块中声明，在类一级下面称为成员变量，在方法一级，称为局部变量。
- 代码块以左大括号开始，以右大括号结束。代码块用来定义变量的作用域。
- 每次创建一个新的代码块后，就是创建了一个新的作用域，例如在方法内创建新的括号对。
- 方法参数作用域相当于方法内的局部变量。

变量的作用域类型划分如图 2-1 所示。

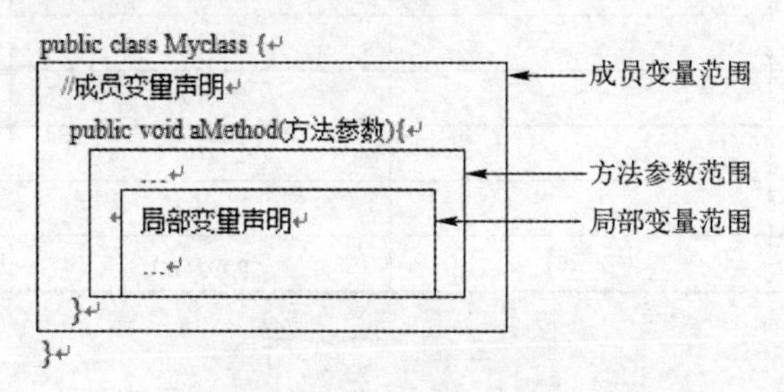

图 2-1　变量的作用域类型划分

2.4　运算符与表达式

Java 中的运算符有多种，按照操作数的多少分为一元/单目运算符、二元/双目运算符、三元/三目运算符三类。因篇幅所限，位运算符、位移运算符和 C 语言中相同，因此在本书中不做介绍。Java 语言各种类型的运算符的用法见表 2-7。

表 2-7　各种类型的运算符的用法

按照操作数的多少分类的运算符	用　法
一元/单目运算符	operator op 或 op operator
二元/双目运算符	op1 operator op2
三元/三目运算符	op1 ? op2 : op3

注意： op 表示操作数，如：op1 表示操作数 1，op2 表示操作数 2，operator 表示运算符。

当然，从日常运用的角度来看，运算符也可以按照操作数的类型划分为：

- 算术运算符（arithmetic operators）；
- 关系运算符（relational operators）；
- 逻辑运算符（logical operators）；
- 位运算符（bitwise operators）；
- 位移运算符（shift operators）；
- 条件运算符（conditional operator）。

下面按照操作数的类型划分方式分别予以介绍。

2.4.1 算术运算符

算术运算符（arithmetic operators）具体又分为自增、自减、加法、减法、乘法、除法和求模运算符6种。在Java中没有乘幂运算符，必须使用pow()方法进行求幂运算（见表2-8）。

表2-8 算术运算符及其使用方法

类 型	运 算 符	举 例	意 义
自增、自减运算符	++, --	x++; x--;	x=x+1; x=x-1;
加法运算符	+	x+y	x 加 y
减法运算符	-	x-y	x 减 y
乘法运算符	*	x*y	x 乘 y
除法运算符	/	x/y	x 除 y
求模运算符	%	x%y	x 除 y 的余数
求幂运算	pow()	pow(x,y)	x 的 y 次幂

如：

```
int i = 37;
int j = 42;
double x = 27.475;
double y = 7.22;
```

针对i、j、x、y做加、减、乘、除运算的结果见表2-9。

表2-9 对i、j、x、y做加、减、乘、除运算的结果

加法	减法	乘法	除法	求模
i + j = 79	i - j = -5	i * j = 1554	i / j = 0	i % j = 37
x + y = 34.695	x - y = 20.255	x * y = 198.37	x / y = 3.8054	x % y = 5.815

注意：除法一般为整数除法，采用截取浮点部分取整，所以7 / 4得到1，如果需要得到浮点除法值，需要类型转换。Java中没有乘幂运算符，必须使用java.lang包中Math类的pow()方法。进行乘幂运算一般是通过下面的语句格式：double y=Math.pow(x,a); 该语句表示将x的a次幂赋值给y。pow()方法的两个参数x和a均为double类型，返回的值y也是double类型。

下面进一步通过例2-5予以说明。

【例2-5】 算术运算符案例：计算并输出x的a次幂。

```
public class ArithmaticDemo{
    public static void main(String[ ] args){
        int i =7, j=4;
        System.out.println("i / j=" + (i/j)); //整数除结果，为1
        System.out.println("i / j=" + ((float)i/j)); //浮点除结果，为1.75
```

```
        double x=3.0;
        double a=4.0;
        System.out.println("y=" + Math.pow(x , a));   //计算并输出 x 的 a 次幂
    }
}
```

运行结果如下：

```
i / j=1
i / j=1.75
y=81.0
```

2.4.2　关系运算符

关系运算符（relational operators）分为大于、大于等于、小于、小于等于、等于和不等于 6 种，如表 2-10 所示。

表 2-10　关系运算符

运算符类型	运算符	举例
大于	>	“op1 > op2”
大于等于	>=	“op1 >= op2”
小于	<	“op1 < op2”
小于等于	<=	“op1 <= op2”
等于	==	“op1 == op2”
不等于	!=	“op1 != op2”

【例 2-6】 关系运算符的使用案例。

```
public class RelationOpDemo {
    public static void main(String[ ] args) {
        int w = 5;
        int x = 3;
        boolean y = w < x;
        boolean z = w >= w * 2 - x * 9;
        boolean cc = 'b' > 'a';
        System.out.println("w < x = " + y);
        System.out.println("z = " + z);
        System.out.println("cc = " + cc);
    }
}
```

运行结果如下：

```
w < x = false
z = true
cc = true
```

2.4.3 逻辑运算符

逻辑运算符（logical operators）反映操作数的逻辑关系，是针对逻辑型数据进行的运算，计算结果为“true”或“false”。逻辑运算符具体分为逻辑非、逻辑与、逻辑或、短路与、短路或和异或 6 种运算符。它们的使用方法如表 2-11 所示。

表 2-11 逻辑运算符的使用方法

逻辑运算符类型	功 能	示例	运算规则
!	逻辑非（取反）	! a	将操作数取反，如 true，得 false
&	逻辑与	a & b	两个操作数均为 true，结果才为 true
|	逻辑或	a | b	两个操作数均为 false，结果才为 false
^	异或	a ^ b	两个操作数同值时，结果为 false，非同值时，结果为 true
&&	简洁与	a && b	两个操作数均为 true，结果才为 true；当第一操作数为 false，直接得 false，第二操作数就不用运算，效率高些
||	简洁或	a || b	两个操作数均为 false，结果才为 false；当第一操作数为 true，直接得 true，第二操作数就不用运算，效率高些

逻辑运算和关系运算紧密结合的，因为关系运算结果就是逻辑值，所以前者一般是连接后者的，简洁与在逻辑运算多的情况下效率高些，推荐使用。逻辑运算符的应用见例 2-7。

【例 2-7】 逻辑运算符案例。

```
public class LogicalOpDemo {
    public static void main (String[ ] args) {
        int a = 25, b = 7;
        int n = 10;
        if (a < 0 & b != 0){
            System.out.println("b/0=" + b / 0);
        } else {
            System.out.println("a % b=" + a % b);
        }
        if (n != 10 && 10 / 0 == 9) {
            System.out.println("简洁与成立..");
        } else {
            System.out.println("简洁与不成立…");
        }
    }
}
```

运行结果如下：

```
a % b=4
简洁与不成立…
```

2.4.4 表达式和运算符优先级别

表达式是由变量、常量、对象、方法调用和操作符等等构成的式子。系统执行这些部分的运算，并返回运算值。例如：(a+b)*c，((int)10.5+20)/30，a==b+c，a+b>c&false，Math.pow(2.0,3.0)+20，等等。表达式可用于计算并对某变量赋值，或作为流程控制的条件。特别情况中，单独变量、常量或方法调用均可看作一个表达式。

运算符的优先级会决定表达式中不同运算执行的先后顺序。在表达式进行运算时，需按运算符优先顺序从高到低进行运算，总体上说，运算符从高到低优先级别如下：单元>算术>关系>逻辑>赋值运算。

运算符的结合特性决定了并列了多个同级运算符的先后执行次序。基本上运算符的结合性都是从左到右（左结合性），然而赋值运算、单元运算则是右结合性。表 2-12 中列出了 Java 中主要运算符的优先级别和结合特性。

表 2-12　运算符的优先级别和结合特性（从高到低排列）

<table>
<tr><th>优先级别</th><th>运 算 符</th><th>结合特性</th><th>运算符案例</th></tr>
<tr><td>1</td><td>. [] ()</td><td>左→右</td><td>s1.age（对象的 age 属性）；a1[0]（数组 a1 第 1 个元素）</td></tr>
<tr><td>2</td><td>++ -- ! ～ +（正） -（负） instanceof</td><td>右→左</td><td>a++;　b--; --c; !false; ~0xff00（按照位取反）
a instanceof String（测试对象是否为 String 类型实例）</td></tr>
<tr><td>3</td><td>new</td><td>右→左</td><td>new String(“abc”);（创建一个字符串对象）</td></tr>
<tr><td>4</td><td>* / %</td><td>左→右</td><td>a / b * c;</td></tr>
<tr><td>5</td><td>+ -（二元）</td><td>左→右</td><td>a + b – c</td></tr>
<tr><td>6</td><td><< >> >>></td><td>左→右</td><td>0xf0 << 4; 0xf0 >> 4; 0xf0 >>>4;</td></tr>
<tr><td>7</td><td>< > <= >=</td><td>左→右</td><td>a > b; a < b; a > =b; a <= b;</td></tr>
<tr><td>8</td><td>= = ! =</td><td>左→右</td><td>a = = b; a ! = b;</td></tr>
<tr><td>9</td><td>&</td><td>左→右</td><td>a > b & a < b</td></tr>
<tr><td>10</td><td>^</td><td>左→右</td><td>a > b ^ a < b</td></tr>
<tr><td>11</td><td>|</td><td>左→右</td><td>a > b | a < b</td></tr>
<tr><td>12</td><td>&&</td><td>左→右</td><td>a > b && a < b</td></tr>
<tr><td>13</td><td>||</td><td>左→右</td><td>a > b || a < b</td></tr>
<tr><td>14</td><td>? :（三元）</td><td>左→右</td><td>a ? b : c（a 为真，返回 b，a 为假，返回 c）</td></tr>
<tr><td>15</td><td>=</td><td>右→左</td><td>a = b = c;（依次把 c 的值赋给 b 和 a）</td></tr>
<tr><td>16</td><td>+= -= *= /= %=
<<= >>= >>>= &= ^= |=</td><td>右→左</td><td>a += b; a *= b;
a<<=3; b<<=4</td></tr>
</table>

注意：可用()显式地标明运算次序，括号内的表达式会首先运算，作用是提高相关部分的优先级，适当地使用括号可使得表达式的结构清晰明了。

2.5　流程控制

Java 程序中的流程控制语句，与其他编程语言相似，包括条件选择语句、switch…case 多分支语句、循环控制语句和跳转/转向语句。

2.5.1　条件选择语句

条件选择语句又可以分为以下几种。

1. if语句

if语句是一个条件表达式，若条件表达式为真，则执行下面的代码块，否则跳过该代码块。

```
if (布尔表达式)
    单行语句;
if (布尔表达式) {
    多行语句;
}
```

if语句的格式及执行流程如图2-2所示。if语句的应用见例2-8。

【例2-8】 if语句的使用案例。

```
public class IfDemo {
    public static void main(String[ ] args) {
        int score1 = 100;       //你的 JAVA 成绩
        int score2 = 72;        //你的专业英语成绩
        if  ( (score1 > 90 && score2 >80)   || (score1 == 100 && score2 > 70) ) {
          System.out.println("很好，你可以学习 JSP 了。");
        }
    }
}
```

运行结果如下：

```
很好，你可以学习 JSP 了。
```

2. If...else语句

if...else语句根据判定条件的真假执行不同的操作，其语法格式如下：

```
if (布尔表达式) {
    语句块 1;
} else {
    语句块 2;
}
```

if...else语句的执行流程如图2-3所示。if...else语句的案例见例2-9。

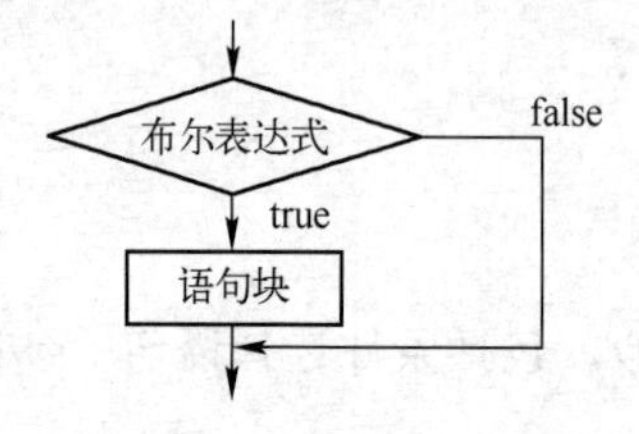

图2-2　if语句的执行流程

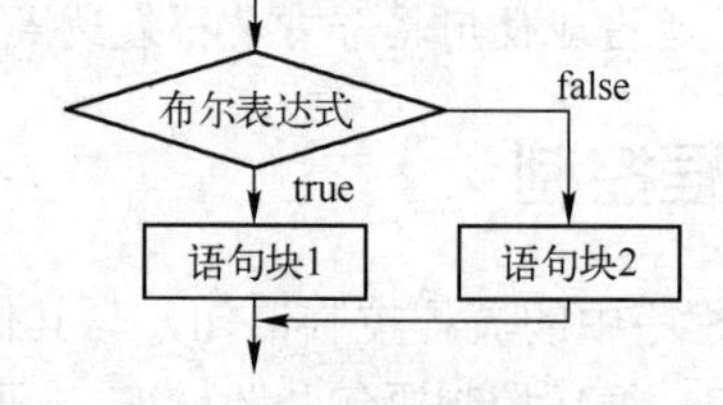

图2-3　if...else语句的执行流程

【例2-9】 if...else语句的使用案例。

```
public class IfElseDemo {
    public static void main(String[ ] args) {
```

```
        int score = 60;
        if(score>=60){
            System.out.println("你及格了，恭喜哦！");
        }else{
            System.out.println("你没有及格，还要加油哦！");
        }
    }
}
```

运行结果如下：

```
你及格了，恭喜哦！
```

3．嵌套 if 语句

if 语句块中还可以再嵌套 if 语句块，若没有配对的花括号，则 else 与最近的没有 else 匹配的 if 语句配对。

不规范的 if…else 语句写法：	相当于：

<pre>if (a>c)
    if (c>b)
        System.out.print(c);
else
    System.out.print(a);</pre>
	<pre>if (a>c) {
	   if (c>b) {
	       System.out.print(c);
	   }else{
	       System.out.print(a);
	   }
	}</pre>

上面左边代码的写法很让人误以为 else 是和第一个 if 匹配，因此最好改成右边的写法。如果想让 else 和第一个 if 匹配，则代码应该改为：

```
if (a>c) {
    if (c>b) {
        System.out.print(c);
    }
}else{
    System.out.print(a);
}
```

注意：在写嵌套 if…else 语句时一定要明确地写上配对的花括号。

4．条件运算语句

条件运算符（?:）是唯一的三元运算符，其语法格式为：

```
表达式 1 ? 表达式 2 : 表达式 3
```

表达式 1 是一个布尔表达式，当其结果为 true 时，整个表达式的结果为表达式 2 的计算值，否则，整个表达式的结果为表达式 3 的计算值。条件表达式等价于一条 if…else 语句：

```
if (表达式 1)
    表达式 2;
else
    表达式 3;
```

条件运算语句的案例和条件表达式对应的 if...else 结构的使用见例 2-10 和例 2-11。

【例 2-10】 条件运算语句的使用案例。

```
public class TernaryDemo{
    public static void main(String[ ] args) {
        int x = 88;
        int y = 78;
        int z = 98;
        int n = x > y ? x : y;
        int m = n > z ? n : z;
        System.out.println("最高成绩是：" + m);
    }
}
```

运行结果如下：

```
最高成绩是：98
```

5．if...else 语句

另外一种格式也称为多重条件分支语句，其结构如下，程序执行流程图如图 2-4 所示。

```
if (条件式 1){
    语句序列 1
}else if (条件式 2){
    语句序列 2
}
...
else if (条件式 n){
    语句序列 n
}else{
    语句序列 n+1
}
```

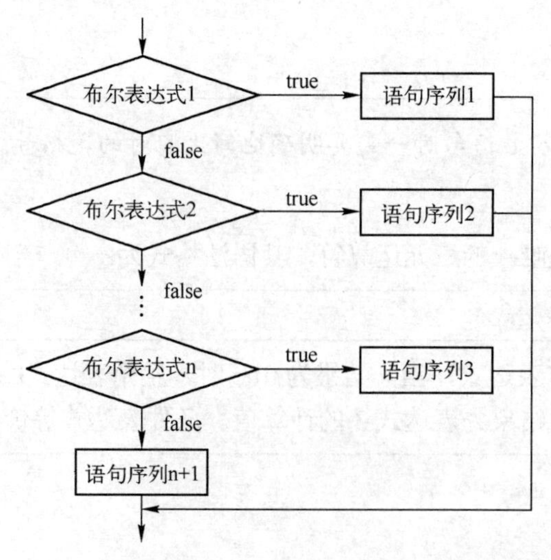

图 2-4 if...else 语句的执行流程

注意：在 Java 中，if()和 else if()括号内中条件表达式必须是逻辑值（即 true 或 false），不能用数字来代表（如 0 代表假，非 0 代表真），这点与 C 语言不同。

【例 2-11】 条件表达式对应的 if…else 结构的使用案例。

```
public class IfElseIfDemo {
        public static void main(String[ ] args) {
                int score = 91;//百分制成绩
                char grade;
                if(score>=90){
                        grade = 'A';
                }else if(score>=80){
                        grade = 'B';
                }else if(score>=70){
                        grade = 'C';
                }else if(score>=60){
                        grade = 'D';
                }else{
                        grade = 'E';
                }
                System.out.println("等级成绩为："+grade);
        }
}
```

运行结果如下：

```
等级成绩为：A
```

2.5.2 switch…case 多分支语句

多条件选择情况除了 if…else 语句可以实现外，switch…case 也可实现。switch....case 开关语句是根据 switch 后面的表达式的结果执行多个 case 语句块中的一个，若与任一 case 值不匹配，则进入 default 语句。其语法结构如下：

```
switch (表达式) {
    case 值 1：语句序列; [break];
    case 值 2：语句序列; [break];
      …
    [default:  默认语句;]
}
```

注意：

1. switch 语句表达式的结果必须是 byte, char, short, int 类型；
2. 表达式的结果依次与每个 case 子句比较；
3. break 语句用于跳出 switch 语句；
4. default 子句是可选的。

switch…case 开关语句的执行流程如图 2-5 所示。

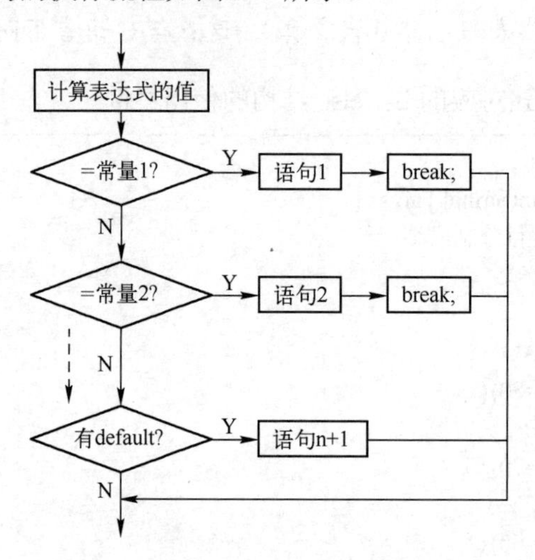

图 2-5　switch…case 开关语句的执行流程

switch…case 开关语句的使用见例 2-12 与例 2-13。

【例 2-12】 switch…case 语句的使用案例 1。

```
public class SwitchTest1 {
    public static void main(String[ ] args)    {
        int score=91;//百分制成绩
        char grade;
        switch(score/10){   //10 进行整数除
            case 10: //10 也是优秀情况,不能 break
            case 9:
                grade='A';
                break;
            case 8:
                grade='B';
                break;
            case 7:
                grade='C';
                break;
            case 6:
                grade='D';
                break;
            default:
                grade='E';
        }
        System.out.println("等级成绩为："+grade);
    }
}
```

运行结果如下：

```
等级成绩为：A
```

注意：多个 case 语句可以共用一个语句序列块。

【例 2-13】 switch…case 语句的使用案例 2。

```
public class SwitchTest2 {
        public static void main(String[ ] args) {
                int month = 2;
                int year = 2000;
                int numDays = 0;
                switch (month) {
                case 1: case 3: case 5:   case 7: case 8: case 10: case 12:
                        numDays = 31;
                        break;
                case 4: case 6: case 9: case 11:
                        numDays = 30;
                        break;
                case 2:
                        if (year % 4 == 0 && !(year % 100 == 0) || year % 400 == 0){
                                numDays = 29;
                        }else{
                                numDays = 28;
                        }
                        break;
                }
                System.out.println(year + "年" + month + "月有：" + numDays + "天");
        }
}
```

运行结果如下：

```
2000 年 2 月有：29 天
```

2.5.3　循环控制语句

循环控制语句用于反复执行同一代码块直到满足结束条件。它由四个部分构成：循环的初始状态、循环体、迭代因子（计数器的递增或递减）、控制表达式。循环控制语句可以划分为：while 循环、do…while 循环、for 循环。

1．while 循环

while 循环的语法格式如下。执行流程如图 2-6 所示。

```
while (布尔表达式) {
    循环体;
}
```

注意：循环体中的迭代因子值一定要做变化，不然会导致死循环。

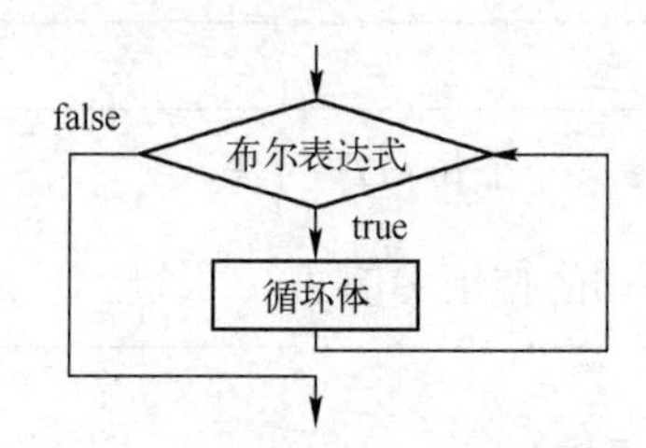

图 2-6　while 循环的执行流程

while 循环的应用见例 2-14。

【例 2-14】 while 循环的使用案例。

```
public class WhileTest {
    public static void main(String[ ] args) {
        int i = 0, sum = 0;
        while (i <= 100) {
            sum += i;
            i++;
        }
        System.out.println("sum = " + sum);
    }
}
```

运行结果如下：

```
sum = 5050
```

2．do…while 循环

do…while 循环的语法格式如下：

```
do {
    循环体;
} while(布尔表达式);
```

注意：do…while 循环首先执行一次循环体，然后判断布尔表达式是否成立。只有当布尔表达式的结果为假时，才结束循环。循环体至少执行一次。

do…while 循环的执行流程如图 2-7 所示，应用见例 2-15。

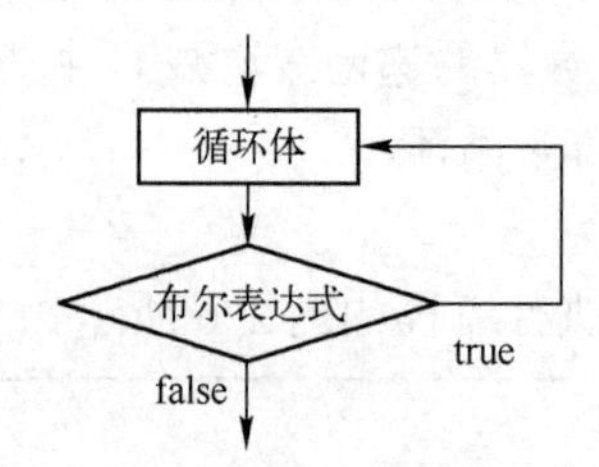

图 2-7　do…while 循环的执行流程

【例 2-15】 do…while 循环的使用案例。

```
public class DoWhileDemo {
    public static void main(String[ ] args) {
        int sum = 0, int i = 1;
        do{
            sum += i;
            i++;
        }while(i <= 100);
        System.out.println ("sum = " + sum);
    }
}
```

运行结果如下：

```
sum = 5050
```

3．for 循环

for 循环是最有效、最灵活的循环结构。其语法格式如下。执行流程如图 2-8 所示。

```
for (初始化部分; 条件判断部分; 迭代因子) {
    循环体;
}
```

注意：

① 初始化部分设置循环变量的初值；

② 条件判断部分可以是任意布尔表达式；

③ 迭代因子用于控制循环变量的增减。

for 循环的应用见例 2-16 和例 2-17。

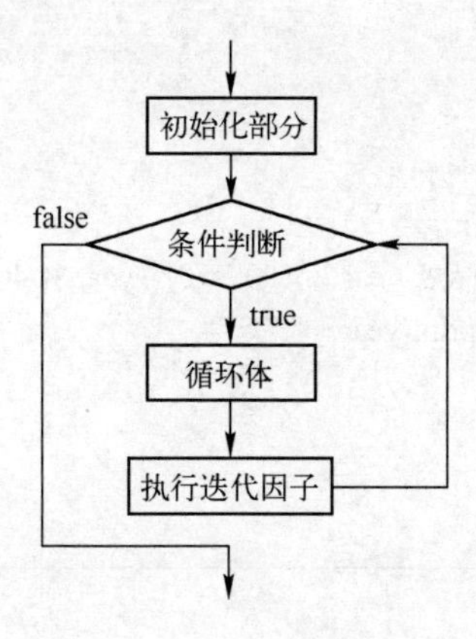

图 2-8　for 循环执行流程

【例 2-16】 for 循环的使用案例 1。

```
public class ForDemo1 {
    public static void main(String[ ] args) {
```

```
        int sum = 0;
        for (int i = 1; i <= 100; i++) {
            sum += i;
        }
        System.out.println("sum = " + sum);
    }
}
```

运行结果如下：

```
sum = 5050
```

从以上可以看出，for 循环运行的结果和 while、do…while 循环是一样的。使用 for 循环要注意以下几点。

① 初始化部分和迭代因子包含的多个语句要以“,”分开；如：

```
for (int i=0, j=10; i<j; i++, j--) {
    ……
}
```

② 初始化部分、条件判断部分和迭代因子可以省略，但必须以“;”分开，表示无限循环。如：

```
for ( ; ; ) {      // 无限循环
    ……
}
```

【例 2-17】 for 循环的使用案例 2。

```
//如果一个人出生于 1970 年，那么他这一辈子能有几个闰年(以 70 岁为寿命长度)
public class ForDemo2 {
    public static void main(String[ ] args) {
        int length = 70;
        int firstYear = 1970;
        int year;
        for (int i = 0; i < length; i++) {
            year = firstYear + i;
            if ((year % 4 == 0 && year % 100 != 0) || year % 400 == 0){
                System.out.print(year + ",");
            }
        }
    }
}
```

运行结果如下：

```
1972,1976,1980,1984,1988,1992,1996,2000,2004,2008,2012,2016,2020,2024,2028,2032,2036,2040
```

4．嵌套循环

嵌套循环是指在一个循环体内包含另一个完整的循环结构，可以多重嵌套。while 循环、do…while 循环、for 循环可以相互嵌套，见例 2-18。

【例 2-18】 循环嵌套的使用案例：打印九九乘法表。

```
public class NestedForDemo    {
    public static void main(String[ ] args) {
        for (int i = 1; i <= 9; i++) {
            for (int j = 1; j <= i; j++) {
                //打印完一个表达式之后不换行，并隔开一个制表符位置
                System.out.print (i + "*" + j + "=" + i * j + "\t");
            }
            System.out.println (); //换行
        }
    }
}
```

运行结果如下：

```
1*1=1
2*1=2   2*2=4
3*1=3   3*2=6   3*3=9
4*1=4   4*2=8   4*3=12  4*4=16
5*1=5   5*2=10  5*3=15  5*4=20  5*5=25
6*1=6   6*2=12  6*3=18  6*4=24  6*5=30  6*6=36
7*1=7   7*2=14  7*3=21  7*4=28  7*5=35  7*6=42  7*7=49
8*1=8   8*2=16  8*3=24  8*4=32  8*5=40  8*6=48  8*7=56  8*8=64
9*1=9   9*2=18  9*3=27  9*4=36  9*5=45  9*6=54  9*7=63  9*8=72  9*9=81
```

5．跳转/转向语句

跳转/转向语句是指可以将程序的执行跳转到其他部分的语句，包括：break、continue、return。break 用于终止循环，continue 用于结束本次循环继续下一次循环，return 用于从被调方法返回到主调方法。

（1）break 语句

break 语句用来结束当前执行的循环语句（for、do…while、while）或 switch 语句。break 有带标号用法，但可能会出现类似 goto 语句带来控制逻辑混乱，所以在此只介绍其基本用法。其基本用法见例 2-19。

【例 2-19】 break 语句从本层循环跳出的使用案例。

```
public class BreakDemo1 {
    public static void main(String[ ] args) {
        for (int j = 1; j < 6; j++) {
            if (j == 3){
                break;
            }
            System.out.print("j=" + j);
        }
        System.out.println(" stop");
    }
}
```

运行结果如下：

```
j=1 j=2 stop
```

例 2-20 中，判断某个数是否为质数就使用 break 语句控制运算逻辑。所谓质数（也叫素数），是指一个大于 1 的整数中，除了 1 和该数自身，不能被其他任何整数整除的正整数。

【例 2-20】 编程判断输入的某个正整数是否为质数。

```
import java.util.Scanner;
public class BreakDemo2 {
        public static void main(String[ ] args) {
                int i,m,n;
                i=m=n=0;
                Scanner scan = new Scanner(System.in);
                System.out.print("请输入正整数 (n >= 2):");
                n = scan.nextInt( ); //从控制台读入一个整数
                m = (int) (Math.sqrt(n));        //对 n 的平方根取整
                for (i = 2; i <= m; i++){
                        if (n % i == 0){
                                break;
                        }
                }
                if(i == m+1){
                        System.out.printf("整数%d 是质数!\n", n);     //格式化输出，并换行
                }else{
                        System.out.printf("整数%d 是合数!\n", n);     //格式化输出，并换行
                }
        }
}
```

当控制台上输入 7，运行结果如下：

```
请输入正整数 (n >= 2):7
整数 7 是素数!
```

当控制台上输入 9，运行结果如下：

```
请输入正整数 (n >= 2):9
整数 9 是合数!
```

注意：一个正整数 n 是否为素数，只要判断 n 能否被 2 到 n 的平方根取整之间的任何一个整数所整除即可，假如 n 不能被这个范围内任意一个数所整除，n 就是质数，否则是合数。代码第 7 行上使用了 Scanner 对象进行控制台上数值输入，相关知识可参考本章后续内容。

（2）continue 语句

continue 语句用以结束循环语句（for、do…while、while）的本次循环，即跳过本次 continue 语句后的语句，返回至循环的起始处，如果循环条件满足就开始执行下一次循环。continue 语句的基本使用方法见例 2-21。

【例 2-21】 continue 语句的使用案例。

```
public class ContinueDemo1{
    public static void main(String[ ] args) {
        for (int k = 6; k >= 0; k -= 2) {
            if (k == 4){
                continue;
            }
            System.out.print("k=" + k + "\t");
        }
    }
}
```

运行结果如下：

```
k=6   k=2   k=0
```

例 2-22 中，显示 1～100 间能被 7 整除的数，要求一行上显示 5 个数。程序中就使用 continue 语句进行逻辑的控制。

【例 2-22】 显示 1～100 间能被 7 整除的数，要求一行显示 5 个数。

```
public class ContinueDemo2 {
    public static void main(String[ ] args) {
        int i, j;
        i = j = 0;
        System.out.println("1～100 之间能够被 7 整除的整数有：");
        for (i=1; i<=100 ;i++ ){
            if( i% 7 != 0){
                continue;
            }
            System.out.printf(" % 6d", i);   //格式化输出，每个数值占 6 位
            j++;
            if (j % 5 == 0){   //每行输出五个数值
                System.out.println( );
            }
        }
        System.out.println( );
    }
}
```

运行结果如下：

```
1～100 之间能够被 7 整除的整数有：
     7     14     21     28     35
    42     49     56     63     70
    77     84     91     98
```

2.6 数组

数组本身在 Java 中是一种引用数据类型。在此介绍数组是因为数组所存元素可以是基本类型，与基本数据类型之间存在较多的联系。引用数据类型中字符串、类、接口等知识则与面向对象的联系更加紧密，所以将在第 3 章和第 5 章介绍。

2.6.1 数组的概念、特征与分类

数组（array）是一组相同数据类型的变量或对象的集合。数组的元素类型可以是基本类型，也可以是类、接口或字符串等引用类型。数组中每个元素的数据类型必须相同，且数组元素可以通过“数组名[下标]”的格式来访问。数组下标（也称为数组的索引）从 0 开始。

数组是一种特殊的对象（object），可以定义类型（声明），创建数组（分配内存空间），释放（Java 虚拟机完成）。

数组用途广泛，它提供了一种把相关变量集合在一起的便利方法。数组的主要优势在于它用一个变量名来代表多个数据，从而达到轻松组织和操作数据。试想一下，如果没有数组，为了表示一个班学生的 Java 课程成绩，要定义多少个变量呀！数组又分为一维数组、多维数组。

2.6.2 一维数组

一维数组是最简单的数组，是一种线性存储的逻辑结构。要使用它，需要经过定义、初始化和应用等过程。

1. 一维数组的定义

一维数组的定义包括声明和创建两个步骤，声明的语法有两种：

方法 1：数据类型[] 数组名。

如：int[] array;

方法 2：数据类型 数组名[]。（沿袭 C/C++语言的定义方式）

如：int array[];

注意：

- 数据类型是数组中元素的数据类型（可以使基本数据类型或引用数据类型）;
- 数组名是一个标识符，其中[]指明了该变量是一个数组类型变量;
- 上述数组声明后暂时不能被访问，引用为 null，因未为数组元素分配内存空间。

一维数组创建指的是创建数组对象，其语法格式：

数据类型[] 数组名 =new 数据类型[数组长度];

例：int[] array = new int[10];

上面例子创建一个存 3 个元素的整数数组。也可以将声明和创建分成两条语句来写：

```
例：int[] array;
    array = new int[10];
```

上述数组对象创建后会自动初始化，根据类型对每个元素赋为默认的初始值。不同类型

的数组元素默认赋初值的规则如表 2-13 所示。

表 2-13 不同类型的数组元素默认赋初值的规则

数据类型	初试值	示例
整型	0	int[ ] i = new int[3]
实型	0.0	float[ ] f = new float[3]
布尔型	false	boolean[ ] b = new boolean[3]
字符型	\u0000（不可见）	char[ ] c = new char[3]
引用型	null	String[ ] s = new String[3]

一维数组的声明、创建与默认赋初值的使用见例 2-23。其中，\u0000 代空字符，null 代表空引用，都是无法显示出来的。其中，数组的 length 属性表示数组的长度。访问数组元素需要使用下标，格式如下：

```
数组名[下标名]
```

数组下标从 0 开始。array[0]代表第 1 个元素，array[1]代表第 2 个元素，array[n-1]代表第 n 个元素，所以数组最后一个元素也可用 array.length-1 来代表。通过循环变量作为数组下标可以遍历某个数组。例 2-23 演示了不同类型数组自动初始化后默认的值。

【例 2-23】 一维数组的声明、创建与默认赋初值。

```
public class ArrayDemo1 {
    public static void main(String[ ] args) {
        int[ ] i = new int[2];
        float[ ] f = new float[2];
        boolean[ ] b = new boolean[2];
        char[ ] c = new char[2];
        for (int j = 0; j < 2; j++) { //通过整数常量指定长度值，不推荐
            System.out.println(i[j]);
        }
        for (int j = 0; j < 2; j++){
            System.out.println(f[j]);
        }
        for (int j = 0; j < b.length; j++) { //通过数组 length 属性值指定长度值
            System.out.println(b[j]);
        }
        for (int j = 0; j < c.length; j++){
            System.out.println(c[j]);
        }
    }
}
```

运行结果如下：

```
0
0
0.0
```

```
0.0
false
false
```

可以看出字符型元素输出是不可见的。

2. 一维数组的初始化

一维数组的初始化有以下两种方式。

方式 1：先声明数组，后对数组初始化。使用方法如例 2-24 所示。

【例 2-24】 一维数组的声明和创建及初始化。

```
public class ArrayDemo2 {
    public static void main(String[ ] args) {
        int a[ ] = new int[5]; //数组的创建
        for (int i = 0; i < a.length; i++) {
            a[i] = i + 1; //对数组初始化为前五个自然数
        }
        System.out.println("\t 输出一维数组 a：");
        for (int i = 0; i < a.length; i++){
            System.out.println("\t a[" + i + "]=" + a[i]);
        }
    }
}
```

运行结果如下：

```
输出一维数组 a：
a[0]=1
a[1]=2
a[2]=3
a[3]=4
a[4]=5
```

方式 2：在声明数组的同时对数组初始化。这时编译器会根据初始元素个数来决定数组的长度。其使用方法如例 2-25 所示。

格式：　类型 数组名[ ] = {元素 1[, 元素 2 ……]};

　　　　类型 数组名[ ] = new 数据类型[ ]{元素 1[, 元素 2 ……]};

例如：　int[ ] array = {1, 2, 3, 4, 5};

或：　　int[ ] array =new int[ ]{ 1, 2, 3, 4, 5};

【例 2-25】 一维数组声明的同时进行初始化。

```
public class ArrayDemo3{
    public static void main(String[ ] args) {
        int a[ ] =new int[ ] { 100, 200, 300, 400, 500 };
        int b[ ]= {1, 2 , 3, 4, 5}; //效果同上
        System.out.println("\t 输出除法结果： ");
        for (int i = 0; i < a.length; i++){
            System.out.println("\t a[" + i + "] / b[" + i + "]="   +( a[i] / b[i] );
```

```
        }
    }
}
```

运行结果如下：

```
输出除法结果：
a[0]/b[0]=100
a[1]/b[1]=100
a[2]/b[2]=100
a[3]/b[3]=100
a[4]/b[4]=100
```

数组的赋值有以下两种方式。

方式 1：数组的赋引用操作。因为数组是引用类型，所有可以把某个数组的对象的引用赋给另一个引用变量。两个引用变量会引用同一个对象，见例 2-26。

【例 2-26】 数组的赋引用。

```
public class ArrayDemo4{
    public static void main(String[ ] args) {
        int a[ ] ={2,4,6,8};
        int b[ ];
        b=a;
        System.out.println("操作前 a 中元素的结果：");
        for (int j =0;j<a.length ;j++ ){
            System.out.print(a[j]+" ");
        }
        System.out.println( );
        System.out.println("对 b 中元素进行操作，设置成奇数值");
        for (int j =0;j<b.length ;j++ ) {
            b[j]= j*2+1;
        }
        System.out.println("操作后 a 中元素的结果：");
        for (int j =0;j<a.length ;j++ ) {
            System.out.print(a[j]+" ");
        }
    }
}
```

运行结果如下：

```
操作前 a 中元素的结果：
2 4 6 8
对 b 中元素进行操作，设置成奇数值
操作后 a 中元素的结果：
1 3 5 7
```

方式 2：数组的值复制操作。可用 java.lang.System 类的 arraycopy( )方法进行不同数组对象间值的复制。另外，java.util 包中 Arrays 类提供了更多数组的操作，如：排序、元素查询、值填充、值拷贝、输出等操作。具体可在后续章节中介绍。

java.lang.System 类的 public static void arraycopy(Object src, int srcPos, Object dest, int destPos, int length) 方法的具体描述如图 2-9 所示。

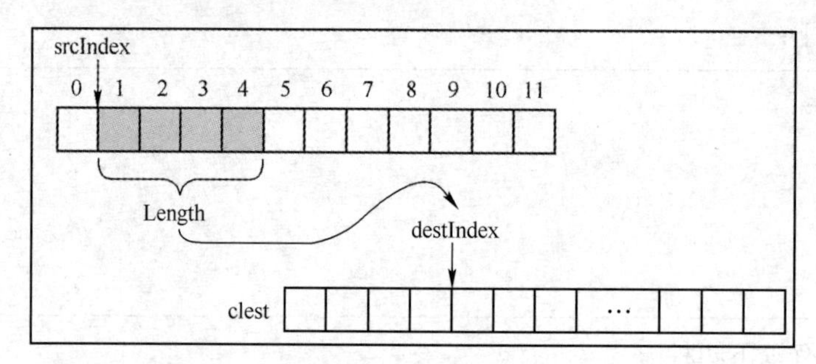

图 2-9 数组的复制原理

一维数组的数组值复制操作的使用方法见例 2-27。

【例 2-27】 一维数组的复制。

```
public class ArrayDemo5{
        public static void main(String[ ] args) {
                int a[ ] = { 2, 4, 6, 8 };
                int b[ ] = new int[4];
                int[ ] c = { 1, 3, 5, 7, 9 };
                System.arraycopy(a, 0, b, 0, 4);//把 a 数组中第 1 个元素开始的后 4 个，复制为 b 数组中所有元素
                System.arraycopy(a, 1, c, 0, 3);//把 a 数组中第 2 个元素开始的后 3 个，复制为 c 数组中前 3 个元素
                System.out.print("数组 a：  ");
                for (int i = 0; i < a.length; i++){
                        System.out.print(a[i] + " ");
                }
                System.out.println( );
                System.out.print("数组 b：  ");
                for (int i = 0; i < b.length; i++){
                        System.out.print(b[i] + " ");
                }
                System.out.println( );
                System.out.print("数组 c：  ");
                for (int i = 0; i < c.length; i++){
                        System.out.print(c[i] + " ");
                }
                System.out.println( );
        }
}
```

运行结果如下：

```
数组 a： 2 4 6 8
数组 b： 2 4 6 8
数组 c： 4 6 8 7 9
```

一维数组常应用于一些相关的数值运算中。例 2-28 用于统计一组成绩值中的最小成绩、最大成绩和平均成绩。

【例 2-28】 一组成绩的统计案例。

```
public class ArrayDemo6{
    public static void main(String[ ] args) {
        int arr[ ] = {85,75,93,62,99,78,88,58,73,60};//一组成绩
        int max,min,total;
        max = min = arr[0];   //把第一个元素值赋给存最大、最小的变量
        for (int i=1;i<arr.length;i++){   //使用循环依次比统计最大最小值
            if (arr[i] > max){
                max = arr[i];
            }else if (arr[i] < min){
                min = arr[i];
            }
        }
        System.out.println("输出最大和最小成绩：");
        System.out.println("max=" + max);
        System.out.println("min=" + min);
    }
}
```

运行结果如下：

```
输出最大和最小成绩：
max=99
min=58
```

注意：读者可思考如何通过上述例子得出成绩的总值和计算平均成绩值。

2.6.3　二维数组和多维数组

二维数组是多维数组的一种。多维数组在实际应用中一般以二维数组比较常见。二维数组的元素有一个行下标和一个列下标，例如：array[3][4]是一个三行四列的数组，可以用来保存学生成绩信息。下面以表 2-14 所示的二维数组为例进行说明。

表 2-14　学生成绩表

姓名	期中考试	期末考试	平均分
A	60	70	65
B	70	80	75
C	80	90	85

1. 二维数组的声明

二维数组声明语法为：数据类型　数组名[ ][ ] 或 数据类型[ ][ ]　数组名;

例如：int a[ ][ ];

二维数组仅仅是声明是不能被访问的，因为尚未给数组元素分配内存空间，如非要访问

此时的数组元素，则为 null。

2．二维数组的创建

方法 1：直接分配空间。格式为：new 数据类型[行长度][列长度]，这种每行列长度一样的数组，一般称为等长数组。

例如：

```
int array[ ][ ] = new int[2][3];//声明一个 2 行 3 列的二维数组，共包含 6 个元素
```

即：

```
array[0][0]        array[0][1]        array[0][2]
array[1][0]        array[1][1]        array[1][2]
```

方法 2：从最高维开始，为每一维分配空间。这时不同的行上，列长度可以不一样，这种一般称为不等长数组。

例如：

```
int c[ ][ ] = new int[3][ ];
c[0] = new int[2];
c[1] = new int[4];
c[2] = new int[3];
```

二维数组声明时可以省略列下标，上面的二维数组表示的是：

```
c[0][0]    c[0][1]
c[1][0]    c[1][1]    c[1][2]    c[1][3]
c[2][0]    c[2][1]    c[2][2]
```

注意：二维数组声明时可以省略列下标，但不能省略行下标。

以下的二维数组的声明是错误的：

```
int b[ ][ ] = new int[ ][ ];
int b[ ][ ] = new int[ ][2];
```

注意：Java 的二维数组虽然在应用上很像 C 语言的二维数组，但是 C 语言定义的一个二维数组一般必须是一个 m*n 的矩阵，而 Java 语言的二维数组不一定是规则的矩阵。

3．二维数组的初始化

对每个元素单独进行赋值，如：

```
int[ ][ ] array=new int[2][2];
array[0][0] = 10;
array[0][1] = 20;
array[1][0] = 30;
array[1][1] = 40;
```

声明数组的同时初始化，如：

```
int[ ][ ] array = new int[ ][ ]{{10,20},{30,40}};
int[ ][ ] array = {{1,2,3}, {3,4,5}};//效果同上行
String[ ][ ] scores = {{"张三","60"},
```

```
                {"李四","78","74", "76"},
                {"王五" },
                {"赵六","92", "90", "91"}};
```

二维数组元素的遍历需要通过双层嵌套 for 循环来进行。外层 for 循环是对行元素的遍历，其中 array.length 代表数组行长度；内层 for 循环是对每行的一维数组元素进行遍历，其中 array[i].length 代表索引为 i 这行一维数组元素的长度。例 2-29 是模拟对三科成绩首先初始化为 60，然后对其中三个元素分别设定为 80，90，100，并输出结果的例子。

【例 2-29】 二维数组的每个元素单独进行赋值案例。

```
public class ArrayDemo7{
    public static void main(String[ ] args) {
        int a[ ][ ] = new int[3][3];
        System.out.println("初始化成绩为 60");
        for (int i = 0; i < a.length; i++) {
            for (int j = 0; j < a[i].length; j++){
                a[i][j] = 60;
            }
        }
        System.out.println("设定其中 3 个成绩值");
        a[0][0] = 80;
        a[1][1] = 90;
        a[2][2] = 100;
        System.out.println("数组结果：  ");
        for (int i = 0; i < a.length; i++) {
            for (int j = 0; j < a[i].length; j++){
                System.out.print(a[i][j] + " ");
            }
            System.out.println( );
        }
    }
}
```

运行结果如下：

```
初始化成绩为 60
设定其中 3 个成绩值
数组结果:
80 60 60
60 90 60
60 60 100
```

杨辉三角是用不等长二维数组来存储有特征数值的一个典型案例，如例 2-30 所示。

【例 2-30】 计算并输出杨辉三角形案例。

```
public class ArrayDemo8 {
    public static void main(String[ ] args) {
        int level = 6;
```

```
        int[ ][ ] yang = new int [level][ ];
        System.out.println("杨辉三角形");
        for (int i=0;i<yang.length;i++){
            yang[i] = new int[i+1];
        }
        yang[0][0] = 1;
        for (int i=1;i<yang.length;i++){
            yang[i][0]=1;
            for (int j=1;j<yang[i].length-1;j++){
                yang[i][j] = yang[i-1][j-1]+yang[i-1][j];
            }
            yang[i][yang[i].length-1]=1;
        }
        for (int i=0;i<yang.length;i++){
            for (int j=0;j<yang[i].length;j++){
                System.out.print(yang[i][j]+" ");
            }
            System.out.println( );
        }
    }
}
```

运行结果如下：

```
杨辉三角形
1
1 1
1 2 1
1 3 3 1
1 4 6 4 1
1 5 10 10 5 1
```

注意：该程序在第 4 行声明了共 6 行的二维数组 yang，每行的列数由第 6 行的 for 循环定义；第 9 行的 for 循环用来计算杨辉三角形，并存储到数组的元素里，第 15 行开始 for 循环进行杨辉三角的输出操作。

4．多维数组声明和初始化

多维数组是指具有多个维度的数组。提高数组维度可以通过增加声明时的[ ]来实现，如三维数组可声明为“int[ ][ ][ ] a;”，四维数组可声明为“int[ ][ ][ ][ ] b”，依次类推。

创建数组的操作和二维数组类似，格式为：new 数据类型[维长度 1][维长度 2]…[维长度 n]，所以多维数组的元素总个数为所有维长度的积。例如下面的多维数组定义例子：

```
int[ ][ ][ ] a = new int[3][4][5];      //这个三维数组的总长度为 3*4*5=60 个。
int b[ ][ ][ ][ ]  = new int[2][3][4][5];  //这个四维数组的总长度为 2*3*4*5=120 个
```

多维数组的元素遍历类似二维数组的遍历，每多一维，嵌套循环的层数就必须增加一层，对数组的控制复杂性和难点也会因此增强。所以如果不是必须，不建议数组维度过多。例如：

在统计多个班总成绩问题中，一届有 m 个班，每班有 n 个组，每组有 o 个学生，需要统计总成绩，这样就构成了一个三维数组结构，请参考例 2-31。

【例 2-31】 三维数组的每个元素单独进行赋值案例。

```
class ArrayDemo9{
    public static void main(String[ ] args) {
        int sum=0;
        //假设每届 2 个班，每班 2 个组，每组 2 个学生
        int array[ ][ ][ ] = {{{65,75},{85,95}},{{60,70},{80,90}}};
        for (int i=0;i<array.length;i++){
            for (int j=0;j<array[i].length;j++){
                for (int k=0;k<array[i][j].length;k++ ){
                    System.out.print("array[" + i + "][" + j + "][" + k + "]--->");
                    System.out.println("班"+(i+1)+",组"+(j+1)+",学生"+(k+1)+"成绩=" +array[i][j][k]);
                    sum+=array[i][j][k];
                }
            }
        }
        System.out.println("这届学生总分 sum="+sum);
    }
}
```

运行结果如下：

```
array[0][0][0]--->班 1,组 1,学生 1 成绩=65
array[0][0][1]--->班 1,组 1,学生 2 成绩=75
array[0][1][0]--->班 1,组 2,学生 1 成绩=85
array[0][1][1]--->班 1,组 2,学生 2 成绩=95
array[1][0][0]--->班 2,组 1,学生 1 成绩=60
array[1][0][1]--->班 2,组 1,学生 2 成绩=70
array[1][1][0]--->班 2,组 2,学生 1 成绩=80
array[1][1][1]--->班 2,组 2,学生 2 成绩=90
这届学生总分 sum=620
```

注意： 在第 4 行三维数组中保存了两个班（每班两个组）学生的成绩值，下面通过三层 for 循环，遍历输出所有元素，显示是哪个班，哪个组，哪个学生及成绩值，并最后统计总成绩。

2.6.4　foreach 循环与数组

除了上述用一般 for 循环来遍历数组之外，JDK 5 版本开始引入 foreach 循环语句，可以不用数组下标来遍历数组元素或集合对象（集合对象的遍历将在第 6 章介绍）。foreach 语句只需要提供三个数据：元素类型、循环变量（代表每个元素）名称和所遍历的数组对象。foreach 语句语法如下所示：

```
for (Type element : array){
    …    element ; //对 element 对象执行的操作
    …
}
```

其操作思路是从数组中依次取出一个元素，赋给引用变量 element。foreach 循环会自动识别数组长度从而控制循环的次数。需要注意 element 名称是随意的，但类型必须与数组 array 的元素类型一致。例 2-32 定义了三个不同类型的数组并通过 foreach 进行元素的遍历。

【例 2-32】 foreach 遍历一维数组的例子。

```
class ForEachDemo1 {
        public static void main(String[ ] args) {
                char  array1[ ] = {'J','a','v','a'};
                for ( char element : array1){
                        System.out.print(element+"\t");
                }
                System.out.println( );
                int array2[ ] = {1,2,3,4,5};
                for (int element: array2 ){
                        element *= 100;
                        System.out.print(element+"\t");
                }
                System.out.println( );
                String array3[ ] = {"zhuhai", "guangdong","china"};
                for ( String element : array3){
                        System.out.print(element.toUpperCase( )+"\t");
                }
                System.out.println( );
        }
}
```

运行结果如下：

```
J    a    v    a
100  200  300  400  500
ZHUHAI   GUANGDONG   CHINA
```

注意：其中第一个循环仅仅是对字符类型数组进行了遍历输出，第二个循环则对整数数组进行了运算并输出，第三个循环进行了字符串数组值的大写转换操作并输出。

如果是二维数组的情况，也可以用嵌套的 foreach 循环进行元素的遍历。例如：在统计学生成绩应用中，不同等级的多组成绩需要求每个等级的总值，可以通过 foreach 循环对于二维数组进行遍历并计算。

【例 2-33】 foreach 遍历二维数组的例子。

```
class ForEachDemo2 {
        public static void main(String[ ] args) {
                int[ ][ ] array ={{70,71,73,75,76},{80,85,88},{93,99}};//三组不同等级的成绩值
                int sum;
                for (int[ ] row: array){
                        sum=0;
                        for (int col: row){
```

```
                    sum+=col;
                    System.out.print(col+" ");
                }
                System.out.print("---> 本组成绩和 =" +sum);
                System.out.println( );
            }
        }
    }
```

运行结果如下：

```
70 71 73 75 76 ---> 本组成绩和 =365
80 85 88 ---> 本组成绩和 =253
93 99 ---> 本组成绩和 =192
```

注意：在第 3 行的数组定义中，给出了三组不同等级的成绩值，是不等长数组，在第 5 行的 foreach 循环中，对行进行了遍历，在第 7 行的 foreach 循环中，对列值进行了遍历。本例输出了每组成绩，并输出了当前组的成绩和。

与数组有关的一些操作，包括数组元素的搜索与排序等知识在实际中经常要用到。以上已经介绍了 Java 语言中的数组和循环。读者应该可以自己用 Java 写出数组元素的搜索和排序的代码。

2.7 其他基础语法

2.7.1 命令行参数

1．命令行参数的定义与使用

在学习了第 1 章和第 2 章的前面 6 节的内容后，应该可以设计、开发并运行一些简单的 Java 程序了。在运行程序的过程中，有可能需要向程序提供一些参数，这些参数一般称为命令行参数。下面将介绍有关命令行参数的具体定义与使用。

第 1 章介绍了 Java 应用程序的 main()方法是程序执行的入口，其原型如下：

```
public static void main (String[ ] args) {…}
```

可以看出，main()方法可以接受一个名为 args 字符串数组的参数。由于这些参数是在命令行提示符后输入的，所以就叫作命令行参数。通过这种方法，可以在运行 Java 应用程序时一次性地传递多个参数。如果传递的参数有多个，可以用空格将这些参数分割；如果某一个参数本身包含空格，可以使用双引号把整个参数引起来，参数值实际上存储到了 args 数组中，数组的长度是由输入时所送参数个数决定的。具体使用格式如下：

```
C:\> Java 类名 参数 1 参数 2 …… 参数 n
```

命令行参数的使用见例 2-34。

【例 2-34】 命令行参数的使用案例。

```
public class ParamTest1 {
        public static void main(String[ ] args) {
                int len = args.length;
                System.out.println(len);
                for (int i = 0; i < len; i++){
                        System.out.println(args[i]);
                }
        }
}
```

数组名args
1
2
长度为2

当在命令行输入参数为 1 和 2 时运行结果如图 2-10 所示。

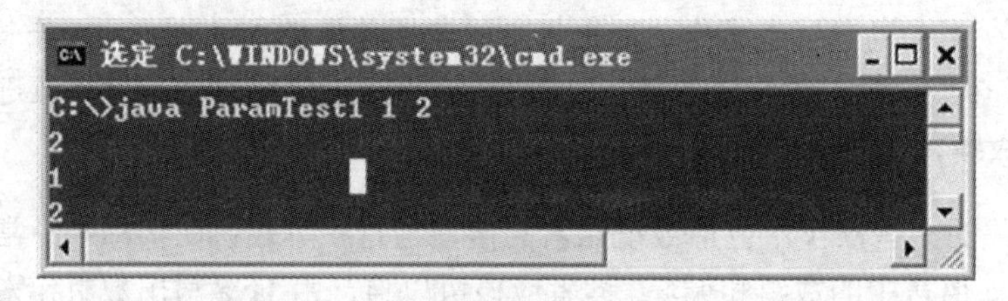
选定 C:\WINDOWS\system32\cmd.exe
C:\>java ParamTest1 1 2
2
1
2

图 2-10 在命令行输入参数为 1 和 2 时的运行结果

例 2-34 显示第一行 2 是当前参数的个数，后面两行分别输出两个参数。可以向 Java 应用程序传递多个参数，但是每个参数之间要用空格分隔。

2. 命令行参数的转换

命令行参数的转换是指通过某种方法把命令行参数做一个类型转换以便让它按照程序员的旨意工作。命令行参数的转换要借助于下面类中的相关方法：

- java.lang.Byte 类的 parseByte(String s)可将字符串转换为 byte 类型；
- java.lang.Integer 类的 parseInt(String s)可将数字字符串转换为 int 类型。

其余转换方法请查阅 Java 的 API 文档帮助。命令行参数的转换见例 2-35。

【例 2-35】 命令行参数的转换案例。

```
public class ParamTest2 {
        public static void main(String[ ] args) {
                int sum = 0;
                for (int i = 0; i < args.length; i++){
                        sum = sum + Integer.parseInt(args[i]);
                }
                System.out.println(sum);
        }
}
```

数组名args
1
2
3
4
5
长度为5

当在命令行输出参数为 1、2、3、4、5 时的运行结果如图 2-11 所示。

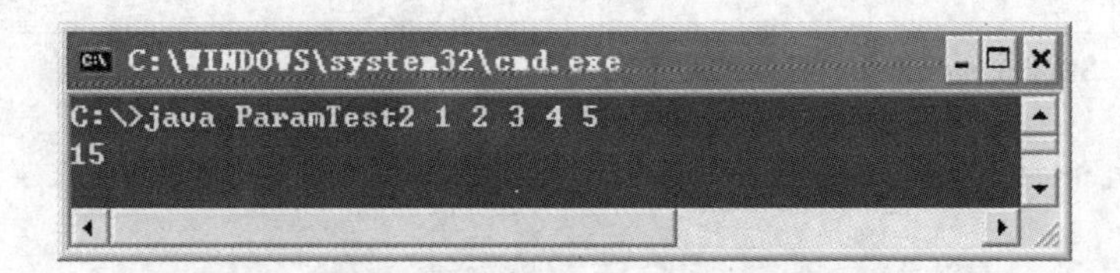
C:\WINDOWS\system32\cmd.exe
C:\>java ParamTest2 1 2 3 4 5
15

图 2-11　在命令行输入参数为 1 和 2 时运行结果

例 2-35 实现将命令行输入的数值 1、2、3、4、5 累计求和。由于从命令行传入的参数均被作为字符串对待，因此在程序中需要用 Integer.parseInt(args[i])将 1 到 5 的数字字符串转换为整数再进行累计求和计算。

2.7.2　控制台的输入操作

Java 中的控制台输入主要有三种方法，第一种用 System.in 标准输入流对象进行输入，第二种用转换流对象处理输入，第三种用 Scanner 类进行输入。前两种在第 7 章中会详细介绍，下面介绍一下 Scanner 类进行的输入。

Scanner 是 util 包中一个类，主要功能是简化文本扫描。Scanner 的中文意思就是扫描器，也就是将数据从某处扫描并显示到另一处。它其实是一个可以使用正则表达式来解析基本类型和字符串的简单文本扫描器。

创建 Scanner 对象时需要一个标准输入 System.in 对象，使用它获取用户的输入，使用分隔符模式将其输入分解为片段，默认情况下该分隔符模式与空白匹配，然后可以使用不同的 next 方法将得到的片段转换为不同类型的值。

如果通过 new Scanner(System.in)创建一个 Scanner，控制台会一直等待输入，直到输入回车键结束，把所输入的内容传给 Scanner 作为扫描的对象。Scanner 用于输入的主要方法有 next( )、nextLine( )、hasNext( )、hasNextLine( )等。可通过 Scanner 类的 next( )和 nextLine( )方法获取输入的字符串，在读取下个片段前一般需要使用 hasNext( )与 hasNextLine( )判断是否还有输入的数据。

例 2-36 是一个从控制台输入数据，并进行相关回显的案例。

【例 2-36】 Scanner 用 next 和 nextLine 输入的特点。

```
import java.util.Scanner;
public class ScannerDemo1 {
    public static void main(String[ ] args) {
        Scanner scan = new Scanner(System.in);
        // 从键盘接收数据
         System.out.print("nextLine 方式接收：");
        if (scan.hasNextLine( )) {        // 判断是否还有输入
            String str1 = scan.nextLine( );
            System.out.println("输入的数据为：" + str1);
        }
         System.out.print("next 方式接收：");
        if (scan.hasNext( )) {        // 判断是否还有输入
            String str1 = scan.next( );
```

```
            System.out.println("输入的数据为：" + str1);
        }
        scan.close( );
    }
}
```

运行结果如图 2-12 所示。

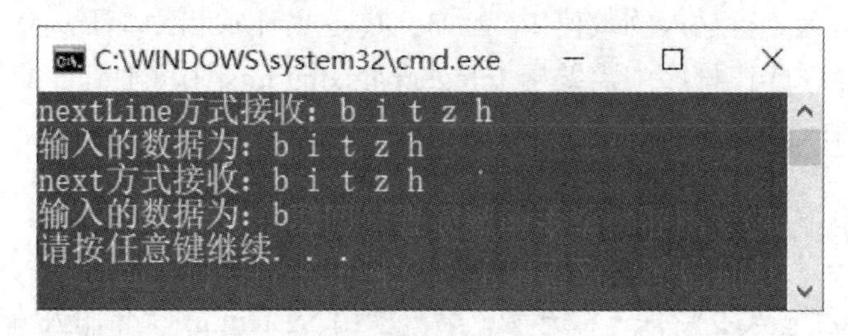

图 2-12　在输入带空格间隔若干字符后不同输出结果

注意：当程序运行时，光标在第一行冒号后面闪动，等待输入。当对 nextLine()方法输入任意字符间带空格的“b i t z h”时可以返回回车前的所有内容，包含字符间的空格；当对 next()方法执行同样操作时，数据有效部分接收到后，则会忽略所有空格，后面内容也都会略过。

归纳一下，next()和 nextLine()方法有如下区别：对于 next()方法，一定要读取到有效字符后才可以结束输入；对输入有效字符之前遇到的空白，next()方法会自动将其去掉；只有输入有效字符后才将其后面输入的空白作为分隔符或者结束符；next()方法不能得到带有空格的字符串。对于 nextLine()方法，以 Enter 为结束符，也就是说 nextLine()方法返回的是输入回车之前的所有字符；可以获得空白。

在输入数据进行运算时，为了便于转换成不同的基本类型，Scanner 还提供了 next 前缀的 NextXxx 类型的方法（Xxx 表示某种基本类型的关键字）。如需要输入 int，可以用 nextInt 方法，而 double，则可以用 nextDouble 方法，类型其他基本型也有同样方法。这样就避免了需要先使用 next 进行输入，然后再通过基本型包装类的转换方法进行转换的操作，比较方便。例 2-37 用于输入圆的半径和 PI 值，并进行圆面积的运算的操作。

【例 2-37】 Scanner 用 nextXxx 方法处理基本型数据输入的特点。

```
import java.util.Scanner;
class SannerDemo2 {
    public static void main(String[ ] args) {
        double area;
        Scanner sc= new Scanner(System.in);
        System.out.print("请输入圆半径：");
        int radius = sc.nextInt( );       //相当于 Integer.parseInt(sc.next( ))
        System.out.print("请输入 PI 值：");
        double pi = sc.nextDouble( ); //相当于 Double.parseDouble(sc.next( ))
        area = pi * radius * radius;
        System.out.println("圆面积 area = " + area);
        sc.close( )
```

```
    }
}
```

运行结果如图 2-13 所示。

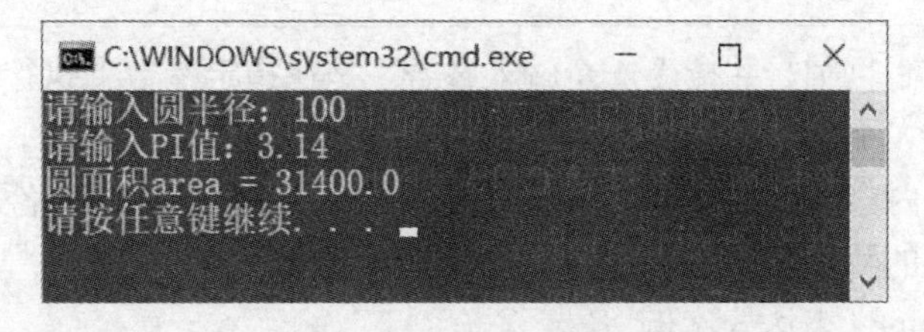

图 2-13 输入不同类型的值运算后的输出结果

注意：当程序运行时，在第一行光标处输入“10”，这时通过 nextInt( )方法扫描后，直接得到 int 型数据。第二行输入“3.14”，这时通过 nextDouble( )方法直接得到 double 型数据。不用再用 Integer.parseInt(sc.nextLine( ))等类似的转换方式进行转换了，因此使用起来十分方便。

2.7.3 Lambda 表达式

Lambda 表达式是 JDK8 引入的新概念，开启了 Java 语言支持函数式编程（Functional Programming）的新篇章。Lambda 表达式因基于数学中的 λ 演算而得名。

Lambda 表达式可传一段代码给方法，其形式上可以是一条语句，也可以是一个代码块。Lambda 表达式可认为是一种匿名方法，即没有方法名的方法。通过它可以简化函数式接口的编程，会使代码更简洁。Java 中的 Lambda 表达式会有对应的函数式接口。函数式接口参考相关资料因篇幅所限不再介绍。

Lambda 表达式通常有参数列表、箭头与方法体三部分组成，其语法省略了接口类型与方法名，->左边是参数列表，右边是方法体。语法如下：

```
(类型 1 参数 1，类型 2 参数 2 ，.. 类型 n 参数 n ) -> {方法体}
```

在语法中：

- 参数列表的参数都是匿名方法的形参，即输入参数（简称入参）。参数类型是可省略的，如省略 JVM 会根据上下文自动进行推断。
- “->”是 Lambda 运算符，由连字符“-”和大于号“>”合并一起构成。用语言描述，可表示为“进入”。
- 方法体可以是单一的 Lambda 表达式或多条语句组构成的语句组。如果仅一条语句，可省略方法体的大括号“{}”。
- 如果 Lambda 表达式需要返回值，可以用 return 语句返回，如方法只有一条 return 语句，也可以省略 return 关键字。
- 如果 Lambda 表达式没有参数，可以只给出圆括号；如果 Lambda 表达式只有一个参数，而且没有显示给出的数据类型，则圆括号也可以省略。

为了便于学习，以集合框架中 Iterator 接口为例，List 接口是它的子接口，该接口提供了 forEach(Consumer<? Super T> action)方法。其参数 action 的类型是声明在 java.util.function 包中的函数式接口 Consumer<T>，其定义如下：

```
public interface Consumer<T>{
    void accept(T t);
}
```

accept 方法没有返回值，并接受一个输入参数，是在指定参数上执行某项操作。对应 List 接口的实现类，因此必然可以通过 Lambda 语句来使用上述函数式接口，例 2-38 演示了执行 Lambda 语句对 List 内容遍历的过程，该过程类似于 foreach 循环，但格式上极其简化，因此可看成 Lambda 语句的特点。

【例 2-38】 Lambda 表达式案例。

```
@FunctionalInterface //定义函数式接口
interface FuncDemo {
    double pow(int n);
}
@FunctionalInterface //定义函数式接口
interface StringOpDemo {
    String stringOp(String s1, String s2);
}
class LambdaDemo {
    public static void main(String[ ] args) {
        FuncDemo demo = (j) -> {
            return Math.pow(2, j);
        };  //此处可简化为 FuncDemo demo = (j) -> Math.pow(2, j);
        System.out.println("2 的 3 次方=" + demo.pow(3));
        System.out.println("2 的 4 次方=" + demo.pow(4));
        StringOpDemo demo2 = (i, j) -> {
            String s = i.toUpperCase( ) + " --- " + j.toUpperCase( );
            return s;
        };
        System.out.println(demo2.stringOp("zhuhai", "guangdong"));
        System.out.println(demo2.stringOp("china", "win"));
    }
}
```

运行结果如下：

```
2 的 3 次方=8.0
2 的 4 次方=16.0
ZHUHAI --- GUANGDONG
CHINA --- WIN
```

注意：本例首先定义了两个函数式接口，在调用时，首先执行 2 的幂次方操作，提供一个入参，并执行一行返回语句，根据规则，花括号和 return 关键字可以一起省略。然后在字符串操作函数执行时提供两个入参，执行了两个字符串合并操作，由于是两行，根据规则花括号无法省略。

总结

本章介绍了 Java 的语法基础知识，包括标识符、数据类型、常量、变量、运算符、表达式、一维数组、二维数组和多维数组、foreach 循环及命令行参数等内容。读者可以从中体会这些知识与以前所学习过的其他编程语言的异同。从本章的学习中读者应当体会到：

- Java 中的数据类型分为基本数据类型和引用数据类型两种；
- Java 的类型转换支持显式和隐式两种类型转换；
- Java 不支持指针、结构体与联合体等复杂数据类型；
- Java 提供除乘幂运算以外的各种类型的运算符；
- Java 的表达式中运算符是有不同的优先级别的，括号可以提升优先级；
- Java 支持用作程序流程控制的 if…else、if…else、switch…case 等条件式；
- Java 支持用作程序流程控制的 while、do…while、for、foreach 等循环式；
- break 和 continue 是在上述流程中进行中断和继续的控制操作的；
- 数组是保存相同数据类型数值的集合，其下标从 0 开始；
- 一维数组是存储线性数据的结构，二维数组是存储行和列数据的结构；
- 命令行参数是程序运行时向程序提供一些参数的机制。
- Scanner 类可以让程序从控制台上读取数据，并用于运算。
- Lambda 表达式基于函数式接口，通过它可以简化函数式接口的编程。

第 3 章　面向对象的实现

本章要点：

☑ 理解面向对象的基本概念
☑ 使用 Java 语言实现封装、信息隐藏、数据抽象、继承、多态等面向对象特点的方法
☑ 接口和内部类的用法
☑ Java 的枚举类型

纵观计算机硬件、软件的发展之路，可以认为这是一个逐渐变得拟人化的过程。因此，程序语言作为计算机之间的交流和表达，其最终目的就是要更贴近人与人之间的自然交流语言。计算机语言实际上也属于这样一种表达思想的工具，可以将之理解为是一种不同种类的表达媒介。随着时间的推移和技术的更新发展，这种媒介越来越不像是一种机器的表现方式，而是逐渐变得更符合我们人类的思维方式。因此，计算机语言可以被理解为融合了人类交流思想的一部分，故而从分析人类思想的角度入手学习计算机语言可以达到事半功倍的效果。

Java 是一门纯粹的面向对象编程（object oriented programming，OOP）语言。所谓纯粹，是与其他过渡时期的面向对象编程语言相比较而言；所谓面向对象编程，是在计算机向一种全方位贴近人类思想表达载体的转变过程中一股重要的促进力量。那么，到底什么是面向对象编程呢？本章将作详细的解释和分析。

有了第 2 章讲述的 Java 基础语法知识作为基础，本章将介绍面向对象编程的基本概念，包括对各种开发方法的综述以及对面向对象编程技术在 Java 语言中的实现和各种应用技巧。

3.1　类与对象

Java 语言是在 C++的基础之上发展而来的，从向着更拟人化的发展角度来说，Java 的面向对象特性显然要比 C++语言显得更为纯粹。

从以往的知识得知，C++语言支持与 C 语言的向后兼容性，所以 C++语言是 C 语言的一个超集，包含许多 C 语言不具备的特性，也同时拥有一些 C 语言的非面向对象的特性。这些非面向对象的特性使 C++在某些地方显得过于复杂。

Java 首先是一门纯粹的面向对象程序设计语言。也就是说，用它正式写程序之前，首先必须先将自己的思维转入一个纯粹的面向对象的世界，不再思考任何面向过程的编程模式，这样才能真正体会到 Java 的简单性，才能真正体会出它比起其他面向对象编程（OOP）语言的优势。

那么，什么才是面向对象编程（OOP）的思维方式呢？如何将自己的思维转为纯粹的面向对象思维呢？本节将探讨 Java 程序的基本组件——类与对象，并探讨 Java 中的“一切都是对象”的实质含义，而如何去正确地写一个类是重中之重。

3.1.1 类与对象的概念

在日常生活中，我们看到的任何事物都可称为一个对象，甚至某个动作、某个操作本身也可看作是一个对象。所以在Java语言里，有“一切都是对象”（everything is an object）的说法。在这样的前提下，Java 程序就可看作是由一组靠互相传递消息来告诉彼此怎样去做的对象组成的。

其实，每种编程语言都有自己的数据处理方式。程序员必须时刻留意程序中的各种变量甚至函数是什么类型的。大家可以回忆一下C语言或C++语言里的指针，那就是专门用来处理一些间接表示对象的一种方法。

在Java语言里，任何东西都可看作一个对象。因此在编程的时候，可以使用一种统一的语法来表示对象。但是要注意，尽管将一切都看作对象，操作的标识符实际上是一个对象的引用（reference），而并不是对象本身。在其他的 Java 参考书里有的人将其称作“句柄”，甚至是“指针”。但是需要注意，这里的“指针”和C语言或C++语言中的“指针”有所不同，更贴近于C++里的“引用”的含义。

我们可将引用和对象的关系想象成用遥控器（引用）操纵电视机（对象）。握住这个遥控器就相当于掌握了与电视机连接的通道。一旦需要换频道或者关小声音，我们实际操纵的是遥控器（引用），再由遥控器（引用）操纵电视机（对象）。如果要在房间里四处走走并想保持对电视机的控制，手上拿着的是遥控器（引用）而不是电视机（对象）。另外，即使没有电视机（对象），遥控器（引用）也可独立存在。也就是说，只是有一个引用，并不表示一定要有一个对象同它连接。

例如，如下语句创建了一个String类型的字符串引用：

```
String s;
```

这里创建的只是引用，并不是对象本身。如果此时使用 s 进行一项操作或者向 s 发送一条消息都会产生一个运行时错误。这是由于 s 实际并未与任何东西连接，即只有引用（遥控器），没有对象（电视机）。因此，安全的做法是：创建一个引用时，无论如何都要进行初始化。例如：

```
String s = "hello world";
```

这里采用的是特殊的String（字符串）类型。String类型可用加双引号的文字初始化。通常情况下，必须为普通类型的对象使用一种更通用的初始化方法。即创建一个引用时使用关键字 new 将它同一个新对象建立连接。new 的意思可以理解成“给我一个新的对象”。所以在上面的例子中，也可以这样表示：

```
String s = new String("hello world");
```

在这里，要重点理解“new”这个关键字的确切含义。它不仅表示创建一个新的String对象，而且还通过提供一个初始的字符串描述了这是一个怎样的字符串。当然，String只是其中一种Java数据类型。Java语言还配套提供了很多种已经定义好的类型。对于编程人员来讲，最重要的是要掌握自己创建新的类型，也就是定义“类”（class）。这才是Java程序设计语言的一项重要的功能。在本书后面将大量介绍这样的内容。

在 Java 中，习惯用关键字“class”来表示创建了一个新的类，即定义了一种新的类型。class 关键字后面，紧跟的是新的类型名字。下面是一个简单的类型定义：

```
public class ClassName {
    /* 类的主体代码放在这里 */
}
```

这就引入了一种新的类型，也就是创建了一个新类 ClassName。类的主体代码由一条注释代替（即没有任何实质性内容），所以还不能用此类做其他事情。但是，一旦有了这样的类的定义，就已经可以使用 new 来创建这种类型的对象：

```
ClassName a = new ClassName ();
```

在了解了类和对象的概念之后，我们来探讨一下在面向对象的程序中类和对象的关系是什么？

在这里，重点要理解一下面向对象程序设计所面对的问题空间——客观世界，它是由许多事物构成的。这些事物既可以是有形的，也可以是无形的。把客观世界中的事物映射到面向对象的程序设计中就是对象。对象是面向对象程序设计中用来描述客观事物的程序单位。客观世界中的许多对象，无论其属性还是其行为常常有许多共同性。抽象出这些对象的共同性便可以构成类。所以，类是对象的抽象和归纳，对象是类的实例。这就是类与对象的关系。例如，如果定义 Man（人类）是一个类，那么，你和我、张三和李四都是人类这个类的一个对象；如果定义 Account（账户）是一个类，那么，你的银行账户和我的银行账户都是账户这个类的一个对象；如果定义 Student（学生）是一个类，那么，学生甲和学生乙都是学生这个类的一个对象。

以银行账户为例，账户类的定义代码如下：

```
public class Account {
  /* 类的主体代码放在这里 */
}
```

有了这个类的定义，就可以用如下代码来创建一个属于你的账户：

```
Account YourAccount = new Account( );
```

也可以创建一个属于我的账户：

```
Account MyAccount = new Account( );
```

不管是 YourAccount 还是 MyAccount 都只是账户对象的引用而已。用关键字 new 已经创建了该引用所要连接的对象。只需要知道对象的引用名字，就可以操纵相应的对象了。

上述所说，其实只是描述了客观世界中的现象，即问题空间的内容。我们要做的是程序，由程序代码来描述的我们称为“解空间”的内容。这其中不免有一个从问题空间到解空间的过程，我们称为建模。

如图 3-1 所示，在现实世界中看到的任何物体现象，都抽象出它们的共性。比如：一张报纸、一本书本、一幅画，可以抽象出“纸”这一概念；一座大楼、一间教室，可以抽象出

“房子”这一概念；我、你、他，可以抽象出“人类”这一概念。关于“抽象”，3.2 节中将详细讨论。

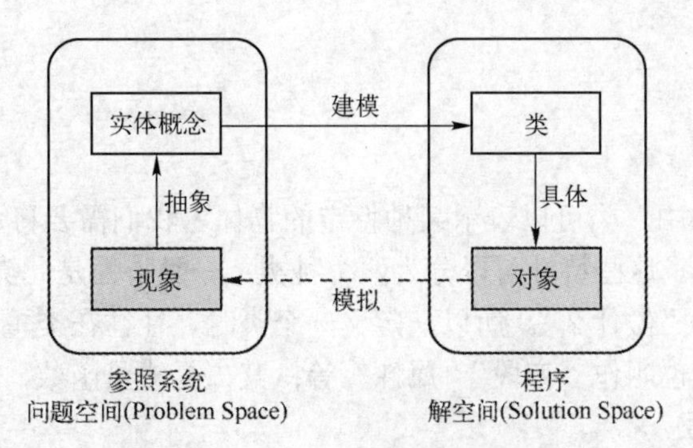

图 3-1　类与对象的建模过程

有了概念之后就是“建模”，也就是把概念描述为程序中的类的过程，如上面举的银行账户的例子。有了类之后，就是具体化，也称为实例化，即用 new 关键字创建一个个具体的对象。

总而言之，对象就是现实世界中一个个具体现象的模拟。整个建模的过程，即是面向对象程序开发的过程。而建模的核心，实际在于“抽象”。究竟何谓“抽象”？接下来我们将详细讨论。

简单来讲，抽象就是抽取事务中相同属性和行为的过程。例如：我们发现有些人都有学号、姓名、性别、生日、专业等共同特性，并且他们还都具有听课、参加考试等共同行为。从他们中我们抽取出“学生”类的概念，并同时抽取了学生类的共同属性，如学号、姓名、性别、生日、专业，学生类的共同行为，如听课、参加考试。这个抽取的过称就叫作“抽象”。

更进一步深入地理解，抽象是人类长期认识世界与改造世界的结果。英国哲学家与数学家罗素在其名著《数理哲学导论》中说道：“发现一对鸡、两昼夜都是数 2 的实例，一定需要很多年代，其中所包含的抽象程度确实不易达到。至于 1 是一个数的发现，也必定很困难。说到 0，这更是晚近加入的，希腊人和罗马人没有这个数字。”罗素作为数学家和哲学家，是从历史和数学的角度比较深入地阐述了数字抽象的概念。作为编程者的我们，可以把面向对象编程的过程理解成构建一个社会，甚至一个世界的过程。用自己已有的历史观、方法论和哲学理念来快速地构建一个程序中的世界。这就是在面向对象编程中探讨抽象的意义。

所以说，要全面深入理解面向对象设计，可以适当去读一些哲学、历史，甚至兵法、建筑类书籍。从这些书籍里面细心去体会，应该能够发现很多和软件设计关联的东西。用心去理解它们的内涵和核心思想，这其中自然包含的是它们的“抽象”概念。

前文所述的建模过程，只是面向对象中类这一层次上的抽象。其实，面向对象的抽象思想，更多地应用于类的层次之上，即软件架构及设计的抽象。比如：C++中的模板就是在类的概念上进行更高层次的抽象，微软基础类库（MFC）的设计也采用了面向对象思想。它们都对程序的各种业务进行了很好的抽象，或者说是对某种组织结构进行了抽象。我们将它理解为软件的“思想”（框架）级别的抽象。思想是人类的灵魂，对思想进行抽象应是最高级别了。面向对象语言的出现其实就是希望在“无形中表现有形世界”。将有形的物体抽象成无形的程序，这就是我们所要研究的“抽象”这一概念的具体做法。

另外，抽象还是继承和多态的基础（面向对象理论的另外两个重要特点，后文将详细解释和探讨）。在抽象的过程中，我们获得的是事物本质的东西和事物独特的东西。这样我们很自然地认识到抽象的事物和具体的事物之间的继承关系，而它们之间的不同性可以通过多态来表现出来。

3.1.2 类的成员

在面向对象的概念中，类可以表示某种特定的物体。我们需要将这类物体区别于其他物体的一些特性描述出来。这些特性可以分为两个种类：一类特性是此类物体“有什么”；另一类特性是此类物体可以“做什么”。所以，定义一个类时，往往在类里设置两种类型的元素：其一是数据成员，有时也叫作“字段”“属性”等；其二是成员函数，通常叫作“方法”。

1. 类中的数据成员

类中数据成员也可称为类的字段。它可以是任何类型，包括基本的数据类型和引用类型。如果它的类型是某一种引用类型，则最好初始化该引用，否则程序在使用该数据成员时将产生异常。具体方法是用一种名为构造函数的特殊函数将其与一个实际对象连接起来（后文会对此进行详述），就像上文介绍的那样使用 new 关键字。下面是在类中定义了一些数据成员的一个简单例子：

```
class DataOnly {
        int i;
        float f;
        boolean b;
}
```

这个类并没有能力去做任何实质性的事情，只是拥有 3 个普通类型的数据成员——即 3 个字段。数据成员的定义方法和第 2 章中介绍的变量定义非常类似。换言之，可以把数据成员理解为在类中定义的变量。

普通变量的定义可以直接赋一个初始值。类似的，类中的数据成员的定义，也可以进行初始赋值，例如：

```
class DataOnly {
        int i = 10;
        float f = 1.4f;
        boolean b = false;
}
```

这样的一个类可以用来创建一个对象，如：

```
DataOnly d = new DataOnly( );
```

在这里，如果数据成员没有被直接赋一个初始值，也可以将所需要的值通过类的对象引用赋给任何一个数据成员。具体做法是，首先要写上对象引用的名字，再跟随一个点号“.”，最后跟随对象的数据成员的名字。具体格式为：**对象引用.成员**。

例如：

```
d.i = 47;
d.f = 1.5f;     //因为浮点型数默认的是 double，所以此处如果写成 1.5 将会出现错误
```

```
d.b = true;
```

一个类的数据成员也可以包含了另一个类的对象。前文已经讲过，有一种变量类型叫作引用类型，这种类型的变量就表示一个类的对象。所以，引用类型的变量作为类的数据成员也是很常见的情况。这种情况下，如果需要修改引用类型数据成员中的数据。就需要使用点号“.”运算符的级联。例如：在上述类的基础上，我们再定义如下类：

```
class DataOnly2 {
    int i;
    float f;
    boolean b;
    DataOnly inSide = new DataOnly( );
}
```

依然用如下语句创建类的对象 d：

```
DataOnly2 d = new DataOnly2( );
```

于是，可以使用点号运算符的级联来访问或修改对象“inSide”对象的数据成员。

```
d.inSide.i = 52;
d.inSide.f = 2.3f;
d.inSide.b = false;
```

完整的程序见例 3-1。

【例 3-1】 只有数据成员的例子。

```
class DataOnly2{
    int i;
    float f;
    boolean b;
    DataOnly inSide = new DataOnly( );   //对象作数据成员
}
public class DataOnly {
    int i;
    float f;
    boolean b;
    public static void main(String[ ] args) {
        DataOnly2 d = new DataOnly2( );
        d.inSide.f = 2.3f;
        d.inSide.b = false;
        System.out.println(d.inSide.i);
        System.out.println(d.inSide.f);
        System.out.println(d.inSide.b);
    }
}
```

在这个例子中，请注意 DataOnly2 中除了引用类型 inSide 有用到 new 进行初始化外，另外 3 个数据类型并没有初始化，而 DataOnly 的 3 个数据成员也没有被初始化。这样的情况在

C++语言中是不允许的。但是，Java 语言中给出了数据成员默认的初始值。于是，例 3-1 的运行结果如下：

```
0
2.3
false
```

例 3-1 显示，除了赋值过数据 f 和 b，从未赋值过的 i 输出值为“0”。这证明数据成员的默认初始值确实存在。Java 基本数据类型数据成员的默认初始值如表 3-1 所示。

表 3-1 基本数据类型默认初始值表

基本数据类型	默认初始值
boolean	false
char	'\u0000' (null)
byte	(byte)0
short	(short)0
int	0
long	0L
float	0.0f
double	0.0d

一旦将变量作为类的一个数据成员使用，就要特别留意分配的默认初始值是什么。由于 Java 能自动分配默认值，所以保证了基本数据类型的数据成员变量肯定会得到初始化，从而有效遏止了多种相关的编程错误。不过对于自己要编写的程序来说，这种默认的初始值可能并不合适，有时甚至可能是非法的，因此最好的做法当然是明确初始化这些变量，而尽可能少采用这种默认初始值。值得注意的是，只有类的数据成员才拥有默认初始值，而函数中的局部变量是没有默认初始值的。所以，如果在一个函数定义中有下述变量的定义：

```
int x;
```

这里的 x 会得到一个随机值，不会自动初始化成零。所以需要在正式使用 x 前为其分配一个适当的值。假如没有这样做，就会得到一条“The local variable x may not have been initialized（变量可能尚未初始化）”的编译错误。所以，良好的编程习惯是尽量不采用默认初始值，总是显式地给每一个变量赋值。这样就不会产生忘记赋值而产生的编译错误。

许多 C 或 C++语言的编译器只会对未初始化的变量发出警告，而在 Java 里会直接导致编译错误。这也是 Java 优于其他语言的表现之一。编译更严谨一些，从而可以帮助程序员消除很多代码的隐患。

2．类中的方法成员

在 C 或者 C++语言中往往用“函数（function）”这个词指代一个已命名的子例程，但在 Java 语言中更习惯于使用的是“方法（method）”这个词，用来代表完成某件事的途径。当然，很多从 C++语言转来编写 Java 程序的程序员也习惯性地继续使用函数这个词，这也无可厚非。从现在开始，本书中将一直使用“方法”而不是“函数”这个词，这毕竟是 Java 语言的习惯。

不同于其他语言的函数，Java 语言的最基本单位是类，所以不存在独立于类之外的方法，即任何一个方法必须存在于某一个类或者类似的类型定义中。

3．方法的定义与调用

“方法”和“函数”从本质上是一样的，所以方法的实现与函数的实现一样也分为定义和调用两个范畴。而定义方法，不外乎就是**返回值类型、参数、方法体**三点，我们将之称作是方法的三大要素。例 3-2 是一个简单的求两数中最大值的例子。

【例 3-2】 求三个数最大值的方法示例。

```
public class MaximumUsingMethod {
    // 返回 x 和 y 的最大值的方法定义
    public static double max(double x, double y) {
        double z;
        if (x >= y){
            z = x;
        }else{
            z = y;
        }
        return z;
    }
    // 主程序
    public static void main(String[ ] args) {
        // 输入三个浮点数
        double value1, value2, value3;
        System.out.println("请输入 3 个 double 类型的数值：");
        Scanner sc = new Scanner(System.in);     // 用于输入，需要引入 java.util.Scanner 类
        String inputLine1 = sc.nextLine( );
        value1 = Double.parseDouble(inputLine1);
        String inputLine2 = sc.nextLine( );
        value2 = Double.parseDouble(inputLine2);
        String inputLine3 = sc.nextLine( );
        value3 = Double.parseDouble(inputLine3);
        // 调用 max( )方法找出最大数并存放在 temp 中
        double temp; // 最大值
        temp = max(value1, value2);
        temp = max(temp, value3);
        // 输出找到的最大数
        System.out.println("最大值为 " + temp + " 。");
    }
}
```

运行结果如下：

```
请输入 3 个 double 类型的数值：
3.5
4.2
5.1
最大值为 5.1。
```

例3-2是个简单易懂的例子，定义了一个简单的求两个double类型数值最大值的方法。这个方法除了前面多了public和static这两个修饰符之外（关于这两个修饰符将在后面的章节再讨论），和我们所熟悉的函数定义是完全类似的。具体方法定义的格式如下：

```
返回值类型 方法名 ( 形式参数表 ) {
    方法体
}
```

① **方法名**：Java的方法名与Java其他标识符一样，也遵循"先声明（定义）、后使用"的原则。即必须先定义一个方法，然后才能去调用它。

注意：这里的"先后"指的是在作用域范围这个含义上的"先后"，而不是简单的代码上下文的"先后"关系。

例如：在类的作用域中，写在前面的代码也可调用定义在后面的方法。另外，方法名在命名规则上，通常根据方法所执行的功能，采用动词或动名词组。

② **返回值类型**：可以是基本数据类型或者引用类型，允许是void（但注意在Java语言中并不把void当作一种类型）。

③ **形式参数表**：注意，即使形式参数表为空，方法声明中也不可省略左右圆括号。

④ **方法体**：即具体描述此方法的实现。

在方法体中可使用return语句。return语句的作用有两方面：①控制跳转；②传递返回。

注意：return语句可以不放在方法的最后，但是程序执行到return语言，就意味着此方法结束。即此语句后面的内容很可能永远执行不到。

关于return语句与返回值类型，请注意，如果返回值类型为void，则return语句可以省略不写，或者只写return，后面可不带任何表达式；否则，return必须后接与返回值类型兼容的表达式。所谓类型兼容，与赋值表达式中强调的类型兼容规则等同使用。

例如：

```
boolean flag() {
    return true;
}
float naturalLogBase() {
    return 2.718f;
}
void nothing() {
    return;
}
void nothing2() {

}
```

学会了方法的定义，接下来就是如何调用已经定义好的方法。这是使用方法所必须掌握的内容。方法的调用具体格式如下：

```
方法名（实际参数表）;
```

在使用上，具体分为以下两种情况。

其一，如例 3-2 所示，当方法有返回值的时候，用赋值语句来调用方法，上述方法的调用格式将作为整条语句的一部分，如下所示：

```
temp = max(value1, value2);
temp = max(temp, value3);
```

其二：方法没有返回值，即返回值类型处写的是 void 的情况下，我们将上述格式用作为整条语句。

另外，实际参数个数必须与形式参数相同，且每一个实际参数类型必须与对应的形式参数类型兼容，其类型兼容规则与赋值运算时的类型兼容规则相同。

方法的调用还有一种嵌套的调用方法，还是以上述求最大值的方法为例，例如，可以这样书写：

```
temp = max(max(value1, value2), value3);
```

这里的嵌套调用实际上是求 value1、value2、value3 三者之中最大的数值。

4．参数的设计

方法的定义和调用是方法使用的基本范畴，但是对使用面向对象编程思想来编程的程序员来讲，仅仅掌握这些基本内容肯定是不够的。程序员应该更深入地去理解方法的设计。要写出一个好用又经典的方法，要讲究一些技巧。这其中，重中之重就是参数的设计。

参数是对被方法所加工的数据的抽象，这是指导参数设计的基本思想！而初学者最常见的一种错误是：将方法体与调用者之间的交互误认为是方法体与最终用户之间的交互。假设要解决一个求本息之和的问题：首先输入本金，已知利率，按照一定的方法求出 1～5 年的本金加利息之和，并输出显示。例 3-3 和例 3-4 是两种不同的设计。

【例 3-3】 类成员方法的一种不好的设计。

```
//计算 1 至 5 年后的本金与利息总额
public class Interest{
    // 按复利计算利息
    public static void interest( ) {
        // 输入本金
        double amount = 0;
        System.out.print("请输入本金：");
        Scanner sc = new Scanner(System.in);    // 用于输入，需要引入 java.util.Scanner 类
        String inputLine1 = sc.nextLine( );
        amount = Double.parseDouble(inputLine1);
        // 逐年计算并输出年终本金与利息总额
        double total = amount;
        for (int year = 1; year <= 5; year++) {
            // 计算本金与利息总额
            total = total * (1 + 2.25 / 100);
            // 输出计算结果
```

```
                System.out.println("第" + year + "年本息总额为 " + total);
            }
        }
        // 主程序
        public static void main(String[ ] args) {
            interest( );
        }
}
```

运行结果如下：

```
请输入本金：5600
第 1 年本息总额为 5726.0
第 2 年本息总额为 5854.835
第 3 年本息总额为 5986.568787499999
第 4 年本息总额为 6121.266585218749
第 5 年本息总额为 6258.995083386171
```

这里输入的本金为5600。程序运行无误，并按编程者的意图输出了1～5年的本息总额。但是，观察一下程序的结构，程序的 main( )方法中只调用了一个 interest( )方法。所有的计算包括输入和输出都由 interest( )方法来完成。没错，这个程序可以完成我们的目的。但是，假如想使用第 3 年末的本息总额进行另外一项运算怎么办？这样的 interest( )方法没办法给出想要的结果，只能重新再写一个方法来获取第 3 年的本息总额。这样看来这个方法的设计显得很不合理，它的可移植性和可重用性是很差的。好的方法可以提供给用户更多的可重用空间。重新设计这个方法，需要用到方法的参数和返回值。正确的设计见例 3-4。

【例 3-4】 类成员方法的正确的设计。

```
public class Interest2 {
    // 按年利率 rate 计算本金 amount 在第 years 年年终的本息合计
    public static double interest(double amount, double rate, int years) {
        // 逐年计算年终本金与利息总额
        double total = amount;
        for (int power = 1; power <= years; power++) {
            total = total * (1 + rate / 100);
        }
        return total;
    }
    // 主程序
    public static void main(String[ ] args) {
        // 输入本金
        double amount = 0;
        System.out.print("请输入本金：");
        Scanner sc = new Scanner(System.in);    // 用于输入，需要引入 java.util.Scanner 类
        String inputLine1 = sc.nextLine( );
        amount = Double.parseDouble(inputLine1);
        // 逐年计算并输出年终本金与利息总额
```

```
        for (int year = 1; year <= 5; year++) {
            System.out.println("第" + year + "年：" + interest(amount, 2.25, year));
        }
    }
}
```

运行结果如下：

```
请输入本金：5600
第 1 年本息总额为 5726.0
第 2 年本息总额为 5854.835
第 3 年本息总额为 5986.568787499999
第 4 年本息总额为 6121.266585218749
第 5 年本息总额为 6258.995083386171
```

运行结果与例 3-3 完全相同。但是在例 3-4 中，最大的改变就是将 interest()方法的参数和返回值都列了出来，而将输入和输出放到了 main()方法里。这样，用户想求哪一年的本息都可以，interest()方法的可移植性和可重用性都加强了。

5．参数传递

参数列表里规定了传送给方法的是什么信息。和其他语言一样，Java 中的方法参数传递，也分为形式参数（形参）和实际参数（实参）。形参就是方法定义时参数列表中写的参数，实参就是方法调用时调用语句里写的参数。参数传递的过程，就是把实参的值传递给形参的过程。

正如前面所讲，在 Java 里一切都是对象，所以参数传递的信息采用的都是对象的形式。因此，必须在参数列表里指定要传递的对象类型，以及每个对象的名字。而且如在 Java 其他地方处理对象时一样，传递的实际是对象的引用。所以说，在 Java 中有两种参数传递的方式，一是按值传递（适用于基本数据类型），二是按引用传递（适用于引用类型）。但是，就实际效果而言，引用传递等同于值传递。下面是一个引用类型做参数的例子。

```
int storage(String s) {
    return s.length( ) ;        //求字符串 s 的长度
}
```

以上是一个方法的定义。当然，必须将之放在一个类里才能编译。这个方法返回的是需要多少字节才能容纳一个特定字符串里的信息（字符串里的每个字符都是 16 位或者说是 2 个字节，以便提供对 Unicode 字符的支持）。参数的类型为 String，名字叫作 s，一旦将 s 传递给方法，就可将它当作其他对象一样处理。这里调用的 length()方法是 String 类的默认方法之一（即 String 类里面的方法），其作用是返回一个字串里包含的字符数目。

例 3-5（1）是一个错误的交换数字的例子。

【例 3-5（1）】 错误的交换数字。

```
public class DataSwap {
    // 试图交换 x 和 y 的值
    public static void swap(int x, int y) {
        int temp = x;
```

```
            x = y;
            y = temp;
        }
        // 主程序
        public static void main(String[ ] args) {
            // 输入两个整数
            int i, j;
            Scanner sc = new Scanner(System.in);     // 用于输入，需要引入 java.util.Scanner 类
            String inputLine1 = sc.nextLine( );
            i = Integer.parseInt(inputLine1);
            String inputLine2 = sc.nextLine( ) ;
            j = Integer.parseInt(inputLine2);
            // 输出这两个数在交换之前与交换之后的值
            System.out.println("交换前：i = " + i + "，j = " + j);
            swap(i, j);
            System.out.println("交换后：i = " + i + "，j = " + j);
        }
    }
```

如上代码片段，省略了用户输入 2 个整数的代码。该程序的功能是交换 2 个整数并输出交换前和交换后的结果。经过验证发现，这个例子的结果完全出乎我们的意料。交换前和交换后的 i 和 j 的值是一样的，即并未完成交换的功能。这个错误缘于没有正确理解值传递的含义。

参数传递相当于实参到形参的赋值。这句话放到上例中，具体可以表示为，实参 i 传递给形参 x，实参 j 传递给形参 y。即可以表示为在 swap 方法体之前，先执行了两条语句：

```
int x = i;
int y = j;
```

然后再执行方法体，于是发现 x 和 y 与 i 和 j 是两组变量，拥有不同的两块内存，各不相干，所以对于 x 和 y 的改变并不能影响到 i 和 j。若是在 C++语言中，我们可以很快想到解决的办法，即将方法的参数设计成引用类型或者是指针类型的参数，从而构成地址传递。在此，习惯于使用 C++的引用传递参数来解决此种问题的读者需要注意：在此处仅将参数类型替换为整数类型的包装类 Integer 是不行的。毕竟，Java 的引用和 C++的指针还是有区别的。在 Java 语言中，参数传递即使是使用引用类型，都会等同于是值传递。所以必须从其他方面去考虑如何实现此种交换。

在第 2 章中介绍过 Java 的数组。数组名表示数组元素的首地址，这是一种地址的体现，所以可以借助数组来实现交换这一目的，见例 3-5（2）。

【例 3-5（2）】 利用数组名可以实现正确的交换数字。

```
public class DataSwap2 {
    // 试图交换 x 和 y 的值
    public static void swap(int[ ] x, int[ ] y) {
        int temp = x[0];
        x[0] = y[0];
```

```
            y[0] = temp;
        }
        // 主程序
        public static void main(String[ ] args) {
            int[ ] i = new int[1];
            int[ ] j = new int[1];
            // 输入两个整数，分别放在 i,j 数组的第一个单元中
            Scanner sc = new Scanner(System.in);    // 用于输入，需要引入 java.util.Scanner 类
            String inputLine1 = sc.nextLine( );
            i[0] = Integer.parseInt(inputLine1);
            String inputLine2 = sc.nextLine( );
            j[0] = Integer.parseInt(inputLine2);
            // 输出这两个数组的首元素在交换之前与交换之后的值
            System.out.println("交换前：i = " + i[0] + "，j = " + j[0]);
            swap(i, j);
            System.out.println("交换后：i = " + i[0] + "，j = " + j[0]);
        }
    }
```

运行结果如下：

```
请输入两个整数，用回车隔开：
10
20
交换前：i = 10，j = 20
交换后：i = 20，j = 10
```

结果显示，正确的交换已经完成，完全附合预期。

3.1.3 类的声明和使用

1．类的声明和定义

3.1.2 节讨论了类中的数据成员和方法成员。这二者构成了 Java 类的基本元素。其中，数据成员描述对象的属性，方法成员描述对象的行为。接下来介绍在 Java 中完整地定义一个类的方法。

例 3-6 是一个银行账户的类，描述的实体就是银行的账户。实体的属性（即数据成员）是账户的存款余额；实体的行为（即方法成员）是账户的存款、取款、查询余额的操作。程序见例 3-6。

【例 3-6】 银行账户类。

```
public class Account {
    // 银行账户的属性
    private double balance = 0; // 存款余额
    // 向账户中存款，存款金额为 amount 元
    public void deposit(double amount) {
        balance = balance + amount;
```

```
    }
    // 从账户中取款 amount 元，成功返回 true，否则返回 false
    public boolean withdraw(double amount) {
        if (amount <= balance) {
            balance = balance - amount;
            return true;
        } else{
            return false;
        }
    }
    // 查询账户的当前余额
    public double getBalance( ) {
        return balance;
    }
}
```

例 3-7 是一个描述仓库库存货品的类，库存货品的属性（即数据成员）是货品的数量和金额；库存货品的行为（即方法成员）是入库、出库和查询数量及金额。程序见例 3-7。

【例 3-7】 库存货品类。

```
public class Inventory{
    // 存货的属性
    private double quantity = 0; // 存货的数量
    private double amount = 0; // 存货的金额

    // 验收入库，入库数量和金额分别为 qty 和 amt
    public void checkIn(double qty, double amt) {
        quantity += qty;
        amount += amt;
    }
    // 领料出库，出库数量为 qty，返回出库成本
    public double checkOut(double qty) {
        // 如果数量余额不足则不作出库
        if (quantity < qty){
            return 0;
        }
        // 计算出库的成本金额，
        double amt = amount;
        if (qty < quantity) {
            // 保证存货数量余额为 0 时存货金额余额也为 0
            double price = ((long) (amount / quantity * 100)) / 100.0;
            amt = qty * price;
        }
        // 减少库存数量与金额
        quantity -= qty;
        amount -= amt;
        return amt;
```

```
	}
	// 查询当前的存货数量余额
	public double getQuantity() {
		return quantity;
	}
	// 查询当前的存货金额余额
	public double getAmount() {
		return amount;
	}
}
```

由以上两个例子可以总结出在 Java 语言中声明一个类的格式如下：

```
[类修饰符] class 类标识符{
	类数据成员声明;
	类方法成员声明;
}
```

其中，例子中的 public 是类修饰符，表示公共的意思。关于此修饰符的含义，将在后面详细讨论。需要注意的是，public 修饰符在修饰类的时候并不是必须的，是根据需要按照一定的规则来选择加或者不加此 public 修饰符。

规则：

一个 Java 文件中，只允许有一个修饰为 public 的类（可参见例 3-1），此 public 类的名字必须与 Java 文件的名字相同。

当然，类的修饰符并不仅限于 public，还有其他访问修饰符可以选择，后面会一一介绍，此处不加赘述。

class 关键字是声明一个类所必需的。类标识符是为这个新的类所取的名字，一般情况下，类名的首字母需要用大写，最好是用完整的英文单词的组合来命名。

与 C++定义类不同的是，在 Java 中，类方法成员的所有代码都需要写在类体中，即类的声明后面的大括号中。类声明的大括号后面不需要加分号。

2．类的作用域

如之前所述，声明一个类的外围有一对大括号，这表明一种新的作用域的产生，称为类作用域。在此，有以下两点需要注意：

① 在类作用域中，类中声明的数据或方法成员的作用域涵盖整个类，即声明在前的方法体中，可调用声明在后的方法或数据成员；

② 类的方法成员中的参数或局部变量隐藏同名的外围类的数据成员变量。

第一点比较容易理解，可以认为一个类中的各个成员（包括数据成员和方法成员）都是并列的，彼此地位相同。所以前面的成员可以访问后面的成员，后面的成员也可以访问前面的成员。这可以由类的概念来解释，因为现实中的一种物体的各个属性和性质肯定是并列存在的。比如说一只动物，可以奔跑，也可以吃饭睡觉，这两个能力之间绝对不会有前后逻辑关系，但可以并列存在。针对第二点的局部变量隐藏同名的外围类的数据成员变量规则通过下面的例 3-8 来说明。

【例 3-8】 名字隐藏。

```
public class NameHiding{
    private double x = 0;
    public boolean set(double x) {
        if (x > 0) {
            this.x = x + get();   //此处 this.x 是数据成员 x,而后一个 x 指参数 x
            return true;
        } else{
            return false;
        }
    }
    public double get() {
        double y = x * x;           //此处的 x 指数据成员 x
        double x = y + 1;           //此处定义局部变量 x
        return x;                   //此处返回值 x 是局部变量 x
    }
}
```

例 3-8 中，NameHiding 类有一个数据成员 double 类型的 x，而 2 个方法成员中，set 方法参数名也是 double 型的 x，get 方法内有一个局部变量 x。在这样的情况下，适用于名字隐藏规则，即局部作用域隐藏外围作用域。

那么，如果在局部作用域需要访问外围的成员怎么办呢？答案是使用关键字 this。this 出现在哪个类里，就表示是这个类的对象的一个引用。可以将它读做“这个类的……”。比如例 3-8 中的“this.x”，可以读做“这个类的 x”。它表示这个 x 是属于这个类的，并不是局部变量也不会是参数 x。关于 this 关键字，还有更多的使用方法，后面将加以详细讨论。

3．使用类的对象实例

在例 3-6 和例 3-7 中阐述了如何声明一个类，但是这样声明的类并不会完成任何功能。刚刚声明的类只是一个静止的个体，并没有生成任何对象，也没有人告诉它应该去做什么。

通过前文知道了类与对象的关系就是现实世界中概念与现象的关系。可以把类理解为对象的模板，所以说，使用类是需要生成类的对象的。另外，一个 Java 程序的执行，必须是从 main()方法开始的（这一点和 C 语言是一样的）。所以，为了让类起到作用，也需要增加 main()方法，程序才能动起来。接下来，将讨论如何使用类与它的对象实例。

在前文已经提到过使用 new 关键字生成一个类的对象实例。那么，以例 3-4 的银行账户类为例，可以这样来生成该类的对象实例。

```
Account zhang3 = new Account();        // 为张三开设一个账户
```

有了对象实例，怎样来使用它呢？这里需要用“．”点号运算符。还是以银行账户为例，现在在程序中加入 main()方法，见例 3-9。

【例 3-9】 使用对象实例（1）。

```
class Account {
    // 银行账户的属性
    private double balance = 0; // 存款余额
```

```
    // 向账户中存款，存款金额为 amount 元
    public void deposit(double amount) {
        balance = balance + amount;
    }
    // 从账户中取款 amount 元，成功返回 true，否则返回 false
    public boolean withdraw(double amount) {
        if (amount <= balance) {
            balance = balance - amount;
            return true;
        } else{
            return false;
        }
    }
    // 查询账户的当前余额
    public double getBalance( ) {
        return balance;
    }
}
public class UseObject{
    public static void main(String[ ] args) {
        Account zhang3 = new Account( );    // 为张三开设一个账户
        // 张三的账户存入 500 元后又取出 100 元
        zhang3.deposit(500);
        if (!zhang3.withdraw(100)){
            System.out.println("余额不足，取款失败！");
        }
        Account li4 = new Account( );          // 为李四开设一个账户
        // 从张三的账户取出 150 元存入李四的账户
        if (!zhang3.withdraw(150)){
            System.out.println("余额不足，转账失败！");
        } else{
            li4.deposit(150);
        }
        // 查询张三和李四的账户余额
        System.out.println("张三余额为" + zhang3.getBalance( ));
        System.out.println("李四余额为" + li4.getBalance( ));
    }
}
```

运行结果如下：

```
张三余额为 250.0
李四余额为 150.0
```

例 3-9 中，可以看到这样的应用：

```
zhang3.deposit(500);
zhang3.withdraw(100);
li4.getBalance( );
```

这其实就是使用对象实例的方法，即用“.”运算符来调用 Account 类中已经定义过的方法，达到我们想要的目的。

接下来，将深入地了解一下在内存中不同的对象是怎么存放的。如果需要使用对象，首先需要声明一个类，对象的生成是由关键字 new 为对象分配存储空间并初始化这些存储空间。这些存储空间是按照类声明的方式来安排的，即把类作为对象的模板来安排其存储方式。类决定了对象的内部表示、取值范围和可用操作。

具体情况如下：

① 每一对象的数据成员占据不同内存区域；

② 所有对象的方法成员共享同一段程序代码。

如图 3-2 所示。

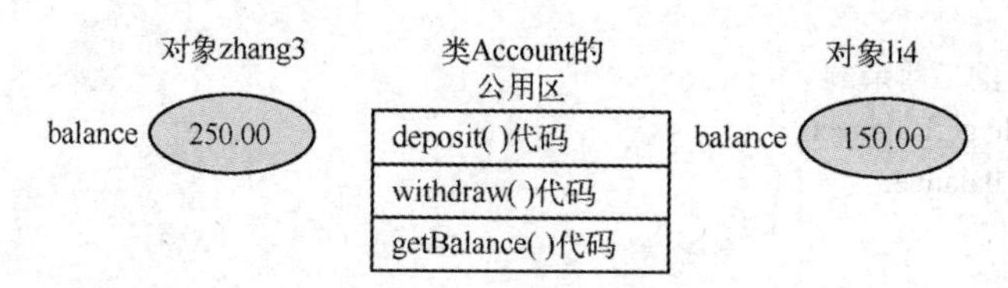

图 3-2 对象在内存中的组织

虽然张三和李四这两个对象的每一个方法的代码相同，但是张三和李四的余额属性存放在不同存储空间。例如：zhang3.deposit(500)是将 500 元累加到对象 zhang3 的余额属性上，而 li4.deposit(500)是将 500 元累加到对象 li4 的余额属性上。

又如例 3-7 库存货品类的使用，举例如下。

【例 3-10】 使用对象实例（2）。

```
class Inventory {
    // 存货的属性
    private double quantity = 0; // 存货的数量
    private double amount = 0; // 存货的金额

    // 验收入库，入库数量和金额分别为 qty 和 amt
    public void checkIn(double qty, double amt) {
        quantity += qty;
        amount += amt;
    }
    // 领料出库，出库数量为 qty，返回出库成本
    public double checkOut(double qty) {
        // 如果数量余额不足则不作出库
        if (quantity < qty){
            return 0;
        }
        // 计算出库的成本金额，
        double amt = amount;
        if (qty < quantity) {
            // 保证存货数量余额为 0 时存货金额余额也为 0
```

```
                double price = ((long) (amount / quantity * 100)) / 100.0;
                amt = qty * price;
            }
            // 减少库存数量与金额
            quantity -= qty;
            amount -= amt;
            return amt;
        }
        // 查询当前的存货数量余额
        public double getQuantity( ) {
            return quantity;
        }
        // 查询当前的存货金额余额
        public double getAmount( ) {
            return amount;
        }
    }
    public class UseObject {
        public static void main(String[ ] args) {
            // 创建笔记本库存的对象实例
            Inventory notebook = new Inventory( );
            // 重复处理菜单选项，直到用户选择退出
            for (;;) {
                // 显示菜单
                System.out.println("1.货品验收入库");
                System.out.println("2.货品领料出库");
                System.out.println("3.查询库存余额");
                System.out.println("0.退出程序");
                System.out.print("请选择：");
                // 用户选择
                int choice = -1;
               Scanner sc1 = new Scanner(System.in);     // 用于输入，需要引入 java.util.Scanner 类
               String inputLine = sc1.nextLine( );
                choice = Integer.valueOf(inputLine).intValue( );
                // 根据用户选择结果分情况处理
                switch (choice) {
                case 1: // 处理入库
                    Scanner sc2 = new Scanner(System.in);  // 用于输入，需要引入 java.util.Scanner 类
                    System.out.print("请输入入库数量：");
                    String qtyLine1 = sc2.nextLine( );
                    double qty1 = Double.valueOf(qtyLine1).doubleValue( );
                    System.out.print("请输入入库金额：");
                    String amtLine = sc2.nextLine( );
                    double amt1 = Double.valueOf(amtLine).doubleValue( );
                    // 增加存货数量与金额
                    notebook.checkIn(qty1, amt1);
```

```
                    break;
                case 2: // 处理出库
                    Scanner sc3 = new Scanner(System.in);    // 用于输入，需要引入 java.util.Scanner 类
                    System.out.print("请输入出库数量：");
                    String qtyLine2 = sc3.nextLine( );
                    double qty2 = Double.valueOf(qtyLine2).doubleValue( );
                    // 计算出库成本并减少存货数量与金额
                    double amt2 = notebook.checkOut(qty2);
                    if (amt2 == 0){
                        System.out.println("无足够余额！");
                    }else{
                        System.out.println("出库成本" + amt2 + "元。");
                    }
                    break;
                case 3: // 查询库存余额
                    System.out.println("余" + notebook.getQuantity( ) + "本。");
                    System.out.println("余" + notebook.getAmount( ) + "元。");
                    break;
                }
                if (choice == 0){
                    break;
                }
            }
        }
    }
```

此例初始运行结果如下：

```
1.货品验收入库
2.货品领料出库
3.查询库存余额
0.退出程序
请选择：
```

在显示菜单之后，程序会根据用户输入 1、2、3 或者 0 进行相关的操作。这种做法在编译命令行程序时是常用的，大家可以借鉴。

3.1.4 类的初始化与垃圾回收

C++引入了构造函数和析构函数的概念。构造函数是一种特殊的方法，在一个对象创建之后自动调用，而析构函数在对象消失的时候自动调用。Java 也沿用了这个概念，不同的是，相对于 C++里的析构函数，Java 新增了自己的垃圾收集器，能在资源不再需要的时候自动释放它们。本节将讨论初始化和垃圾内存清除的问题以及 Java 如何提供它们的支持。

1．构造方法

前文讲过，Java 语言能够为类的数据成员自动分配默认值，也可以由用户显式为类数据成员直接赋值，所以保证了数据成员变量肯定会得到初始化。但是，类只是一个模板，如果

仅用赋值得到的类成员初始值，是满足不了千变万化的对象各自不同的初始需求的。所以，在设计类的时候，可以对自己写的每个类同时创建一个方法，专门用来进行初始化的功能。在使用对象之前应首先并且必须要调用它进行对类成员的初始化。这就是构造方法。例 3-11 是带有构造方法的一个简单的类。

【例 3-11】 普通构造方法。

```
class Rock {
    Rock( ) { // 这就是构造方法
        System.out.println("Creating Rock");
    }
}
public class SimpleConstructor {
    public static void main(String[ ] args) {
        for (int i = 0; i < 10; i++) { // 生成 10 个 Rock 对象
            new Rock( ); //调用构造方法
        }
    }
}
```

在例 3-11 中，for 循环调用了 10 次 Rock 类构造方法，但没有把 new 关键字生成的对象赋值给某个引用。从程序的运行结果可以看出，此处的创建对象实际上执行的是 Rock 类的构造方法的代码。运行结果如下：

```
Creating Rock
Creating Rock
Creating Rock
Creating Rock
Creating Rock
Creating Rock
Creating Rock
Creating Rock
Creating Rock
Creating Rock
```

因此，一旦创建一个对象（使用关键字 new），就会分配相应的存储空间，并调用构造方法，这样就可保证在正式使用之前的对象得以正确地初始化。

和其他任何方法一样，构造方法也能使用参数，以便指定对象的具体创建方式。可改动上述例子，以便为构造方法赋予自己的参数，见例 3-12。

【例 3-12】 带参数的构造方法。

```
class Rock2 {
    Rock2(int i) { // 这是构造方法
        System.out.println("Creating Rock number " + i);
    }
}
public class SimpleConstructor2 {
    public static void main(String[ ] args) {
```

```
        for (int i = 0; i < 10; i++) {
            new Rock2(i);
        }
    }
}
```

运行结果如下：

```
Creating Rock number 0
Creating Rock number 1
Creating Rock number 2
Creating Rock number 3
Creating Rock number 4
Creating Rock number 5
Creating Rock number 6
Creating Rock number 7
Creating Rock number 8
Creating Rock number 9
```

利用构造方法的参数可为一个对象的初始化设定相应的参数。例如，假设类 Tree 有一个构造方法，它用一个整数参数标记树的高度，那么就可像下面这样创建一个 Tree 对象：

```
Tree t = new Tree(15);    // 创建一颗 15 米高的树
```

在这里，如果 Tree(int)是当前类 Tree 中唯一的构造方法，那么编译器就不许再以其他任何方式创建一个 Tree 的对象。当然，如果多写几个有不同参数列表的构造方法，即可满足用不同的方式来初始化对象，这就是构造方法的重载。用构造方法来初始化，还可以用条件或者循环语句进行较复杂的数据成员初始化。这是普通的初始化赋值语句所不能实现的。构造方法属于一种较特殊的方法类型，因为它没有返回值，连 void 也不能加。这与 void 返回值存在着明显的区别。这一点非常重要，请读者注意。

若创建一个没有构造方法的类，编译器还会自动创建一个默认的无参数的构造方法（见例 3-13），当然，默认构造方法是一个空方法，并不会执行任何语句。

【例 3-13】 无构造方法的类。

```
class Bird {
    int i;
}
public class DefaultConstructor {
    public static void main(String[ ] args) {
        Bird b = new Bird( );
    }
}
```

例中，main( )方法执行以下语句：

```
Bird b = new Bird( );
```

它会调用 Bird 类的默认的无参数构造方法。这个构造方法是隐形的、无参的，而且方法体为空，即不执行任何语句。但是，如果已定义了一个构造方法，那无论是否有参数，编译器就都不会再自动生成一个了。如果类的定义如下：

```
class Bush {
    Bush(int i){

    }
    Bush(double d) {

    }
}
```

现在再使用代码：

```
new Bush();
```

就会有一个编译错误的产生。编译器报告找不到一个相符的构造方法。因此，请注意构造方法的以下几点规则。

规则：

1. 构造方法名与类名必须完全相同；
2. 构造方法只能通过关键字 new 来调用；
3. 构造方法没有无返回值，不能使用 void;
4. 每个类都有构造方法，如果不写，系统会自动生成一个默认的无参数构造方法，一旦写了构造方法，不管有参还是无参，系统不会再自动生成构造方法。

2．构造方法的重载

由于构造方法的名字由类名决定，所以只能有一个构造方法名称。但假若想用多种方式创建一个对象呢？例如，若要创建一个类，令其用标准方式进行初始化，另外从文件里读取信息来初始化，此时需要两个构造方法，一个没有参数（默认构造方法），另一个将字串作为参数——用于初始化对象的那个文件的名字。由于都是构造方法，所以它们必须有相同的名字，亦即类名。所以为了让相同的方法名伴随不同的参数类型，使用方法重载是非常关键的一项措施。同时，尽管方法重载是构造方法所必需的，但它也可应用于其他任何方法，且用法非常方便。

方法重载是指同一个类中的一组方法的方法名相同，但是彼此的参数列表不同。在调用的时候，用不同的实际参数来区别到底应该调用哪一个方法。关于方法重载将在 3.3.6 节详细论述。在此，读者只需了解构造方法的重载。这也是 Java 的方法重载的一个很重要的应用（见例 3-14）。

【例 3-14】 重载的构造方法。

```
class Tree {
    int height;
    Tree() {
        prt("Planting a seedling");
        height = 0;
    }
```

```
        Tree(int i) {
                prt("Creating new Tree that is " + i + " feet tall");
                height = i;
        }
        void info( ) {
                prt("Tree is " + height + " feet tall");
        }
        static void prt(String s) {
                System.out.println(s);
        }
}
public class Overloaded {
        public static void main(String[ ] args) {
                for (int i = 0; i < 5; i++) {
                        Tree t = new Tree(i);
                        t.info( );
                }
                // Overloaded constructor:
                new Tree( );
        }
}
```

运行结果如下：

```
Creating new Tree that is 0 feet tall
Tree is 0 feet tall
overloaded method: Tree is 0 feet tall
Creating new Tree that is 1 feet tall
Tree is 1 feet tall
overloaded method: Tree is 1 feet tall
Creating new Tree that is 2 feet tall
Tree is 2 feet tall
overloaded method: Tree is 2 feet tall
Creating new Tree that is 3 feet tall
Tree is 3 feet tall
overloaded method: Tree is 3 feet tall
Creating new Tree that is 4 feet tall
Tree is 4 feet tall
overloaded method: Tree is 4 feet tall
Planting a seedling
```

由例 3-14 分析得知，重载的方法是由参数的不同来区别的。在调用的时候要用匹配的参数个数和类型。重载的构造方法，是由 new 关键字后面的参数来匹配的。

3．Java 的初始化块语句

在 Java 的初始化过程中，还有一种介于构造方法与初始化表达式之间的初始化方法，即初始化块语句，具体做法是：采用一对大括号，不加任何说明，在大括号里面写上较复杂的初始化语句，可以是任意语句，不仅限于赋值。

修改例 3-14 可以得例 3-15。

【例 3-15】 初始化块语句。

```
class Tree {
	int height;
	// 初始化块语句，先于构造方法执行
	{
		prt("Planting a seedling");
		height = 0;
	}
	Tree(int i) {
		prt("Creating new Tree that is " + i + " feet tall");
		height = i;
	}
	void info( ) {
		prt("Tree is " + height + " feet tall");
	}
	static void prt(String s) {
		System.out.println(s);
	}
}
public class InitBlock {
	public static void main(String[ ] args) {
		for (int i = 0; i < 5; i++) {
			Tree t = new Tree(i);
			t.info( );
		}
	}
}
```

运行结果如下：

```
Planting a seedling
Creating new Tree that is 0 feet tall
Tree is 0 feet tall
Planting a seedling
Creating new Tree that is 1 feet tall
Tree is 1 feet tall
Planting a seedling
Creating new Tree that is 2 feet tall
Tree is 2 feet tall
Planting a seedling
Creating new Tree that is 3 feet tall
Tree is 3 feet tall
Planting a seedling
Creating new Tree that is 4 feet tall
Tree is 4 feet tall
```

可以看出，初始化块语句的执行先于构造方法的调用。这是初始化块的一大特点。

4．Java 的垃圾回收机制

垃圾收集器是 Java 语言区别于其他程序设计语言的一大特色。它把程序员从手工回收内存空间的繁重工作中解脱了出来。

许多程序设计语言都允许在程序运行期间动态地分配内存空间。分配内存的方式多种多样，取决于该种语言的语法结构。但不论是哪一种语言的内存分配方式，最后都要返回所分配的内存块的起始地址，即返回一个指针到内存块的首地址。当已经分配的内存空间不再需要时，换句话说，当指向该内存块的引用超出了使用范围的时候，该程序或其运行环境就应该回收该内存空间，以节省宝贵的内存资源。

在 C 或者 C++语言中，无论是对象还是动态配置的资源或内存，都必须由程序员自行声明产生和回收，否则其中的资源将消耗，造成资源的浪费甚至死机。例如 C++的析构函数的作用就是这样。

因为要预先确定占用的内存空间是否应该被回收是非常困难的，所以手工回收内存往往是一项复杂而艰巨的工作。如果一段程序不能回收内存空间，而且在程序运行时系统中又没有可以分配的内存空间时，这段程序就只能崩溃。通常，我们把分配出去却无法回收的内存空间称为“内存泄露（memory leakage）”。

以上这种程序设计的潜在危险性在 Java 这样以严谨、安全著称的语言中肯定是不允许的。但是 Java 语言既不能限制程序员编写程序的自由，又不能把声明对象的部分去除，那么最好的解决办法就是从 Java 程序语言本身的特性入手。于是，Java 技术提供了一个系统级的线程（thread），即垃圾收集器线程（garbage collection thread），用来跟踪每一块分配出去的内存空间。当 Java 虚拟机处于空闲循环时，垃圾收集器线程会自动检查每一块分配出去的内存空间，然后自动回收每一块可以回收的无用内存块。下面介绍垃圾收集器的特点和它的执行机制。

垃圾收集器系统有自己的一套方案来判断哪个内存块是应该被回收的，哪个是不符合要求暂不回收的。垃圾收集器在一个 Java 程序中的执行是自动的，不能强制执行。即使程序员能明确地判断出有一块内存已经无用了，是应该回收的，程序员也不能强制垃圾收集器回收该内存块。程序员唯一能做的就是通过调用 System.gc()方法来“建议”执行垃圾收集器，但其是否可以执行，什么时候执行都是不可知的。这也是垃圾收集器的最主要缺点。当然相对于它给程序员带来的巨大方便性而言，这个缺点是瑕不掩瑜的。

习惯使用 C 或者 C++编写程序的程序员可能会有这样的疑问，单只靠自动回收能不能及时并彻底地满足系统的需要呢？因此，Java 为每一个对象提供了一个 finalize()方法。该方法是从 Object 类继承来的。当对象即将被销毁时，有时需要做一些善后工作。可以把这些操作写在 finalize()方法（终止器）中。

```
protected void finalize() {
    // 这里添加 finalize 方法的代码
}
```

这个终止器的用途类似于 C++里的析构函数，都是自动调用的。但是，两者的调用时机不同使两者的表现行为有很大区别。C++的析构函数总是当对象消失或用 new 创建的对象用 delete 删除时被调用。这就是说，C++析构函数的调用时间是确定的，而且是可被判断的。但是，Java 的 finalize 终止器却是在对象被销毁时调用。由上所知，被丢弃的对象何时被销毁，具体时间是无法获知的。而且，对于大多数情况下，被丢弃的无用对象在当前应用终止后并不会立即销毁。Java 语言允许程序员为任何类的对象添加 finalize( )方法。该方法会在垃圾收集器交换回收对象之前被调用。但不要过分依赖该方法对系统资源进行回收和再利用，因为该方法调用后的执行结果是不可预知的。

那么，当整个程序终止，会不会执行程序中的所有 finalize( )呢？据 Bruce Eckel 在 *Thinking in Java* 一书里的观点："到程序结束的时候，并非所有收尾模块都会得到调用。"这还仅仅是指应用程序正常终止的场合，非正常终止呢？那更不会调用所有的 finalize( )了。

自动垃圾收集的一个潜在缺点是它的时间开销会影响程序性能。首先，Java 虚拟机必须追踪运行程序中有用的对象，而且最终释放没用的对象。这一个过程需要花费处理器的时间。其次，垃圾收集算法并不十分完备，早先采用的某些垃圾收集算法就不能保证 100%收集到所有的废弃内存。当然，随着垃圾收集算法的不断改进，以及软硬件运行效率的不断提升，这些问题都可以迎刃而解。

总而言之，Java 语言的垃圾回收可以简单地总结为以下几点。

- Java 虚拟机会自动回收代码中曾经声明过但不再使用的那些变量或对象所占用的内存。一般来说垃圾回收是不需要人工干预的，Java 虚拟机会自动的完成这个过程。
- 程序员可以重写 finalize( )方法自定义垃圾回收的具体内容。
- 程序员可以通过使用 System.gc( )方法来通知虚拟机来回收垃圾，但是这样也并不能保证垃圾回收器会马上回收内存，具体回收的时间由虚拟机进行判断。

3.1.5　this 关键字

在例 3-8 中首次使用了关键字"**this**"。本节将详细讨论这个关键字的含义及用法。this 关键字出现在类的方法成员中，可以用来区别局部变量和数据成员变量。this 表示是"这个类的"。那么，到底怎样来确切理解 this 关键字呢？

关键字 this 的通俗含义是：不论是该类生成的哪个对象调用了含有 this 的这个方法，都会生成一个指向这个对象的引用 this，如例 3-16 所示。

【例 3-16】 this 关键字。

```
public class Leaf {
    private int i = 0;
    Leaf increment( ) {
        i++;
        return this;
    }
    void print( ) {
        System.out.println("i=" + i);
    }
    public static void main(String[ ] args) {
        Leaf x = new Leaf( );
        x.increment( ).increment( ).increment( ).print( );
        System.out.println(x.increment( ));     //此语句打印出 this 的地址
```

```
    }
}
```

这个例子按照以下的步骤来执行。

① 生成一个对象的引用 x；语法格式为“Leaf x”；

② 生成一个 Leaf 类的对象；语法格式为 new Leaf( )；

③ 建立引用与对象的联系；语法为 x = new Leaf( )；

④ 调用对象 new Leaf( )里面的方法 increment( )；语法为 x.increment( )；

在这里，是谁调用了方法 increment( )呢？是 Leaf 类的对象 x，对应系统会生成一个 this 引用，并把它指向 x 或者是指向 new Leaf( )这个对象，所以 increment( )返回的就是一个指向 x 对象的引用！例 3-16 的执行结果如下：

```
i=3
Leaf@192d342
```

第一行 i = 3 不难理解，因为每次调用 increment( )方法，都会返回 this，即返回当前的 Leaf 类的对象 x。

第二行即是 x.increment( )的返回值，这是一个引用。在 Java 中，System.out.println( ) 语句输出的只能是字符串，该引用被自动转型成为一个 String 类的对象再输出。我们看到，前面的 Leaf 字样表示这个引用是指向 Leaf 类的对象，@符号后面是该对象的十六进制哈希码。

this 的另一个很重要的用法是显式调用构造方法，见例 3-17。

【例 3-17】 使用 this 调用构造方法。

```
public class Employee {
    private String name;
    private double salary;
    public Employee(String name, double salary) {
        this.name = name;
        this.salary = salary;
    }
    public Employee(String name) {
        this(name, 0);          //用 this 语句来调用同类的构造方法，此句必须放在第一行
    }
    public Employee( ) {
        this("Unknown");      //用 this 语句来调用同类的构造方法，此句必须放在第一行
    }
}
```

在这个例子中，实际上相当于把 this 当作本类的一个引用去显示地调用其构造方法。this 取代了构造方法名，括号里面是相应构造方法的实参。一般这样的调用要出现在另一个构造方法中。

需要注意，用 this 语句调用重载的构造方法时，此 this 语句应该放在构造方法的第一句，如果放在第二句或以后，会出现一个编译错误。

规则：

this 语句调用构造方法时，该语句必须放在构造方法的第一行。

3.2　封装

3.2.1　封装与包

在掌握了类与对象的基本概念，以及类的写法和用法之后，如何使用 Java 语言进行程序设计，具体来讲就是类的设计过程，比如程序的功能应该有几个类，能不能多，能不能少，每个类之间的关系如何，类的成员应该有些什么，哪些作为数据，哪些作为方法，A 类的方法和 B 类的方法有没有因果或者逻辑关系等等，这些都考虑清楚了，程序也就清楚了。

另外，进行面向对象的程序设计时，需要注意的一项基本原则就是：如何将要发生变化的东西与保持不变的东西区分开。于是就有了封装的概念。

1. 封装

封装（encapsulation），又是面向对象的一大特点。在数据抽象的基础上，总会发现若是将现实世界中的概念描述成类，这个概念还会有很多与之相关的附属属性。

例如：如果描述人类，那么必须要描述人类之所以区别于其他物种的一些固有属性（即描述清楚什么样的物体才属于人类）。所以，要定义人类的固有属性，比如年龄、身高、性别等。除此之外，还要定义人类可以做什么，比如直立行走、劳动等。这样，一个基本的可以区别于其他动物的形象才真正显得健全。

除此之外，封装的概念与信息的隐藏也是密不可分的。信息的隐藏是指隐藏掉类的属性、方法或实现细节的过程，仅对外公开接口。

封装的优点在于：

① 便于使用者正确、方便地理解和使用，防止使用者错误地修改系统属性；

② 清楚地体现了系统之间的松散耦合关系，提高系统的独立性；

③ 提高软件的可重用性；

④ 降低大型系统的构建风险。即使整个系统不成功，个别的独立子系统仍然有可用价值。

系统的封装程度越高，相对独立性就越强，而且使用也越方便。现实生活中这样的例子很多。譬如大家常使用的手机就是个明显的例子。普通用户使用手机只注重手机的品牌，价格和接听电话、收发短信、玩游戏等功能，没有必要知道手机的内部是什么，它是怎样实现这样的功能的，这其实对用户来说也是不可见的。实际上，商家把一些技术内容做了一个隐藏，使之对用户不可见，用户看见的只是漂亮的外壳和它最基本的使用的功能。这种隐藏就是封装的一种体现。

为了解决这个问题，Java 推出了“访问控制修饰符”的概念，允许程序的创建者声明哪些东西是程序员可以使用的，哪些则是不可使用的。Java 访问控制的级别从最大访问到最小访问的范围的顺序是 public、protected、default（默认的，无关键字）及 private。3.2.2 节将会详细介绍这四种访问控制符。

在面向对象的程序设计中，作为一名程序的设计者，应将所有东西都尽可能保持为 private（私有），并只展示出那些想让客户使用的方法，这就是隐藏实现。

在学习访问控制之前，还需要一个概念——包，这是一个在类的层次之上的概念。

2. 包

Java 包机制是 Java 语言中特有的，也是 Java 中最基础的知识。一些初学 Java 的朋友，通常像学其他语言一样从教材或者网上拷贝一些程序来运行，可是却常常遇到莫名其妙的错误提示。这些问题事实上都出在对“包”的概念理解不够清楚。

Java 中“包”的引入的主要原因是 Java 本身跨平台特性的需求。因为 Java 中所有的资源也是以文件方式组织的，这其中主要大量的类文件需要组织管理。Java 采用了目录树状结构。虽然各种常见操作系统平台对文件的管理都是以目录树的形式组织的，但是它们对目录的分隔表达方式不同，为了区别于各种平台，Java 中采用了“.”来分隔目录。

读者在以往的例子中经常见到，程序的一开始用 import 关键字导入一个完整的库，例如：

```
import java.util.*;
```

它的作用是导入完整的实用工具 utility 库，该库属于标准 Java 开发工具包的一部分。若想导入单独一个类 ArrayList，则可在 import 语句里指定那个类的名字：

```
import java.util. ArrayList;
```

之后，程序员就可自由地使用 ArrayList，然而 java.util 包中的其他任何类仍是不可用的。

迄今为止，本书的大多数例子都仅存在于单个文件中，而且设计成局部在本地使用。还没有牵涉到包名的问题。所以上述 import 语句导入包，目前为止，也只用于导入 Java 开发工具已经存在的类库包。

> **规则：**
> 如果要引用一个包中的多个类，可以用星号来代替。但是使用星号只能表示本层次的所有类，而不包括子层次下的类。所以经常需要用两条语句来引入两个层次的类，例如：
> import pkg.*;
> import pkg.subpkg.*;

Java 的一个源文件通常叫作一个编译单元。每个编译单元都必须有一个以“.java”结尾的名字，即文件的扩展名为“java”。而且在编译单元的内部只能有一个公共（public）类。该公共类还必须和文件名相同；否则，编译器就会报错。一个编译单元在编译之后，会按照里面类的名字分别生成每个类的“.class”文件。

如果程序有很多个编译单元组成，想将所有这些编译单元在它们各自独立的.java 和.class 文件里都归纳到一起，那么就需要 package 关键字。在一个文件的开头使用下述代码：

```
package mypackage;
```

那么 package 语句必须作为文件的第一个非注释语句出现。该语句的作用是指出这个编译单元属于名为 mypackage 包的一部分。这就是包的产生。

例如：假定一个编译单元文件名是 MyClass.java。它意味着那个文件有一个且只能有一个 public 类。而且那个类的名字必须是 MyClass。

```
package mypackage;
public class MyClass {
  //...
}
```

现在如果有人想使用 MyClass，或者想使用 mypackage 包内的其他任何 public 类就必须用 import 关键字导入 mypackage 包内的名字。

```
import mypackage.*;
//...
MyClass m = new MyClass();
```

在实际的项目中，在 Java 中给包起名的规范是将公司的域名倒过来。假如公司域名是 bitzh.edu.cn，那么包名则是 cn.edu.bitzh，然后后面还可以跟上项目名称等。比如有一个包名“cn.edu.bitzh.helloworld”，从包名可以看出中间是使用“.”运算符来分隔的。

注意：用“.”分隔开的每一个子串，最后在项目中都是一个文件夹，使用这个“.”来分隔，体现出了文件夹的嵌套层次。现在这个包 cn.edu.bitzh.helloworld，实际上是表示 cn 文件夹下有一个 edu 文件夹，再下面有一个 bitzh 文件夹，再下面有一个 helloworld 文件夹。

在 Java 中，包的命名规范是全部使用小写字母。Java 的包实际上就是一组互相嵌套的文件夹而已。

在 Java 中使 package 语句将一个类放到包中，package 语句必须是 Java 源文件的第一条语句（当然，注释可以位于其上方。比如在 Test.java 文件中：

```
package cn.edu.bitzh.helloworld;
public class Test {
    //...
}
```

这样就将 Test 类放到了“cn.edu.bitzh.helloworld”包中。

注意：必须确保此包下的类最后编译出来的字节码文件（.class 文件）本身位于项目中的 cn\edu\bitzh\helloworld 文件夹下面，否则这个类就不能正常使用了。

这是因为类本身已经声明为 cn.edu.bitzh.helloworld 包下的类，如果该类的字节码文件（即 class 文件）不在正确的文件夹下，编译器会找不到，从而报错。当然，在使用 Eclipse 时，大多时候 Eclipse 会帮我们做好这件事，不需要额外去操作。

在一个编译单元中，只要写了 package 语句，那么该编译单元中所有的类都位于由 package 语句指定的包下。也就是说，这些类最后编译出来的文件也都要位于与其对应的文件夹下。

当然，现在普遍使用的 Eclipse 集成开发环境会自动把相应的类编译之后的 class 文件放在相应的包下，并不用程序员额外做什么工作，很大程度上让程序员省事不少。但是，这些原理在初学时必须掌握，否则在移植某个工程的时候有可能会产生这样的问题。

3.2.2　访问控制

在之前的例子中，我们曾经见到过关键字 public 用来修饰类，表明这个类是公共的。这其实就是访问控制修饰符的一种。Java 中访问控制修饰符分为四种：public、protected、default（默认的）、private。具体含义如下。

- **public**（公有的）：用这个修饰符修饰的成员能由所有的类访问。表示是公开的。
- **protected**（受保护的）：用这个修饰符修饰的成员只能由派生类或同一程序包中的类访问。对其他程序包的派生类而言，效果相当于 public（公有）。对其他程序包的非派生类而言，效果相当于 private（私有）。
- **default**（默认的）：这里的 default 是指不加缀任何访问控制修饰符，并不是说需要加上 default 这个字样，此处又称 friendly access 或 package access。这些成员只能由同一程序包（包括默认程序包）中的类访问。对本程序包的类而言，效果相当于 public。对其他程序包的类而言，效果相当于 private。
- **private**（私有的）：用这个修饰符修饰的成员是除自身这个类之外任何类都不允许访问。只有该类自己的那些方法体中才可访问到这些成员，如表 3-2 所示。

表 3-2　Java 中访问控制关键字的权限列表

访问修饰符	同一类里	同一包内	有继承关系的子类	其他位置
public	√	√	√	√
protected	√	√	√	
default（默认的）	√	√		
private	√			

上述 protected 关键字中提到了"继承"这一概念，读者可以暂时先回顾一下 C++语言中继承的概念。在 Java 中的继承概念将在之后详细讨论，在此请大家暂时不必过多考虑。

与 C++相比，Java 中的访问控制符只是多了一个包的范围。接下来，举例说明这几个关键字的用法。

1．第一种情况，访问权限修饰符修饰成员变量和方法

由于 public 表示公有的，即访问起来没有限制，在程序的任何位置都可以访问该成员。因此，下面首先介绍 protected 关键字。

例 3-18 展示 A 和类 B 在同一个包中，可以访问带有 protected 修饰的类成员。那么什么是在同一个包中呢？前面提到，同包是指用 package 语句标明打包在一起的 class，称为在同一个包中。例如：在 JDK 的"src\java\io"文件夹中有许多 Java 类，第一句源代码都是"package java.io;"。另一种情况，在 Java 中，即使没有使用 package 打包，仅在同一磁盘目录下的类也会被默认视做在同一个包。当然，这种用法并非良好的编程习惯，读者应尽量使用 package 语句进行声明。

【例 3-18】 protected 访问控制权限。

```
package mypack;
class A{
        protected int weight ;
        protected int f( int a,int b ){
                // 方法体
        }
}
```

```
package mypack;
class B{
        void g( ){
                A a=new A( );
                A.weight=100; //合法，同一包中可以访问彼此的 protected 修饰的成员
                A.f(3,4);     //合法，同一包中可以访问彼此的 protected 修饰的成员
        }
}
```

表明两个类在同一个包内，注意在磁盘上，二者所在的java文件也应放在同一文件夹下。

接下来看 default——默认访问控制，即不加任何访问控制修饰符。在同包这种情况下，等同 protected。把上面的 class A 修改如例 3-19 所示，class B 中的语句照样合法。

【例 3-19】 default 访问控制权限。

```
package mypack;
class A{
    int weight ;
    int f( it a,int b ){
        // 方法体
    }
}
```

```
package mypack;
class B{
    void g(){
        A a=new A();
        A.weight=100;    //合法
        A.f(3,4);        //合法
    }
}
```

例 3-19 中，类 A 和类 B 必须处在同一包内才行，如果没有声明为同一个包的话，上述语句是不合法的。

private 关键字(即私有访问控制)表明该关键字修饰的成员只能在本类中访问，见例 3-20。

【例 3-20】 private 访问控制权限。

```
public class Test{
    private int money;
    Test(){
        money=2000;
    }
    private int getMoney(){
        return money;
    }
    public  static void main(String[ ] args){
        Test t = new Test();
        t.money = 3000;          //合法
        int m = t.getMoney();    //合法
        System.out.println("money="+m);
    }
}
```

如果 main 方法不在类 Test 里，这里的对于私有成员 money 和 getMoney 的访问就是不合法的了。实际上，如果把重要的数据修饰为 private，为了能够访问，通常做法是：写一个公有的 get 方法访问它，这正好体现了面向对象程序设计的封装特性，也是面向对象程序设计安全性的体现。

2．第二种情况，访问权限修饰符修饰类

在这里需要注意以下两点。

注意：

① 不能使用 protected 和 private 修饰类。

② default 默认修饰的类，即不加任何修饰的类，在另外一个类中使用该类创建对象时，要保证它们在同一包中。

所以，修饰类的只能是 public 关键字，即要么用 public 修饰，要么不加任何修饰符。

综上所述，访问权限修饰符权限从高到低排列是 public、protected、default、private。在程序的设计上要遵守的原则是：**尽可能保持私有性**。作为初学者，如果实在不知道该用哪个修饰符来修饰类成员，即采用如下规则：

规则：

面向对象的初学者往往采取这样的设计方法，即类中的数据成员用 private，方法成员用 public。

当然，此规则仅适用于初学者，在学习 Java 的进阶阶段，比如接触到了设计模式等程序设计的更多原则时，就需要更灵活自如地去使用这四种访问控制权限了。

3.2.3 封装的应用

上文引入了封装这个概念，这是面向对象的基本要求。在学习了访问控制修饰符之后，封装这个概念就更容易被读者理解和接受了。事实上，封装性也就是某物状态的改变，必须是用它自己的行为来改变。这在面向对象的设计上尤其重要。

举个通俗的例子：某人甲（可以作为人类的一个对象）非常有钱（有什么，即人类的一个私有的属性），某人乙（也可以作为人类的一个对象）要找甲借钱（能做什么，即公有的方法或行为）。于是我们这样设计 Man（人类）这个类，见例 3-21。

【例 3-21】 封装的设计 1。

```
public class Man{
    private int money;
    public int getMoney() {
        return money;
    }
    public void setMoney(int money) {
        this.money = money;
    }
    public void borrow(Man target, int howmuch) {
        money+=howmuch;
        target.money-=howmuch;
    }
}
```

以上写法虽可以正确运行，但并不是完全正确的，因为这样会破坏类的封装性。这样做实际上是绕过了 Man 的对象，直接去操作了对象属性的状态。这是一种强盗逻辑，和不经对方同意直接到对方钱包里拿钱是一样的行为。所以，正确的借钱这个动作还需要对方来参与。你找我借钱，而我同意之后，同意要借给你钱，于是我自己拿钱给你。

正确的做法是给 Man 类增加一个 lend 方法以封装在借出钱的时候对自身状态的改变，然后借钱的行为也要更改，见例 3-22。

【例 3-22】 封装的设计 2。

```
public class Man2 {
    private int money;
    public int getMoney() {
        return money;
    }
    public void setMoney(int money) {
        this.money = money;
    }
    //借钱给别人
    public boolean lend(int howmuch) {
        if(howmuch<money) {
            money-=howmuch;
            return true;
        }else{
            return false;
        }
    }
    //向别人借钱
    public void borrow(Man2 target, int howmuch) {
        if(target.lend(howmuch)) {
            money+=howmuch;
        }
    }
}
```

这样的设计就满足了封装性的原则。

注意：

封装是面向对象的重要特征，是必须满足的条件，如果破坏了封装性原则那就是破坏了面向对象的原则，也是保证软件系统的高内聚低耦合的一项很重要的设计原则。

然而，对于封装来讲，仅仅是这样还远远不够。我们知道，大千世界中的事物总是在不断变化的。比如对于某个人来说，人作为一个对象，身高和年龄都会随着时间的推移而改变，而他能做的事也会随着时间而产生变化。所以，在具体的封装过程中，需要考虑到这种变化。当然，这属于系统设计和设计模式中所要详细研究的内容，本书不再讨论。随着对面向对象思想的理解的加深，相信读者一定可以设计出更好、更合理的程序。

3.3 继承与多态

本节将讨论面向对象程序设计的另外两个特性——继承性和多态性。在面向对象编程中，这两个概念可以说是核心中的核心，可以认为有了继承和多态，面向对象才真正拥有了强大的生命力。

3.3.1 继承的概念

在面向对象程序设计中，根据已有类（父类）派生出新类（子类）的现象称为类的继承机制，亦称为继承性。面向对象方法的继承性是连接类与类的一种层次模型。继承是面向对象程序设计能够提高软件开发效率的重要原因之一。继承意味着派生类中无需重新定义在父类中已经定义的属性和行为，而是自动地、隐含地拥有其父类的全部属性与行为。继承机制允许和鼓励类的重用：派生类既具有继承下来的属性和行为，又具有自己新定义的属性和行为。当派生类又被它更下层的子类继承时，它继承的及自身定义的属性和行为又被下一级子类继承下去。继承是可以传递的，符合自然界中特殊与一般的关系。

继承性具有重要的实际意义，它简化了人们对事物的认识和描述。比如我们认识了飞行器的特征之后，再考虑飞机、飞船和导弹时，由于它们都具有飞行器的共性，于是可以认为它理所当然地具有飞行器的一般本质特征，从而只需把精力用于发现和描述飞机、飞船和导弹独有的特征。

面向对象程序设计中的继承性是对客观世界的直接反映。通过类的继承，能够实现对问题的深入抽象描述，反映人类认识问题的发展过程。

软件的可复用性是评价软件质量的重要因素，而软件复用的内容很常见的就是源代码的复用。代码的复用包括在之前讲解过的“方法”的使用。

在面向对象程序设计中，继承性与 3.3.5 节将要讲解的多态性是实现代码级软件复用的有效途径。继承是对有着共同特性的多类事物进行再抽象成一个类。这个类就是多类事物的父类。父类的意义在于可以抽取多类事物的共性。“父类”也叫作“超类”“基类”等。而这多类事物中的每一个都称为“子类”，也叫作“新类”“派生类”等。

比如：警察、老师、学生、公务员、小摊贩，他们的共性是“人”，都属于人类的一员。

又比如：苹果、梨、橘子、香蕉，它们的共性是“水果”，所以“水果类”可以作为它们的父类，而苹果和橘子都是子类。

通过上面的例子，可以知道继承实际是一种泛化的实现。父类是子类的泛化，而子类是父类的特化。

在面向对象的设计中，用一个空心的三角形箭头表示继承的关系，箭头指向的是父类，而箭头的尾部是子类。比如，男人是人类的子类，人类是男人的父类，可以用如图 3-3 所示的类关系来表示。

又比如，苹果和橘子都是水果的子类，水果是它们二者的父类，可以用如图 3-4 所示的关系表示。

由上可知，日常生活中，可以用这样的两个单词来概括说明继承的关系，就是“is-a”的关系，即“是一种”或“是一个”的关系。国光苹果是一种苹果，苹果又是一种水果；鸭梨是一种梨，梨也是一种水果；等等。这种知识组织方式的最大好处就是复用已有知识。而反映到程序中，这就是程序代码的复用。

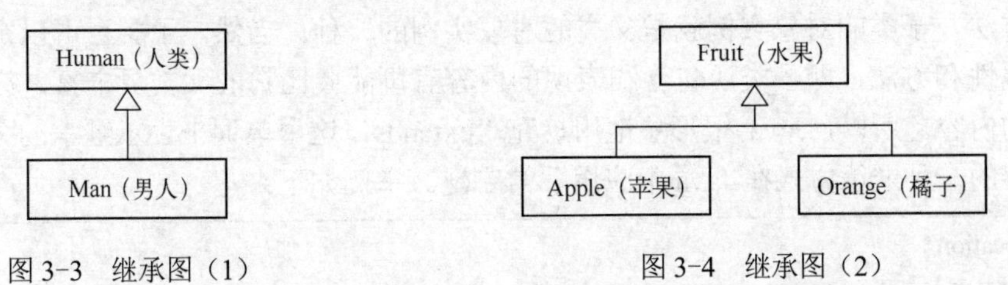

图 3-3　继承图（1）　　图 3-4　继承图（2）

面向对象设计的一个重要指导原则是：不用每次都从头开始定义一个新的类，而是将这个新的类作为一个或若干个现有类的泛化或特化。即，首先考虑应用继承特性来使用已经有的类和代码。在实际编程过程中，使用关键字“extends”表示继承的关系。比如声明某类“Child”为类“Father”的子类，具体格式如下：

```
class Child extends Father {
    …
}
```

其中子类名的声明放在关键字 extends 的前面，父类名作为已有类放在关键字 extends 的后面。

如图 3-3 所示的关系可以进行如下声明：

```
class Man extends Human{
    …
}
```

如图 3-4 所示的关系可以进行如下声明：

```
class Apple extends Fruit {
    …
}
class Orange extends Fruit {
    …
}
```

当然，关键字 class 的前面，也可根据需要添加诸如“public”等关键字。仅需要注意一个编译单元中有且仅能有一个 public 类。

3.3.2　继承的实现：父类与子类

在了解了继承的一些理论知识之后，下面进一步讨论如何在程序中使用继承。

1．扩充的继承方式

在 3.3.1 节中，已经了解到声明一个继承父类的子类，通常形式如下：

```
class SubClass extends SuperClass{
    …
}
```

那么，为什么 Java 使用“extends”这个关键字呢？这是因为继承是一种父类派生子类的过程。子类和父类的关系在现实中可以理解为“is-a”的关系。在子类中可以使用父类中定义的属性和方法，子类的对象实例就是父类的对象实例的一种。当然，子类也可以定义属于自己的新的属性和方法，即子类所包含和表现的内容有可能会比它的父类更丰富，亦即子类扩展了父类的内容。所以，Java 很形象地用扩充“extends”这个单词来表示继承的关系。扩展作为很重要的一种继承方式在 Java 中应用非常广泛。举例如下：

```
class Location{
    int x,y;
}
class Point extends Location{
    boolean visable;
}
```

Location（位置）的属性是 x 和 y 两个坐标值，坐标系上的 Point（点）是可视的一个位置，所以，Point 作为 Location 的子类，扩展了 Location 的属性。在 Point 类中，我们也可以使用 Location 的 x 和 y 属性。

若子类仍需要有子类来继承，例如：定义 Circle（圆）类来继承 Point（点）类（即可以把圆看作是一种有半径的点），可以在上述代码之后，加上如下代码：

```
class Circle extends Point{
    double radius;
}
```

这样一层一层地继承下去称为“多层继承”，或者“多级继承”。这一概念一定要与后文中介绍的“多继承”区分开，二者在初学时容易混淆。

2．重定义的继承方式

在上例中子类与父类的内容是截然不同的，子类的内容隐式地包含了父类中可访问的内容，并且新增了新的属性和方法。然而，在另外一些情况下，需要子类来重新定义父类已有的方法，这就是重定义的继承方式（见例 3-23）。

【例 3-23】 重定义方式继承的格式。

```
class Figure{
    public void draw(){
        System.out.println("draw a Figure!");
    }
}
class Triangle extends Figure{
    public void draw(){
        System.out.println("draw a Triangle!");
    }
}
class Rectangle extends Figure{
    public void draw(){
        System.out.println("draw a Rectangle!");
```

```
        }
}
public class Cricle extends Figure{
        public void draw(){
                System.out.println("draw a Cricle!");
        }
}
```

例 3-23 中，父类 Figure（形状）有三个子类，分别是 Triangle（三角形）、Rectangle（矩形）和 Cricle（圆形）。这四个类中都有一个 draw（绘制）方法。它可以理解为：画一个普通的任意一个形状的方法和画三角形、画圆形、画矩形，以及任何一个规则图形的方法都是不同的。所以，可以为每个类分别定义这样一个方法。方法名相同，但是方法体各有不同。这种继承的方式被称为重定义的继承方式，即子类重新定义了父类已经存在的方法。给予父类已有方法赋予新的含义，新的操作和新的内容。

重定义也叫作重写或者覆盖。在实际使用中，可以自定义方法成员，也可以定义数据成员。父类与子类的使用与普通类一样，需要用 new 关键字创建类的对象实例（见例 3-24）。

【例 3-24】 使用继承时的对象实例。

```
public class Father {
        int a = 100;     // Father 类属性 a
        // Father 类方法 miner()
        public void miner() {
                a--;
        }
        public static void main(String[ ] args) {
                Father f = new Father( );
                Son s = new Son( );
                System.out.println("a of son is:" + s.a);
                System.out.println("a of father is:" + f.a);
                System.out.println("a of son's super is:" + s.getA( ));
                // 子类调用其方法返回父类的属性 a:100，注意 super 的意思
                s.miner( );
                // 子类调用父类的方法 miner( )，自减操作
                // 所以对象 S 实例出来的父类属性 a=100-1=99
                System.out.println("a of son is:" + s.a);
                // 子类属性 s.a:0
                System.out.println("a of father is:" + f.a);
                // 对象 f 的属性 f.a.仍然没有改变:100
                System.out.println("a of son's super is:" + s.getA( ));
                // 因减 1 后，所以其值变为:99
                s.plus( );
                // 子类属性 a 加 1
                System.out.println("a of son is:" + s.a);
                // 子类属性 s.a:1
        }
```

```
}
class Son extends Father {
    int a = 0;
    // 这是子类Son自定义的属性a，与为从Father类中继承下来的属性a是两个属性，占用不同的内存
    public void plus() {
        a++;
    }
    public int getA() {
        return super.a;         // super.a 表示访问父类Father的属性a
    }
}
```

运行结果如下：

```
a of son is:0
a of father is:100
a of son's super is:100
a of son is:0
a of father is:100
a of son's super is:99
a of son is:1
```

在这里，有一个新的关键字——super 出现，该关键字有两种用法。

① 如例 3-24 所示，super 可在子类内部用于表示父类，后面使用“.”运算符可访问父类与子类同名的父类成员。

② 在子类中使用 super 可表示调用父类的构造方法，后面的括号内可向父类的构造方法传递参数。

此时使用 super 关键字调用父类构造方法的用法类似于在类中使用 this 关键字调用本类中的构造方法。若是在子类构造方法中使用 super，则 super 语句必须放在子类构造方法的第一句。此条性质将在 3.3.3 节详细讲解。

3.3.3 继承中的初始化与收尾

1. 继承中的构造方法

一个类的初始化是由构造方法完成的，而子类的对象实例可以访问父类对象实例的成员。那么，在构造子类的时候，理应先构造一个父类的对象。即，子类的对象实例中含有父类的对象实例。在这里，就有以下几个新的问题产生。

① 对象及其子对象如何进行初始化或收尾？

② 在初始化对象时，如何调用父类的构造方法初始化子对象？如何调用父类的收尾方法替子对象收尾？

③ 在调用父类的有参数构造方法时，如何将实际参数传递给它？

解决如上问题，请见例 3-25（1）和例 3-25（2）。

【例 3-25（1）】 继承中的初始化 1。

```
class Grandparent{
    Grandparent() {
        System.out.println("Grandparent");
    }
}
class Parent extends Grandparent{
    Parent() {
        System.out.println("Parent");
    }
}
public class Child extends Parent{
    Child () {
        System.out.println("Child");
    }
    public static void main(String[ ] args) {
        Child c=new Child();
    }
}
```

运行结果如下：

```
Grandparent
Parent
Child
```

【例 3-25（2）】 继承中的初始化 2。

```
class Art {
    Art() {
        System.out.println("Art constructor");
    }
}
class Drawing extends Art {
    Drawing() {
        System.out.println("Drawing constructor");
    }
}
public class Cartoon extends Drawing {
    Cartoon() {
        System.out.println("Cartoon constructor");
    }
    public static void main(String[ ] args) {
        Cartoon x = new Cartoon( );
    }
}
```

运行结果如下：

```
Art constructor
Drawing constructor
Cartoon constructor
```

例 3-25（2）中，main 方法中只创建了一个 Child 类的对象。但是，运行结果很明显是分别调用了 Child 类的父类 Parent 及它父类的父类 Grandparent 的构造方法。创建子类的对象之前必须先要创建其父类的对象。很显然，先有父母，才会有子女。

这种情况在父类与子类的构造方法均是无参构造方法时是适用的。我们称之为隐式地调用，即编译程序在子类构造方法的第一行自动插入对父类构造方法的调用。如果父类的构造方法是有参数的，由编译器自动调用父类的构造方法就不行了，需要在子类的构造方法中用 super()向父类来传递参数，这称为显式地调用，如例 3-26 所示。

【例 3-26】 继承中初始化的显式调用（使用 super 关键字）。

```
class Game {
        Game(int i) {
                System.out.println("Game constructor");
        }
}
class BoardGame extends Game {
        BoardGame(int i) {
                super(i); // 缺少这行语句将导致编译错误
                System.out.println("BoardGame constructor");
        }
}
public class Chess extends BoardGame {
        Chess() {
                super(123); // 缺少这行语句将导致编译错误
                System.out.println("Chess constructor");
        }
        public static void main(String[ ] args) {
                new Chess( );
        }
}
```

注意：在每个子类的构造方法第一句多了一句 super 语句，这个语句就是向父类的构造方法传递参数的。如果没有这句会导致编译错误，并且该语句和 this 语句类似，也必须放在构造方法的第一句。

需要注意如下规则：

规则：

在继承中，若需要使用 super 语句向父类构造方法传递参数，那么 super 语句只能放在子类构造方法的第一句，如果放在第二句或之后，会导致编译错误。

当然，更灵活一点的做法也是存在的，可以通过在父类中多写一个无参的重载构造方法，从而省略 super 语句，见例 3-27。

【例 3-27】 重载构造方法的继承。

```
class Game {
    Game() {
        System.out.println("Game default constructor");
    }
    Game(int i) {
        System.out.println("Game constructor");
    }
}
class BoardGame extends Game {
    BoardGame(int i) {
        // super(i);    // 现在没有这行语句也不会有问题
        System.out.println("BoardGame constructor");
    }
}
public class Chess extends BoardGame {
    Chess() {
        super(123);    // 缺少这行语句将导致编译错误
        System.out.println("Chess constructor");
    }
    public static void main(String[ ] args) {
        new Chess( );
    }
}
```

当然，例 3-27 中，类 BoardGame 若真的需要调用父类 Game 的有参构造方法，则必须使用 super 来向父类传递参数。

2．继承中数据成员的初始化

前文介绍过，在 Java 中，除了使用上述采用构造方法进行初始化的方法外，还可以：①直接对数据成员进行赋值完成初始化；②初始化块对数据进行初始化。在继承中若出现这种情况，初始化的顺序需要引起注意。

【例 3-28】 数据成员及初始化块语句的初始化。

```
class Base {
    private int bval = 1;            // 第 1 步先对 bval 进行默认初始化为 0，第 2 步对其进行赋值为 1。
    {
      bval++;
      System.out.println( "bval initialized: " + bval );   // 第 3 步完成此初始化块语句
    }
    public Base( ) {                                      // 第 4 步完成父类构造方法初始化
      System.out.println( "Base constructor" );
    }
}
public class Derived extends Base {
```

```
        private int dval = 2;              // 第 5 步先对 dval 进行默认初始化为 0，第 6 步对其进行赋值为 2。
        {
            dval++;
            System.out.println( "dval initialized: " + dval );    // 第 7 步完成此初始化块语句
        }
        public Derived( ) {                                        // 第 8 步完成父类构造方法初始化
            System.out.println( "Derived constructor" );
        }
        public static void main(String[ ] args) {
            new Derived( );
        }
}
```

运行结果如下：

```
bval initialized: 2
Base constructor
dval initialized: 3
Derived constructor
```

例 3-28 的初始化顺序如下：

① 数据成员的默认初始化；

② 数据成员的赋值语句初始化；

③ 初始化块语句初始化；

④ 构造方法的初始化。

继承关系上大的顺序依然是先父类后子类，这是不变的。

3．继承与合成共存时的初始化

前面曾经提到过，类数据成员有可能是另外一个类的对象。在面向对象的理论中，这也是一种很典型的类与类之间的关系。我们把这种情况叫作类的合成关系或者组合关系。与继承关系一样，合成也是软件复用的一种形式，在现实生活中，可以用"has-a"来表示合成关系，即表示包含与被包含的关系。

比如：一辆汽车有 4 个轮子，这个时候，轮子和汽车就是合成的关系，把轮子类的对象作为汽车类的数据成员即可。

又比如：一台计算机有一个显示器，一个鼠标，一个键盘，这时，可以定义显示器类、鼠标类、键盘类，并各自定义一个对象作为计算机类的数据成员。

又比如：一个餐厅有 4 把椅子和一个桌子，也可以采用合成的关系将椅子类的对象和桌子类的对象作为餐厅类的数据成员。

继承与合成，二者都是面向对象概念中很重要的类关系。事实上，在初学时这两种关系也是类中仅有的两种关系。二者的各种结合与共存才构成程序中千变万化的类关系。那么这两种关系共存时的初始化问题也是一个重要的内容。下面通过例 3-29 进行重点解说。

【例 3-29】 合成与继承共存的初始化。

```
class Chair {
        Chair(int i) {
```

```
        System.out.println("Chair: " + i);
    }
}
class DinnerChair extends Chair {
    DinnerChair(int i) {
        super(i + 1); // 只能放在第一行
        System.out.println("DinnerChair: " + i);
    }
}
class Room {
    Room(int i) {
        System.out.println("Room: " + i);
    }
}
public class DinnerRoom extends Room {
    DinnerChair chair1;
    Chair chair2;
    DinnerChair chair3 = new DinnerChair(3);
    DinnerRoom(int i) {
        super(i + 1); // 只能放在第一行
        chair1 = new DinnerChair(1);
        chair2 = new Chair(2);
        System.out.println("DinnerRoom: " + i);
    }
    public static void main(String[ ] args) {
        new DinnerRoom(100);
    }
}
```

运行结果如下：

```
Room: 101
Chair: 4
DinnerChair: 3
Chair: 2
DinnerChair: 1
Chair: 2
DinnerRoom: 100
```

例 3-29 中，既有继承关系，又有合成关系。在这种情况下，初始化顺序遵守这样的原则："先继承，后合成"。从例 3-29 的结果中，可以分析得出如下初始化顺序规则。

规则：

在继承中，数据成员的初始化顺序为先完成父类初始化，再完成子类的初始化。若被继承类同时合成了其他类的对象，构造方法的调用顺序满足"先继承、后合成"的原则。

3.3.4 继承中成员的访问和继承的根类

1．继承中的成员访问

由于有了继承这种关系，访问修饰符中的 protected 关键字才有了用武之地，所以可以说，protected 关键字就是为了继承而产生的（见例 3-30）。

【例 3-30】 protected 修饰符在继承中的示例。

```
class Villain {
    private int i;
    protected int read( ) {
        return i;
    }
    protected void set(int ii) {
        i = ii;
    }
    public Villain(int ii) {
        i = ii;
    }
    public int value(int m) {
        return m * i;
    }
}
public class Orc extends Villain {
    private int j;
    public Orc(int jj) {
        super(jj);
        j = jj;
    }
    public void change(int x) {
        set(x);    //直接使用父类的 protected 方法
    }
}
```

子类的继承虽然包括父类的所有成员，但是并不能直接访问 private 成员。例 3-30 中，除了 private 的数据成员，在父类中还有 protected 的方法成员。子类里面，可以直接调用该父类 protected 的方法成员。此两个类可以分别放在不同的包下，只要是同在一个工程项目中，就可以加以调用。在实际应用中，如例 3-30 所描述，一般情况下类的数据成员都定义为 private，而方法成员根据需要定义成 default（默认的）、protected，或者是 public 的。

在这里需要注意：若父类与子类处在不同包下，那么只能使用例 3-30 的方式直接调用父类的 protected 成员。若使用父类的对象进行访问是不行的，如例 3-30 中，将子类 Orc 改为：

```
public class Orc extends Villain {
    private int j;
    public Orc(int jj) {
        super(jj);
```

```
        j = jj;
    }
    public void change(int x) {
        Villain v = new Villain( );
        v.set(x); //此句将产生编译错误，使用父类的对象不能访问不同包下的父类 protected 成员
        set(x);   //直接使用父类的 protected 方法，是可以的
    }
}
```

注意：父类与子类在不同包下时，子类中只能直接访问父类的 protected 成员，而不能通过父类的对象去访问。

2. 继承的根类

前文有讲，在面向对象设计中的一个重要指导原则是：不要每次都从头开始定义一个新的类，而是将这个新的类作为一个或若干个现有类的泛化或特化，即首先考虑应用继承特性来使用已经有的类和代码。那么，在学习继承之前所定义的类，并没有使用 extends 关键字来继承任何内容，这不是违背了面向对象的设计指导原则吗？答案是否定的。Java 不愧是一门“纯粹的”面向对象的语言。在 Java 语言的设计中，所有的类都会是一个 Object 类的派生类。如果不用 extends 关键字来显式继承某个类，根据 Java 语言的规定，这个类自动继承 Object 类。所以，Object 类是 Java 的根类。即，由此类为根，所有 Java 类都是建立在此类基础之上的枝叶。读者可从 Java 的 API 中查到 Object 类的相关属性和方法。表 3-3 列出了 Object 类的常用方法。

表 3-3　Java 中根类 Object 的常用方法列表

clone( )	创建与该对象的类相同的新对象
equals(Object)	比较两对象是否相等
finalize( )	当垃圾回收器确定不存在对该对象的更多引用时，对象的垃圾回收器调用该方法
getClass( )	返回一个对象的运行时间类
hashCode( )	返回该对象的散列码值
notify( )	激活等待在该对象的监视器上的一个线程
notifyAll( )	激活等待在该对象的监视器上的全部线程
toString( )	返回该对象的字符串表示
wait( )	等待这个对象另一个更改线程的通知
wait(long)	等待这个对象另一个更改线程的通知
wait(long, int)	等待这个对象另一个更改线程的通知

上述方法都是 Object 类中已经定义好的方法，由于 Object 类是 Java 所有类的根类，那么，在 Java 中任何一个类都可以直接调用上述方法。通过查阅 Java 的 API 源代码得知上述方法的代码，例如：

```
public boolean equals(Object obj){
    return (this == obj);
}
```

```
public String toString(){
    return getClass().getName() + "@" + Integer.toHexString(hashCode());
}
```

Object 类的方法将在 5.1 节详细阐述。在此只需要理解 Object 作为 Java 语言继承特性的根类即可。

3.3.5 多态性的概念

多态性是面向对象编程最重要的一个特征，是面向对象编程的灵魂所在。

所谓多态性，通俗的解释就是一个名字具有多种含义。使用多态性，可提高程序的可扩展性与可复用性。举个例子来讲：在一个线性表（Table）中搜索（search）某一个元素（element）。线性表 Table 可用多种方式实现，可以是数组、指针链表、顺序文件、二叉树等。分别由 Table 类派生出 ArrayTable、LinkedTable、FileTable 几个子类。四个类中都定义了 search 方法。search 方法如下定义：

```
boolean search(Object x){
    boolean result = false;
    start();
    while (! isExhausted()) {
        if (getElement().equals(x)) {
            result = true;
            break;
        }
        moveForth();
    }
    return result;
}
```

上述方法中，重点在于 start（开始）、isExhausted（判断是否搜索完毕）、getElement（获得一个元素）、moveForth（搜索下一个）四个方法的具体表示。在不同的数据结构中，这四个方法的实现是分别不同的。具体如表 3-4 所示。

表 3-4 多态表示

	数组实现	指针链表实现	顺序文件实现
start()	ptr = 0	ptr = head	rewind()
isExhausted()	ptr == size	ptr == null	eof()
getElement()	table[ptr]	ptr->item	val
moveForth()	ptr++	ptr = ptr->next	read(val)

注：本表中的代码是伪代码，并不是 Java 的代码。

在缺乏多态性的程序中，必须用如下这样的结构来调用 search 方法：

```
if (table 的类型为 A) {
    调用 A 版本的 search();
```

```
} else if (table 的类型为 B) {
        调用 B 版本的 search();
} else if …
```

这样显得很麻烦，而且程序的可移植性和可重用性都不强。在这种情况下，就有了多态性的表示方法。多态性可以在任何情况下只用一句同样的代码来调用，即：

```
result = table.search(element);
```

支持多态性的程序会根据这同样的一句代码来自动选择调用哪个版本的方法。这种自动选择，就是面向对象设计的多态性。

面向对象的多态性包括编译时多态和运行时多态。编译时多态主要体现在方法的重载。运行时多态主要体现在方法的重定义。

3.3.6　方法重载

1．方法重载的概念

在 3.1.4 节的构造方法中就提到过，在同一个类中可以用同一个方法名，参数列表不同来表示不同的构造方法，这叫作构造方法的重载。

同样，在同一个类中，任何一组同名的方法，由参数列表的不同来区分的同名方法叫作重载方法。比如下一组方法，就是重载的方法。

```
public int change(int i)
public float change(float f)
public String change(String s)
```

注意：返回值类型的不同不能作为区分重载方法的条件，而且，重载的一组方法所出现的位置必须是并列的。

【例 3-31】 错误的方法重载。

```
public class Test {
        public int change(String val) {
                return Integer.valueOf(val).intValue();
        }
        public double change(String val) {          //错误的重载方法定义
                return Double.valueOf(val).doubleValue();
        }
}
```

例 3-31 中，尽管两个 change 方法在同一个类中，位置是并列的，但是其方法名和参数列表完全一样，区别只是返回值类型一个是 int，一个是 double。这样，系统就会报一个重复定义的编译错误。

2．最精确的方法

在重载方法的匹配与调用时，我们需要深入来理解编译程序是如何选择所匹配的方法。另外，如果同时有多个可以匹配的方法时，编译系统应该怎样选择？为了解决这种情况，Java

语言有如下的匹配次序来寻找最精确的方法，即在多个重载方法中仅选择一个最精确的方法进行匹配和调用。

① 寻找形式参数表与实际参数表完全匹配的方法。若找不到即进行第②步。

② 寻找由小到大执行隐式类型转换后可匹配的第一个方法，即最精确的方法。在此，参数个数不一致的当然不会匹配！

③ 在第②步中，若同时找到多个匹配方法作为最精确的方法，编译系统则报告一个二义性错误。若找不到任何可匹配方法，则编译系统也会报一个错误。

以上步骤中应重点理解第②步中的概念，即：什么叫“从小到大执行隐式类型转换”？什么叫“可匹配的第一个方法”？以下几个例子是最精确的方法的寻找过程。

【例 3-32】 方法重载——寻找最精确的方法 1。

```
public class ImplicitCasting {
    public static float abs(float x){
        System.out.println("Float version ...");
        return (x >= 0 ? x : -x);
    }
    public static double abs(double x){
        System.out.println("Double version ...");
        return (x >= 0 ? x : -x);
    }
    public static void main(String[ ] args){
        System.out.println("" + abs(-3.14));
        System.out.println("" + abs(-3));
        System.out.println("" + abs('A'));
        // System.out.println("" + abs("ABC"));   // !本句会报错
    }
}
```

例中，main 方法中前三句的调用会根据参数的实际类型进行隐式转型后选择重载的方法，而注释掉的一句会因为找不到匹配类型而报错。输出的结果为：

```
Double version ...
3.14
Float version ...
3.0
Float version ...
65.0
```

【例 3-33】 方法重载——寻找最精确的方法 2。

```
public class Specific {
    static void test(double d, float f) {
        System.out.println("(double, float)");
    }
    static void test(float f, int i) {
        System.out.println("(float, int)");
    }
```

```
        public static void main(String[ ] args) {
                test((double) 1, (float) 2);
                test((float) 1, (int) 2);
                test((int) 1, (int) 2);
        }
}
```

例中，根据参数的隐式转型寻找转型次数最少的方法，即“从小到大进行隐式类型转换”，其结果为：

```
(double, float)
(float, int)
(float, int)
```

【例 3-34】 方法重载——寻找最精确方法 3。

```
public class PrimitiveAmbiguity {
        static void test(double d, float f) {
                System.out.println("(double, float)");
        }
        static void test(float f, double d) {
                System.out.println("(float, double)");
        }
        public static void main(String[ ] args) {
                test((double) 1, (float) 2);
                test((float) 1, (double) 2);
                test((double) 1, (int) 2);
                test((int) 1, (double) 2);
                //!  test((float) 1, (int) 2);          编译时错误
                //!  test((int) 1, (float) 2);          编译时错误
                //!  test((int) 1, (int) 2);            编译时错误
                //!  test((float) 1, (float) 2);        编译时错误
                //!  test((double) 1, (double) 2);      编译时错误
        }
}
```

例中，后面的编译错误均为同时找到多个可匹配的最精确方法，从而编译系统报告一个二义性的错误，其执行的结果为：

```
(double, float)
(float, double)
(double, float)
(float, double)
```

【例 3-35】 方法重载——寻找最精确方法 4。

```
class Point { int x, y; }
class ColoredPoint extends Point { int color; }
public class ReferenceAmbiguity {
```

```
    static void test(ColoredPoint p, Point q) {
        System.out.println("(ColoredPoint, Point)");
    }
    static void test(Point p, ColoredPoint q) {
        System.out.println("(Point, ColoredPoint)");
    }
    public static void main(String[ ] args) {
        ColoredPoint cp = new ColoredPoint( );
        //!  test(cp, cp); // 此句产生编译时错误，为二义性错误
    }
}
```

例中，唯一的一句方法调用会导致一个编译错误。这表明该方法调用没有找到最精确的方法。即，本例没有执行结果。

3．向上转型规则（upcasting）

方法重载一直在讨论基本数据类型的匹配，但在例 3-35 中，使用的是类的类型，即引用类型这种复杂的数据类型。而且例中所使用的是父类和子类这种有继承关系的类型。当父类与子类有继承的关系，作为数据类型来说是可以进行转型的，但是必须遵守如下规则。

规则：

子类类型的对象可以转型为父类类型的对象，反之则不成立。

例如：父类为 Point，子类为 ColoredPoint，可以写如下语句：

```
Point p = new ColoredPoint( );
```

但是，语句："ColoredPoint p = new Point( )；" 就是错误的了。

本原则被称之为**"向上转型"（upcasting）规则**。这是运行时多态的基础。

例 3-35 中的转型虽然遵守了将子类转型到父类类型的原则。但是，在转型的过程中，编译器发现转型成任何一个方法所需要的步骤是一样的，故而找不到最精确的方法，因而报错。当然，若是将例 3-35 改成如例 3-36（1）所示的代码，依然会报错：

【例 3-36（1）】 方法重载——向上转型的应用。

```
class Point { int x, y; }
class ColoredPoint extends Point { int color; }
public class ReferenceAmbiguity {
    static void test(ColoredPoint p, Point q) {
        System.out.println("(ColoredPoint, Point)");
    }
    static void test(Point p, ColoredPoint q) {
        System.out.println("(Point, ColoredPoint)");
    }
    public static void main(String[ ] args) {
        Point cp = new Point( );
        //! test(cp, cp);    // 此句产生编译时错误，为找不到所匹配的方法错误
    }
}
```

但此时的错误与修改之前是不同的，此时是由于 test 方法的两个参数都是父类的类型，根据向上转型的原则，父类的类型不能转为子类类型，故此时 test 方法找不到任何匹配的方法。根据向上转型原则将此例修改为如例 3-36（2）所示。

【例 3-36（2）】 方法重载——理解编译时多态。

```
class Point { int x, y; }
class ColoredPoint extends Point { int color; }
public class ReferenceAmbiguity {
        static void test(ColoredPoint p, Point q) {
                System.out.println("(ColoredPoint, Point)");
        }
        static void test(Point p, ColoredPoint q) {
                System.out.println("(Point, ColoredPoint)");
        }
        public static void main(String[ ] args) {
                Point cp = new ColoredPoint( );
                //!   test(cp, cp); //  编译时错误
        }
}
```

此时程序依然会报一个错误，而且还是一个找不到匹配方法的错误。这表明对象 cp 的类型在 test 方法选择重载函数时被认为是父类 Point 的类型。但是，cp 的实际类型应该是 new 关键字后面的类型才对，毕竟是由 new 调用了子类的构造方法。这是为什么呢？为什么不将 cp 认作是 new 后面的子类型呢？

在这里需要重新理解方法重载为什么叫作编译时多态。顾名思义，编译时多态就是在编译时产生的多态性。Java 程序的执行过程分为如下几个大步骤：编写、编译、运行。在写完程序之后，编译和运行是两个不同的步骤，先编译，后运行。在编译的时候，方法的重载机制就需要完成方法调用与方法体之间的匹配，这被称为编译时多态。例 3-36（2）中，对象 cp 的实际类型是在调用执行类 ColoredPoint 的构造方法之后，才确定为 ColoredPoint 子类型的。执行类 ColoredPoint 的构造方法当然是程序运行的一个过程。故而此过程是在编译阶段之后完成的。在编译时匹配重载的方法时，系统并不知道 cp 的具体类型，只能通过 cp 被声明时的类型来进行匹配，即 Point 父类型。因此例 3-36（2）中使用 test 方法进行重载的匹配时与例 3-36（1）中的效果完全一样。由于不能从父类型 Point 转为子类型 ColoredPoint，所以将报告一个找不到任何匹配方法的错误。

3.3.7　方法重定义

本节将讨论 Java 中运行时多态的表现形式，即方法的重定义（override），也叫作方法的重写、覆盖、支配等。运行时多态，顾名思义，即在程序运行的时候进行方法匹配的原则。

重定义的目的在于：让子类修改或者重写继承自父类的方法。重定义的做法是：在子类中定义一个功能不同的方法（即方法体不同），但是方法的接口（即方法的声明）与父类中的某一方法完全相同。方法的接口包括名字、返回类型、参数表、异常表。其中异常表将在后面的章节讨论。

【例 3-37】 方法重定义。

```
class Employee {
    String name;
    int salary;
    public String getDetails(){
        return "Name:" + name + "\nSalary: " + salary;
    }
}
public class Manager extends Employee{
    String department;
    public String getDetails(){
        return "Name: " + name + "\nHead of " + department;
    }
}
```

例 3-37 中，父类 Employee 和子类 Manager 中，都定义了同样的一个方法——getDetails，方法的声明完全一样，方法体不同，这就是子类自定义了父类的方法。

在重定义里，需要注意以下几点容易犯的错误。

- 返回类型必须与父类的方法完全相同。在这里不存在类型的兼容性问题，即子类型不能在此处代替父类型。即使 double 也不能替代 object。
- 访问控制必须比父类方法更公开。我们按照 private、default、protected、public 的顺序，越来越公开。如果父类方法是 protected 方法，那么子类的重定义方法可以由 protected 或 public 修饰。如果父类方法是 public 的，那么子类的重定义方法只能由 public 修饰。
- 只能抛出那些父类方法声明抛出的异常。允许少抛或不抛异常，但禁止抛出父类接口不兼容的异常，即：父类抛出父异常，子类可以抛出父异常或者子异常，或者不抛出异常。（异常将在后面的章节讨论。）

需要注意的是，在 JDK 5 版本之后，重定义方法之前可以加上一个标记“@Override”，以方便阅读，使人能够一看就能明确这是重定义的方法。如上述程序中的类 Manager 中的 getDetails 方法就可以写为：

```
class Manager extends Employee {
    String department;
    @Override  //在此处添加 Override 标记，注意格式和位置，当然不加此标记也不会错
    public String getDetails() {
        return "Name: " + name + "\nHead of " + department;
    }
}
```

如果加上了“@Override”标记，虚拟机在解释程序的时候，就会认为下面一定是重定义的方法。如果下面定义的方法不满足上述重定义的规则，就会报一个编译错误。如果不加此标记，在某些时候，Java 会认为添加的是一个新的方法，从而不会报错。这是此标记加与不加的唯一区别。所以，本章后续内容默认不加此标记，除非特别必要。

结合上节讲过的子类对于父类的向上转型（upcasting）规则，就可以形成一种多态性的使用，例如：

```
Employee who1 = new Manager( );
Employee who2 = ncw Employee( );
who1.getDetails( );
who2.getDetails( );
```

上述语句中，第一句使用了向上转型规则，第二句就是普通的生成父类的对象。二者的区别在于 new 关键字后面的类型不同。由于 new 关键字表示构造方法的调用，表明生成一个具体的对象。所以 new 语句是在程序运行时执行的代码，即程序的运行时。Java 语言的运行时多态就体现在对象后面的 new 关键字的构造方法调用上。由于不同的 new 语句，使用同样的方法调用可以自动地选择去调用哪一个类中的重定义方法。

我们把对象的引用前面的类型称之为静态类型，而 new 后面的类型称之为动态类型。运行时多态的调用采用一种动态绑定的机制，即在运行程序的时候才确定方法调用和方法体的关联。而编译时多态采用的是静态绑定，是在编译程序的时候就确定方法调用和方法体的关联。在运行时多态中，需要熟练掌握如下规则。

规则：
动态绑定中，多态机制根据动态类型去选择调用的自定义的方法。

综上所述，可以用以下的公式来描述运行时多态：

运行时多态 ＝ 继承 ＋ 重定义 ＋ 动态绑定

【例 3-38】 动态绑定 1。

```
class Base {
    Base() {
        System.out.println("Base( ) before print( )");
        print();
        System.out.println("Base( ) after print( )");
    }
    public void print() {
        System.out.println("Base.print( )");
    }
}
class Derived extends Base {
    int value;
    Derived(int val) {
        value = val;
        System.out.println("Derived( ) with " + value);
    }
    public void print() {
        System.out.println("Derived.print( ) with " + value);
    }
}
public class Polymorphism {
    public static void main(String[ ] args) {
        new Derived(123);
    }
}
```

运行结果如下：

```
Base( ) before print( )
Derived.print( ) with 0
Base( ) after print( )
Derived( ) with 123
```

请注意输出结果的第二句是：

```
Derived.print( ) with 0
```

而不是：

```
Derived.print( ) with 123
```

这证明在 Base 类中的 print( )调用的是子类的 print( )方法。这完全遵循上述规则，简而言之：关键字 new 后面的类型（动态类型）是什么，就调用哪个类里面的相应方法。

【例 3-39】 动态绑定 2。

```
class Father {
    public void func1( ) {
        System.out.println("Father's func1");
        func2( );
    }
    public void func2( ) {
        System.out.println("Father's func2");
    }
}
class Child extends Father {
    public void func1(int i) {
        System.out.println("Child's func1");
    }
    public void func2( ) {
        System.out.println("Child's func2");
    }
}
public class Polymorphism2 {
    public static void main(String[ ] args) {
     Father father = new Father( );
     father.func1( );
     father.func2( );
        Father child = new Child( );
        child.func1( );
        child.func2( );
    }
}
```

运行结果如下：

```
Father's func1
Father's func2
Father's func2
Father's func1
Child's func2
Child's func2
```

该例的子类中的 func1()和父类中的 func1()形成一组重载的方法。注意，这里是重载而不是重定义，因为子类继承了父类中没有参数的 func1()方法，与子类中定义的有参数的 func1 就形成了重载的方法。在重载的方法里，语句“child.func1();”就选择无参数的 func1()，即父类中的 func1()。而父类中的 func1 中执行 func2 会根据动态绑定，选择子类中的 func2。因此此句的输出结果为：

```
Father's func1
Child's func2
```

在此例中，同时处理了重载和重定义。这两种多态性的表示有一定的共同点，也有很大的区别。

共同点：同一方法名表达不同含义。

不同点：

① 重载——子类的方法之间以及子类与父类的方法之间均允许重载，参数表必须有不同。返回类型、异常表可同，也可不同（即无要求）。

② 重定义——仅指子类重定义与父类或祖先类的方法。参数表、返回类型——必须完全相同。异常表——声明抛出的异常必须兼容。

关于异常的内容将在后面的章节讨论。

3.3.8　static 关键字

在 Java 的类中，static 关键字的中文意思是静态的，该修饰符不仅可以修饰成员方法，还可以修饰成员变量和成员常量。

在面向对象中，使用该关键字修饰的内容表示该内容是隶属于整个类，而不是直接隶属于该类的某一个对象的。所以 static 修饰的成员变量一般称作类变量，而 static 修饰的方法一般称作类方法。另外，static 还可以修饰代码块，下面将进行详细的介绍。

1. 静态变量

static 修饰的变量称作静态变量。静态变量和一般的成员变量不同，一个类的所有对象的静态变量在内存中都只有一个存储位置，每个对象中的静态变量都指向内存中同一个地址，它是在所有的对象之间共享的数据。静态变量在引用时比较方便，可以直接使用类名进行引用，见例 3-40。

【例 3-40】 静态变量。

```
class StaticDemo {
    static int m;
```

```
        int n;
        char c;
    }
    public class TestStaticDemo {
        public static void main(String[ ] args) {
            StaticDemo sd1 = new StaticDemo( );
            StaticDemo sd2 = new StaticDemo( );
        }
    }
```

例中，StaticDemo 类有两个对象，sd1 和 sd2。对于这两个对象来说，由于使用默认的构造方法进行构造，所以每个成员变量都被初始化为对应数据类型的默认值。int 的默认值为 0，char 的默认值为‘\u0000’这样的字符。所以 sd1 和 sd2 对象中存储的 n 和 c 各自占有独立的空间，分别都是 0 和‘\u0000’。而 m 是共用同一块空间的静态数据，里面的值为默认值 0。

静态变量的存储和非静态变量的存储不同。在 Java 虚拟机里，只在第一次使用类时初始化该类中的所有静态变量，以后就不再进行初始化。无论创建多少个该类的对象，静态变量的存储在内存中都是独立于对象的。即 Java 虚拟机单独为静态变量分配存储空间，所以所有的对象内部的静态变量在内存中存储时只有一个空间。这样就导致使用任何一个对象对该值的修改都是使该存储空间中的值发生改变，而其他对象在后续引用时就跟着发生了变化。静态变量就是使用这样的方式在所有对象之间进行数值共享的。

【例 3-41】 静态变量在内存中的表示。

```
public class CreditCard {
    private static double maxOverdraft = 1000; // 信用卡账户的属性，表示透支额度
    private double balance = 0; // 信用卡账户的属性，表示余额
    // 向账户中存款，存款金额为 amount 元
    public void deposit(double amount) {
        balance = balance + amount;
    }
    // 从账户中取款 amount 元，成功返回 true，否则返回 false
    public boolean withdraw(double amount) {
        if (amount <= balance) {
            balance = balance - amount;
            return true;
        } else{
            return false;
        }
    }
    // 查询账户的当前余额
    public double getBalance( ) {
        return balance;
    }
}
```

例 3-41 中，静态属性 maxOverdraft 表示存款余额，与之前介绍过的账行账户类的最大不同也正是在这里。若类 CreditCard 与银行账户类一样也有 zhang3 和 li4 两个对象的话，那么

该类的属性在内存中的表示可用图 3-5 来表示。

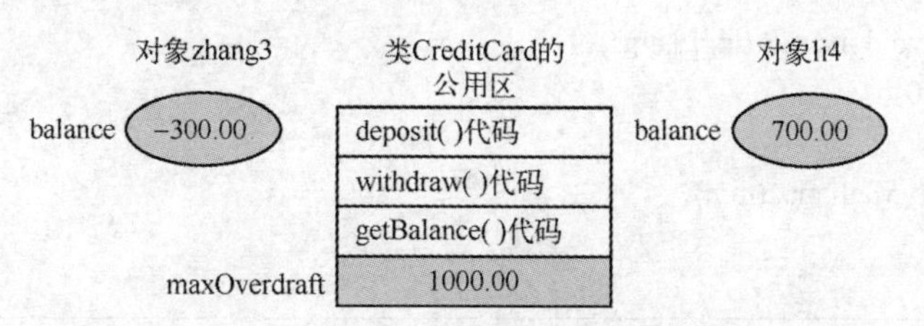

图 3-5　静态对象在内存中的组织

其最大的区别就是不管哪个对象中，静态属性占用的内存在公共区，它的改变将会影响到类的所有对象。静态属性在实际使用时，可以通过只存储一次来节约存储空间，这个特性也使得在类内部定义的成员常量一般都做成静态的。因为常量的值在每个对象中都是相同的，而且使用 static 修饰也便于对成员常量的引用。

在类外部访问某类中静态变量（常量）的语法格式为：

类名.成员变量（常量）

例如：

```
StaticDemo.m
```

这样便于成员变量的访问。当然，语法上也不禁止使用“对象.成员变量”这样的语法格式进行访问，但一般不推荐，而且有些类是无法创建对象的。

另外需要遵守如下规则。

> **规则：**
> static 关键字不能修饰局部变量。局部变量包括普通成员方法和构造方法中声明的变量，或局部语句块中声明的变量。

2．静态方法

由 static 关键字修饰的方法称作静态方法。静态方法和一般的成员方法相比，需要遵守以下 2 条规则。

> **规则：**
> 1. 静态方法中，只能直接访问静态数据或直接调用静态方法。
> 2. 不用创建类的对象，直接使用类名可调用。

所以一般静态方法都是类内部的具有独立功能的方法。例如为了方便方法的调用，Java API 中的 Math 类中所有的方法都是静态的。而一般类内部的 static 方法也是方便其他类对该方法的调用（见例 3-42）。

【例 3-42】 静态方法。

```
public class MyMath{
    public static int max(int a,int b){
        return (a > b ? a : b);
    }
}
```

```
public class TestMyMath{
    public static void main(String[ ] args){
        int m = 10;
        int n = 20;
        int k = MyMath.max(m,n);
    }
}
```

静态方法在类的外部进行调用时不需要创建对象，使用“类名.方法名(参数)”这样的语法格式进行调用，简化了代码的编写。使用静态方法时，需要特别注意的是，静态方法内部使用该类的非静态成员变量时将出现编译语法错误。静态方法是类内部的一类特殊方法，只有在需要时才将对应的方法声明成静态的，而一般情况下，一个类内部的方法都是非静态的。

3．静态代码块

静态代码块指位于类声明的内部，方法和构造方法的外部，使用 static 修饰的代码块。静态代码块在该类第一次被使用时执行一次，以后再也不执行。在实际的代码中，如果需要对类进行初始化的代码，可以写在静态代码块的内部。

【例 3-43】 静态代码块示例。

```
public class StaticBlock{
    static{
        System.out.println(“静态代码块！”);
    }
}
```

本例由于没有 main 方法，故而会报一个寻找不到 main 方法的异常，但是本例在初始化的时候，已经执行了静态代码块内的内容，其执行结果如下：

```
静态代码块！
Exception in thread "main" java.lang.NoSuchMethodError: main
```

静态代码块是一种特殊的语法，熟悉了该语法的特点，就可以在实际应用编程中根据需要使用，灵活掌握，可以更加方便地对类进行初始化操作。

4．静态成员的初始化

用 static 关键字修饰的静态数据成员在初始化方面也有其特殊的一面。静态数据成员是属于类的，而不是属于某一个对象本身，因此初始化的时候该代码是在所有代码之前执行的（见例 3-44（1）和例 3-44（2））。

【例 3-44（1）】 静态成员初始化 1。

```
class Point {
    static int npoints;
    int x, y;
    Point root;
}
public class TestStaticInit {
    public static void main(String[ ] args) {
        System.out.println("npoints=" + Point.npoints);
```

```
            Point p = new Point( );
            System.out.println("p.x=" + p.x + ", p.y=" + p.y);
            System.out.println("p.root=" + p.root);
    }
}
```

运行结果如下：

```
npoints=0
p.x=0, p.y=0
p.root=null
```

该运行结果说明，在 Point 的对象 p 创建之前，类 Point 的静态数据成员 npoints 就已经由 Java 中提供的默认初始化方式初始化为 0 了。

【例 3-44（2）】 静态成员初始化 2。

```
class Insect {
    int i = 9;
    int j;
    Insect( ) {
        prt("i = " + i + ", j = " + j);
        j = 39;
    }
    static int x1 = prt("static Insect.x1 initialized");
    static int prt(String s) {
        System.out.println(s);
        return 47;
    }
}
public class Beetle extends Insect {
    int k = prt("Beetle.k initialized");
    Beetle( ) {
        prt("k = " + k);
        prt("j = " + j);
    }
    static int x2 = prt("static Beetle.x2 initialized");
    static int prt(String s) {
        System.out.println(s);
        return 63;
    }
    public static void main(String[ ] args) {
        prt("Beetle constructor");
        Beetle b = new Beetle( );
    }
}
```

运行结果如下：

```
static Insect.x1 initialized
static Beetle.x2 initialized
Beetle constructor
i = 9, j = 0
Beetle.k initialized
k = 63
j = 39
```

如果静态数据、静态代码块、对象成员、构造方法等同时存在，初始化顺序将如何呢？请看例 3-45。

【例 3-45】 复杂的成员初始化问题。

```
class Bowl {
    Bowl(int marker) {
        System.out.println("Bowl(" + marker + ")");
    }
    void f(int marker) {
        System.out.println("f(" + marker + ")");
    }
}
class Table {
    static Bowl b1;
    static {
        b1 = new Bowl(1);
    }
    Table( ) {
        System.out.println("Table( )");
        b2.f(1);
    }
    void f2(int marker) {
        System.out.println("f2(" + marker + ")");
    }
    static Bowl b2 = new Bowl(2);
}
public class TestBox {
    public static void main(String[ ] args) {
        System.out.println("Before");
        new Table( );
        System.out.println("After");
        t.f2(1);
    }
    static Table t = new Table( );
}
```

运行结果如下：

```
Bowl(1)
Bowl(2)
Table()
f(1)
Before
Table()
f(1)
After
f2(1)
```

根据运行结果，可以看出类的复杂初始化顺序。对于类成员初始化，初始化的顺序如下：

① 类数据成员的默认初始化；

② 类数据成员的初始化表达式或静态初始化块；

③ 实例变量的默认初始化；

④ 实例变量的初始化表达式或实例初始化块；

⑤ 构造方法初始化。

3.3.9　final 关键字

Java 中，final 关键字的含义通常指的是“这里是无法改变的”。一般情况下不想做改变出于两种理由：设计和效率。该关键字具体以下几大特点：

- final 类不能被继承，没有子类；
- final 类中的方法默认是 final 的；
- final 方法不能被子类重定义，但可以被继承；
- final 变量只能一次赋值，不可更改；
- final 不能用来修饰构造方法。

final 关键字可以修饰类、方法以及普通变量。

1．final 修饰普通变量

任何一种程序设计语言都有自己的办法来告诉编译器某个数据是“常量”。常量主要应用于下述两个方面。

① 编译期常量，它永远不会改变其值。

② 在运行期初始化的一个值，不希望它的值发生变化。

对于编译期的常量，编译器（程序）可将常数值“封装”到需要的计算过程里。也就是说，计算可在编译期间提前执行，从而节省运行时的一些开销。在 Java 中，这些形式的常量必须属于基本数据类型，而且要用 final 关键字进行表达。在对这样的一个常量进行定义的时候，就必须明确给出一个值。

final 字段只能存储一个数据，而且不可改变。若在对象引用前使用声明 final 关键字，而不是在基本数据类型前使用，它的含义就有点儿复杂了。

对于基本数据类型，final 会将值变成一个常量；但对于对象引用，final 会将引用变成一个常量。进行声明时，必须将引用初始化到一个具体的对象。而且永远不能将引用改变成指向另一个对象。然而，对象本身是却可以修改的。例 3-46 是演示 final 字段用法的一个例子。

【例 3-46】 final 数据成员的用法。

```
class Value {
    int i = 1;
}
public class FinalData {
    // 这是编译期常量
    final int I1 = 9;
    static final intI2 = 99;
    // 典型的公有常量
    public static final intI3 = 39;
    // 以下不是编译时常量
    final int I4 = (int)(Math.random( )*20);
    static final intI5 = (int)(Math.random( )*20);
    Value V1 = new Value( );
    final Value V2 = new Value( );
    static final Value V3 = new Value( );
    //! final Value V4;        //此处显示为错误，这样写必须在类的初始化中完成对 V4 的初始化
        // 常数组：
    final int[ ] A = { 1, 2, 3, 4, 5, 6 };
    public void print(String id) {
        System.out.println(id + ": " + "I4 = " + I4 +", I5 = " + I5);
    }
    public static void main(String[ ] args) {
        FinalData fd1 = new FinalData( );
        //! fd1.I1++;          // 这是一个错误，不能对常量进行加 1 改变
        fd1.V2.i++;            // 此处是正确的，尽管 V2 是常量，但是 V2 中的 i 不是常量，可以进行改变
        fd1.V1 = new Value( );          // 此处是正确的，V1 并未声明为 final，可以改变
        for(int i = 0; i < fd1.A.length; i++)
            fd1.A[i]++;                 // 正确，对象不是常量
        //! fd1.V2 = new Value( );      // 错误，V2 是常量，不能改变
        //! fd1.V3 = new Value( );      // 错误，V3 是常量，不能改变该引用
        //! fd1.A = new int[3];         // 错误，A 是常量数组的引用，内容不可变
        fd1.print("fd1");
        System.out.println("Creating new FinalData");
        FinalData fd2 = new FinalData( );
        fd1.print("fd1");
        fd2.print("fd2");
    }
}
```

运行结果如下：

```
fd1: I4 = 17, I5 = 9
Creating new FinalData
fd1: I4 = 17, I5 = 9
fd2: I4 = 19, I5 = 9
```

例 3-46 中，由于 I1 和 I2 都是具有 final 属性的基本数据类型，并含有编译期的值，所以它们除了能作为编译期的常量使用外，使用任何方式引用也不会出现任何不同。

I3 是使用此类常量定义时更典型的一种方式：public 表示它们可在包外使用；static 强调它们只有一个；而 final 表明它是一个常量。对于含有固定初始化值（即编译期常量）的 final static 基本数据类型，它们的名字根据命名规则往往采用大写。

不能由于某个数据的属性是 final，就认定它的值一定能在编译时期就是确定的。I4 和 I5 向大家证明了这一点，它们在运行期间使用随机生成的数字。例子的这一部分也向大家揭示出将 final 值设为 static 和非 static 之间的差异。只有当值在运行期间初始化的前提下，这种差异才会揭示出来。因为编译期间的值被编译器认为是相同的。这种差异可从输出结果中看出：

```
fd1: I4 = 15, I5 = 9
Creating new FinalData
fd1: I4 = 15, I5 = 9
fd2: I4 = 10, I5 = 9
```

注意，对于 fd1 和 fd2 来说，I4 的值是唯一的，但 I5 的值不会由于创建了另一个 FinalData 对象而发生改变。那是因为它的属性是 static，而且在载入时初始化，而非每创建一个对象时初始化。

从 V1 到 V4 的变量向我们揭示出 final 引用的含义。正如大家在 main 方法中看到的那样，并不能认为由于 V2 属于 final，所以就不能再改变它的值。然而，我们确实不能再将 V2 绑定到一个新对象，因为它的属性是 final。这便是 final 对于一个引用的确切含义。同样的含义亦适用于数组，只不过数组是另一种类型的引用而已。将引用变成 final 看起来似乎不如将基本数据类型变成 final 那么有用。

2．空白 final 数据成员

Java 允许创建“空白 final 数据成员”，它是一种特殊的数据成员，尽管被声明成 final 变量，但却未得到一个初始值。无论在什么情况下，空白 final 数据成员都必须在实际使用之前得到正确的初始化，否则就如例 3-49 中的 V4 一样产生编译错误。而且编译器会主动保证这一规定得以贯彻执行。

注意：

在使用空白 final 数据成员之前，必须对其进行初始化，而且有且仅有一次机会对空白 final 数据进行初始化。

对于 final 关键字的各种应用，空白 final 具有最大的灵活性。举个例子来说，位于类内部的一个 final 字段现在对每个对象都可以有所不同，同时依然保持其“不变”的本质（见例 3-47）。

【例 3-47】 空白 final 字段的用法。

```
class Poppet {
}
public class BlankFinal {
    final int i = 0;            // 有初始化的 final 常量
    final int j;                // 空白的 final 数据成员
    final Poppet p;             // 空白的 final 引用
```

```
        // 空白 final 数据成员必须在构造方法中进行初始化
        BlankFinal() {
                j = 1;                  // 初始化空白 final 数据 j
                p = new Poppet();
        }
        BlankFinal(int x) {
                j = x;                  // 初始化空白 final 数据 j
                p = new Poppet();
        }
        public static void main(String[ ] args) {
                BlankFinal bf = new BlankFinal();
        }
}
```

例 3-47 中强行要求对 final 数据进行赋值处理——要么在定义数据成员时使用一个初始化表达式，要么在每个构造方法中，对空白 final 数据进行一次赋值。这样就可以确保 final 数据在使用前获得正确的初始化。

3．final 修饰方法参数

Java 允许将方法参数设成 final 的属性，方法是在参数列表中对它们进行适当的声明。这意味着在一个方法的内部，不能擅自改变 final 修饰的方法参数的内容（见例 3-48）。

【例 3-48】 final 修饰方法参数的用法。

```
class TestFinal {
        public void spin() {
        }
}
public class FinalArguments {
        void with(final TestFinal g) {
                //! g = new Gizmo();               // 错误，此处 g 是 final 常引用，不可改变
                g.spin();
        }
        void without(TestFinal g) {
                g = new TestFinal();            // 此处正确，g 是普通引用，可以改变
                g.spin();
        }
        // void f(final int i) { i++; }         // 不能改变做参数的 fina 常量 i
        // 只能对做参数的 final 常量做简单的引用
        int g(final int i) {
                return i + 1;
        }
        public static void main(String[ ] args) {
                FinalArguments bf = new FinalArguments ();
                bf.without(new TestFinal());  //可以传递一个 null 指针，不会有编译错误，即 bf.without(null);
                bf.with(new TestFinal());
        }
}
```

方法 f()和 g()展示出基本类型的方法参数为 final 时会发生什么情况：在 f()中，只能读取参数，不可改变它；在 g()中，返回值中的改变也并没有发生在变量本身上，而是将 final 的参数 i 加了 1 以后直接进行返回。

注意，此时仍然能为声明为 final 的方法参数分配一个空引用，同时编译器不会捕获它。这与对非 final 参数采取的操作是一样的。

4．final 修饰方法

之所以要使用 final 方法是出于对两方面理由的考虑。第一个是为方法加锁，防止任何派生类改变它的本来含义。设计程序时，若希望一个方法的行为在继承期间保持不变，而且不可被覆盖或改写，就可以采取这种做法。

采用 final 方法的第二个理由是程序执行的效率。这非常类似于 C++语言中的内联函数。将一个方法设成 final 后，编译器就可以把对该方法的调用都采取“嵌入”调用的方式。一旦编译器发现一个 final 方法调用，就会忽略常规代码调用方式（即：将方法参数压入堆栈；跳至方法代码并执行它；再跳转回来；清除堆栈中的参数；最后对返回值进行处理），而采用将方法主体内实际代码的一个副本替换并嵌入到方法调用代码位置的方式，这样做可避免方法调用时的系统开销。当然，若方法体积太大，那么程序也会变得臃肿，有可能感受不到嵌入代码所带来的任何性能提升。

当然，Java 编译器能自动侦测这些情况，并自动地决定是否嵌入一个 final 方法。然而，最好还是不要完全相信编译器能正确地作出所有判断。通常，只有在方法的代码量非常少，或者想明确禁止方法被覆盖的时候，才应考虑将一个方法设为 final。

【例 3-49】 final 修饰方法不能被重定义。

```
public class A {
    // final 方法 f
    public final void f() {
        System.out.println("类 A 中的 final 方法 f 被调用了");
    }
}
public class B extends A {
    // 编译错误！父类的 f 方法是 final 类型，不可重写！
    //! public void f() {
    //!         System.out.println("类 B 中的方法 f 被调用了");
    //! }
}
```

注意：一个普通类内所有 private 方法都自动成为 final 方法。

由于子类不能直接访问父类的 private 私有方法，所以父类的 private 私有方法绝对不会被其子类的方法重定义（若强行这样做，编译器会给出错误提示），自动成了 final 方法。可为一个 private 方法添加 final 修饰符，但和不加 final 的效果是一样的。

5．final 修饰类

如果整个类都是用 final 来修饰的（即在类的定义前加以 final 关键字），就表明程序不允许从这个类继承任何内容，也不允许其他任何人采取这种操作。换言之，出于这样或那样的原因，定义的某些类肯定不需要进行任何改变；或者是出于安全方面的理由，不允许将此类进行派生，从而生成任何子类。除此以外，还需要考虑到执行效率的问题，并想确保涉及这个类各对象的所有行动都要尽可能地有效（见例 3-50）。

【例 3-50】 final 用来修饰类的用法。

```
class SmallBrain {
}
final class Dinosaur {
    int i = 7;
    int j = 1;
    SmallBrain x = new SmallBrain( );
    void f( ) {}
}
//! class Further extends Dinosaur {}          // 此处错误，最终类不能被任何类继承
public class Jurassic {
    public static void main(String[ ] args) {
        Dinosaur n = new Dinosaur( );
        n.f( );
        n.i = 40;
        n.j++;
    }
}
```

注意，final 类中的数据成员既可以是 final 的，也可以不是 final 的。将类定义成 final 后，结果只是禁止进行继承，并没有对其中的成员做更多的限制。然而，由于 final 类禁止继承，所以一个 final 类中的所有方法都默认为 final，因为此时再也无法重定义它们。所以与将一个方法明确声明为 final 一样，编译器对于它有相同的效率选择。尽管可以为 final 类内的一个方法添加 final 修饰符，但是这样做没有任何意义。

3.3.10 abstract 关键字

在 Java 的继承中，有一个重要的关键字是 abstract。该关键字可以用来修饰方法和类。用 abstract 修饰的方法叫作抽象方法，抽象方法没有方法体，即没有实现，将留给该方法所在类的子类去具体实现该方法；用 abstract 修饰的类叫作抽象类，抽象类里可以包含抽象方法，留给其子类去将其抽象方法具体化。

在 Java 中为什么需要使用抽象方法呢？这表示在当前设计阶段只能表达接口、无法提供实现的方法只能被定义为抽象方法。换言之，抽象方法用于程序的框架设计。抽象方法可用于显式地表达某些行为的共性，而提取共性是实现软件复用的重要途径（泛化）。特别适合那些接口完全相同、实现却有差异的行为。这是面向对象技术在分析与设计阶段的重要工具！关于抽象方法和抽象类，有如下特点与规则需要牢记。

规则：

1. 含有抽象方法的类必须被定义为抽象类。
2. 抽象类必须被继承，抽象方法必须被重写。

3. 抽象方法只须声明，不需实现，即没有方法体。
4. 抽象类不能进行实例化。
5. 抽象类可以有构造方法，但是抽象类的构造方法不可以是抽象的。

由于抽象方法必须用于重定义，所以抽象方法是不能定义为 final 的（后文中有详细叙述）。下面是抽象方法的举例：

```
public abstract int getKey(int min, int max);
```

【例 3-51】 抽象类 1。

```
public abstract class Number implements java.io.Serializable {
    public abstract int intValue( );
    public abstract long longValue( );
    public abstract float floatValue( );
    public abstract double doubleValue( );
    public byte byteValue( ) {
        return (byte) intValue( );
    }
    public short shortValue( ) {
        return (short) intValue( );
    }
    public static void main(String[ ] args) {
        // new Number( );   // 将导致编译错误，抽象类不能实例化。
    }
}
```

例 3-51 的类中，既有无方法体的抽象方法，又有方法体的具体方法，必须在这样的类前面必须加上 abstract 关键字将该类声明为抽象类。抽象类是不能使用 new 来生成对象实例的。另外，如果一个类加了关键字 abstract，那么它就是一个抽象类。即使该类的内部有没有抽象方法，它都是抽象类，都不能生成类的对象实例。这是编译期间就确定下来的。

【例 3-52】 抽象类 2。

```
public abstract class Number2 {
    public byte byteValue( ) {
        return (byte) intValue( );
    }
    public short shortValue( ) {
        return (short) intValue( );
    }
    public static void main(String[ ] args) {
        // new Number( );   // 将导致编译错误，抽象类不能实例化。
    }
}
```

在抽象类里，仍需要遵守以下规则。

规则：

1. 如果抽象类的子类不为抽象类，则子类必须实现父类的所有抽象方法。
2. 抽象方法或抽象类不能定义为最终的，即 abstract 与 final 关键字不能共存。
3. 抽象方法不能声明为静态的。

上述规则的第 1 点应该这样理解：根据继承的原则，子类将继承父类的所有非私有内容，若父类有抽象方法，那么子类中肯定会将该抽象方法继承下来，所以子类理应为抽象类。由于抽象类都不能进行实例化，所以，完整的程序需要将所有的抽象方法都使用重定义的继承方式重写为实际方法。

【例 3-53】 抽象类的继承。

```
public abstract class AbstractBase {
        public abstract void f();
        public abstract void g();
}
abstract class Drived1 extends AbstractBase { // 此类必须为抽象类，因为其未完全实现父类的抽象方法
        public abstract void f() { }
}
class Drived2 extends AbstractBase {                    // 此类可不为抽象类
        public abstract void f() { }
        public abstract void g() { }
}
class Drived3 extends Drived1 {                         // 此类可不为抽象类
        public abstract void g() { }
}
```

规则的第 2 点应该这样理解：抽象方法的目的在于提供接口，留给子类重定义此方法给出具体实现；而最终方法的目的在于防止此方法的重定义。故而二者是完全互斥的一对操作，不能修饰同一方法。

规则的第 3 点应该这样理解：静态方法是属于类的方法，可以不通过对象而使用类名直接调用。抽象方法是不完整的方法，抽象类之所以不允许实例化就是为了防止使用该类的实例去调用，若为静态，即不实例化也可被调用，存在一定的安全隐患，故而二者不能同时出现。

3.4 接口

在 Java 中，不允许一个类同时继承多个类，即使是抽象类也不行。所以，诸如 C++中的多继承，即需要模拟现实生活中“既是这个又是那个”的事物时，Java 的类继承关系就难以应付了，但是 Java 作为一种纯粹的面向对象语言不可能放任这种情况不去处理。从而，Java 中采用了接口（interface）这一概念来解决此问题，接口的作用也是提供给程序的设计者一种暂时无法具体化的实现方案，并完整地解决了面向对象中的多继承。

接口在语句构成上与类相似，具有以下特点。

- 与抽象类一样，接口也不能用 new 关键字进行实例化。
- 在接口内，允许包含变量、常量等一个类所包含的基本内容。但是，接口中的方法不

允许设定代码，即接口中的方法均为抽象方法。

- 不能把程序入口即 main 方法放到接口里。

接口是在程序的设计阶段被写出专门用于被继承的。接口存在的意义也就是被继承，被重定义里面的方法。

3.4.1　接口的定义

接口的定义与类定义相似，定义接口的关键字是 interface。定义接口的一般格式如下：

```
public interface name [extends father-interface-list] {
    return-type method-name1(parameter list);
    return-type method-name2(parameter list);
    ...
    return-type method-name2(parameter list);
    type final-varname1 = value;
    type final-varname2 = value;
    ...
    type final-varnameN = value;
}
```

接口的声明可以不使用访问控制修饰符 public。没有访问控制修饰符时，就是默认的访问范围。当声明为 public 时，则接口可以被任何代码使用，这与普通的访问权限是一致的。但是，原则上接口都会被声明为 public，毕竟接口的设计就是提供给人使用的。

name 是接口名，可以是任何合法的标识符。接口体中包含**常量定义和方法定义**两部分。接口里定义的方法没有方法体，它们都是抽象方法；也就是说，在接口中只提供方法的声明，不提供方法的实现，每个包含接口的类必须实现所有的方法。

从上面的语法规定就能看出，接口的定义与类的定义非常相似。可以把接口理解为一种特殊的抽象类，由常量和抽象方法组成的类。一个类只能有一个父类，但是可以同时实现多个接口。这样，利用接口就可以获得多个父类，从而实现了多继承。

总结接口的属性与方法规则如下。

规则：

1. 接口中的方法默认都是抽象方法，抽象方法不允许有方法体，方法前面 abstract 关键字可写可不写。抽象方法不能是 static 的。
2. 接口中的数据必须都是静态的符号常量。前面的 final 关键字可写可不写，static 关键字也可写可不写，即默认为 static 和 final 的。该数据只能使用初始化表达式进行赋值，即禁止使用空白 final 字段。
3. 接口中禁止使用初始化块和构造方法。
4. 接口中的所有内容默认为 public，禁止使用 protected 和 private 关键字。

接口在 JDK8 之前是不允许有非抽象方法（即普通带方法体的方法）的。在 JDK8 开始接口中允许有两种非抽象方法：一种为 default 修饰的方法，另一种为 static 修饰的静态方法。

另外，在 JDK8 开始 Java 提供了一种注解的写法：@FunctionalInterface，用于注解接口是一种函数式的接口。此注解可以加在只有一个抽象方法的接口之上。当然，多于一个抽象方法或者没有抽象方法，使用该注解是错误的。另外，default 方法和 static 方法不受此限。例 3-54 是一组接口的例子。

【例 3-54】 接口定义举例。

```
//@FunctionalInterface                          // 此处不可以添加此注解，有两个抽象方法
public interface Printable {                    //一个接口
    final int MAX = 100;
    void add( );
    float sum(float x, float y);
}
package java.lang;
@FunctionalInterface                            // 此处可以添加此注解
public interface Comparable {                   //此接口为定义在 javaAPI 中的 Comparable 接口
    public int compareTo(Object other);
}
package java.applet;
public interface AudioClip {                    //此接口为定义在 javaAPI 中的 AudioClip 接口
    void play( );
    void loop( );
    void stop( );
}
//@FunctionalInterface                          // 此处不可以添加此注解，因为此接口无抽象方法。
interface Defaulable {                          // 在 java8 中新引入接口的默认方法和静态方法
    default String notRequired( ) {             // 默认方法，需要加 default 关键字，此方法需要有方法体
        return "Default implementation";
    }
    static void f(){                            // 静态方法，需要加 static 关键字，此方法需要有方法体

    }
}
//@FunctionalInterface                // 此处不可以添加此注解，因为此接口无抽象方法。
public interface Months {             //此接口为仅包含属性而无方法的另类接口，可当作枚举类型来使用
    int JANUARY = 1;
    int FEBRUARY = 2;
    int MARCH = 3;
    int APRIL = 4;
    int MAY = 5;
    int JUNE = 6;
    int JULY = 7;
    int AUGUST = 8;
    int SEPTEMBER = 9;
    int OCTOBER = 10;
    int NOVEMBER = 11;
    int DECEMBER = 12;
}
```

3.4.2 接口的实现

接口被定义之后可以被一个或多个类实现。一个类通过使用关键字 implements 声明使用一个或多个接口。如果使用多个接口，用逗号隔开接口名。一个接口的类的一般形式为：

```
class class-name implements interface-name1,interface-name2,…
```

例如：

```
class A implements Printable,Addable
```

类 A 使用了两个接口：Printable 和 Addable。

```
class Dog extends Animal implements Eatable,Sleepable
```

类 Dog 使用接口 Eatable 和接口 Sleepable。

如果一个类使用了某个接口，那么这个类必须具体实现该接口的所有方法，即为这些方法提供方法体，否则该类只能被定义为抽象类。

需要注意的是：与普通的重定义一样，在类中实现接口的方法时，方法的名字，返回类型，参数个数及类型必须与接口中的完全一致。接口中的方法被默认是 public 的，所以类在实现接口方法时，必须要用 public 来修饰。

另外，如果接口中的方法返回类型是 void 型，在实现中方法体除了两个大括号外，也可以没有任何语句。例 3-55 是一个实现了接口的例子。

【例 3-55】 实现接口。

```
interface Computable {
    final int MAX = 100;
    void speak(String s);
    int f(int x);
    float g(float x, float y);
}
class China implements Computable {
    int number;
    public int f(int x) {        // 不要忘记 public 关键字
        int sum = 0;
        for (int i = 1; i <= x; i++) {
            sum = sum + i;
        }
        return sum;
    }
    public float g(float x, float y) {
        return 6;                // 至少有 return 语句
    }
    public void speak(String s) {
    }
}
```

```
class Japan implements Computable {
    int number;
    public int f(int x) {
        return 68;
    }
    public float g(float x, float y) {
        return x + y;
    }
    public void speak(String s) {
    }       // 必须有方法体，但方法体内可以没有任何语句
}
public class NewStudent {
    China LiLei;
    Japan Garra;
    public void init( ) {
        LiLei = new China( );
        Garra = new Japan( );
        LiLei.number = 2010223;
        Garra.number = 2010356;
    }
}
```

如果一个类声明实现一个接口，但没有实现接口中的所有方法，那么这个类必须是抽象类，见例 3-56。

【例 3-56】 抽象类与接口。

```
interface Computable {
    final int MAX = 100;
    void speak(Stirng s);
    int f(int x);
    float g(float x, float y);
}
abstract class A implements Computable {
    public int f(int x) {
        int sum = 0;
        for (int i = 1; i <= x; i++) {
            sum = sum + i;
        }
        return sum;
    }
}
```

接口的语法规则很容易记忆和使用，但更需要理解接口的作用。读者可能已经注意到，在上述例子中如果去掉接口，程序的运行并没有任何问题，那又为什么要使用接口呢？

接口说明了“做什么”，而实现这个接口的类，也就是实现类需要说明“怎么做”。 接口可以把“做什么”和“怎么做”分离开来。这给程序带来了很多好处。虽然代码量增加了，

程序的可维护性加强了。程序就像计算机一样可以拆分成很多组件。我们关心的是某个接口与另一个接口之间的关系。而不关心某个实现类与另一个接口实现类的关系。

例如：轿车、卡车、拖拉机、摩托车和客车都是机动车的子类，其中机动车可被理解为是一个抽象类。如果机动车中有一个抽象方法“收取费用”，那么所有的子类都要实现这个方法，即给出方法体，产生各自的收费行为。这在某些情况下却不符合人们的思维方法。例如，拖拉机可能不需要有“收取费用”的功能，而其他的一些类，比如飞机、轮船等则需要具体实现“收取费用”。因此，可以把收取费用作为一个接口来实现，各种交通工具根据需要选择去不去实现它（见例 3-57）。

【例 3-57】 收费接口。

```
interface CollectFee {
    public void collect( );
}
class Bus implements CollectFee {
    public void collect () {
        System.out.println("公共汽车：1 元/张，不计算公里数");
    }
}
class Taxi implements CollectFee {
    public void collect () {
        System.out.println("出租车：1.6 元/公里，起价 3 公里");
    }
}
class Cinema implements CollectFee {
    public void collect () {
        System.out.println("电影院：门票，10 元/张");
    }
}
public class TestCollectFee {
    public static void main(String args[ ]) {
        Bus noSeven = new Bus( );
        Taxi tianYu = new Taxi( );
        Cinema hongXing = new Cinema ( );
        noSeven.collect ( );
        tianYu.collect ( );
        hongXing.collect ( );
    }
}
```

运行结果如下：

```
公共汽车：1 元/张，不计算公里数
出租车：1.6 元/公里，起价 3 公里
电影院：门票，10 元/张
```

需要注意的是，接口声明时如果关键字 interface 前面加上 public 关键字，就称这样的接

口是一个 public 接口。public 接口可以被任何一个类使用。如果一个接口不加 public 修饰，就称为友好接口，友好接口可以被同一包中的类使用。这与 default（默认）访问控制是一样的。

不同的类可以使用相同的接口，同一个类也可以实现多个接口。接口只关心功能，并不关心功能的具体实现。接口的思想在于它可以增加很多类都需要实现的功能，使用相同的接口类不一定有继承关系。就像各式各样的商品，它们可能隶属不同的公司，工商部门要求都必须具有显示商标的功能——即实现同一接口，但商标的具体制作由各个公司自己去实现。

在实际的项目开发中，假如你是一个项目主管，需要管理许多部门，这些部门要开发一些软件所需要的类。你可能要求某个类实现一个接口，也就是说你对这些类是否具有这个功能非常关心，但不关心功能的具体体现。比如，这个功能是 speak，但你不关心是用汉语实现功能 speak 或用英语实现。所以，在很多时候，你也许打一个电话就可以了，告诉远方的一个开发部门实现你所规定的接口，并建议他们用汉语来实现 speak。如果没有这个接口，你可能要花很多的口舌来让相关部门找到那个表达的方法，也许他们给表达的那个方法起的名字又是各自不同的，于是造成管理上的混乱。

3.4.3 接口的引用

既然接口和抽象类一样不可实例化，那可以通过接口的引用来使用实现之后的接口的功能，即把引用定义成接口的类型而不是某一个类的类型。任何实现了所声明接口的类的实例都可以被这样的一个变量引用。当通过这些引用调用方法时，在实际引用接口的实例基础上，方法被正确调用。被执行的方法在运行时动态操作，调用代码在完全不知“调用者”的情况下可以通过接口来调度。

接口的灵活性就在于“规定一个类必须做什么，而不管你如何做”。我们可以定义一个接口类型的引用变量来引用实现接口的类的实例，当这个引用调用方法时，它会根据实际引用的类的实例来判断具体调用哪个方法，这和父类对象引用访问子类对象的方法相似。该方法被称为向上转型，在介绍多态性时已详细介绍。

【例 3-58】 引用接口。

```
//定义接口 InterA
interface InterA {
    void fun( );
}
// 实现接口 InterA 的类 B
class B implements InterA {
    public void fun( ) {
        System.out.println("This is B");
    }
}
// 实现接口 InterA 的类 C
class C implements InterA {
    public void fun( ) {
        System.out.println("This is C");
    }
```

```
}
public class TestInterface{
        public static void main(String[ ] args) {
                InterA a;
                a = new B();
                a.fun();
                a = new C();
                a.fun();
        }
}
```

运行结果如下：

```
This is B
This is C
```

例中，类 B 和类 C 是实现接口 InterA 的两个类，分别实现了接口的方法 fun()，通过将类 B 和类 C 的实例赋给接口引用 a 而实现了方法在运行时的动态绑定，充分利用了“一个接口，多个方法”，展示了 Java 的动态多态性。

需要注意的是：Java 在利用接口变量调用其实现类的对象的方法时，该方法必须已经在接口中被声明，而且在接口的实现类中该实现方法的类型和参数必须与接口中所定义的精确匹配。

3.4.4　接口的继承

在本章的开头，我们就提到多继承的概念，接口可以解决 Java 中多继承的应用。我们知道，C++语言中存在一种叫作多继承的方式。即一个子类同时继承 2 个或 2 个以上的父类。所谓多继承，也是 is-a 关系在程序中的实现。在日常生活中存在很多常见的例子：两栖动物既是一种爬行动物，又是一种水生动物；在职研究生既是一种学生，又是一种职员。销售经理即是一个销售员工，又是一个管理者等。

3.4 节一开始就提到 Java 是不允许类的多继承的。那么，如何在 Java 中实现这种必须使用多继承而使用的关系呢？这就用到了接口。因为，接口只有方法的声明而没有实现，一个类继承多个接口时，并不会如 C++那样有二义性的危险存在——即同一方法的调用有 2 个或 2 个以上同时存在的方法体。所以，用接口的多继承是安全的，从根本上避免了二义性。

另外，接口和类一样也具有继承。定义接口的时候通过 extends 声明它的父接口并继承父接口的所有属性和方法。接口的继承性与类的继承性的区别在于，一个接口可以有多个父接口，这些父接口之间用逗号隔开，形成父接口列表。

注意：当一个类实现一个继承了另一个接口的接口时，它必须实现接口继承链表中定义的所有方法。

例 3-59 是一个接口继承与扩展的例子。

【例 3-59】 接口的继承与扩展。

```
package firstpakage;
```

```
//声明了父接口
public interface Shape {
        double pi = 3.14159;
        void setColor(String str);
}
package firstpakage;
//声明一个子接口
interface Shape2D extends Shape {
        // 子接口增加自己的方法
        double area( );
}
package firstpakage;
//接口的实现
public class Circle implements Shape2D {
        double radius;
        String color;
        public Circle(double r) { // 构造方法
                radius = r;
        }
        // 实现子接口的方法
        public double area( ) {
                return (pi * radius * radius);
        }
        // 实现父接口的方法
        public void setColor(String str) {
                color = str;
                System.out.println( );
        }
}       // 实现接口(Shape2D)的类，必须同时实现该接口的父类(Shape)!
package firstpakage;
public class InterfaceTester {
        public static void main(String args[ ]) {
                Shape2D cir2;
                // Circle cir2;     //此两种方式都可以
                cir2 = new Circle(20);
                cir2.setColor("red");
                System.out.println("圆 20 的面积为：：" + cir2.area( ));
        }
}
```

运行结果如下：

```
圆 20 的面积为：：1256.636
```

从上例中可看出，接口可以使用 extends 关键字继承另一个接口，从而实现功能的扩展。这在接口的应用中是很广泛的，给程序的设计者提供了更灵活的解决方案。

3.5　嵌套类

与属性和方法类似，Java 中允许类中定义其他的类。这种类中有类的情况被称为嵌套类。嵌套类分为三种：成员内部类（member classes）、局部内部类（local classes）和匿名内部类（anonymous classes）。按照另一种划分，可以分为两种：静态的嵌套类称为静态嵌套类（static nested classes），非静态嵌套类称为内部类（inner classes），如图 3-6 中的虚线框所示。

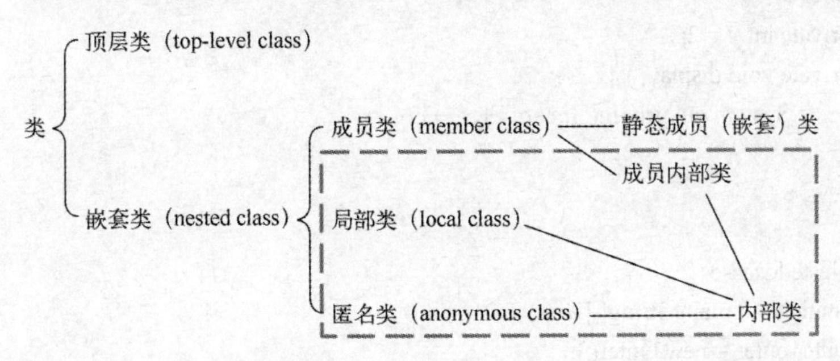

图 3-6　嵌套类的种类划分

嵌套类的作用是为类本身提供一种封装机制——实现类中有类，从而将逻辑上具有从属关系的类组织在一起，也提供了一种更灵活的层次化名字空间和更灵活的访问控制方式。

嵌套类编译后生成的文件名也是另有特色，原则是每一个类（包括嵌套类）都对应一个.class 文件。如图 3-6 所示，这是所有嵌套类的划分。

对于有名字的嵌套类：生成的.class 文件名＝直接外围类名＋“$”＋内部类名。

对于匿名类：生成的.class 文件名＝直接外围类名＋“$”＋序列编码。

3.5.1　成员类

1．非静态成员类

成员类是指作为外围类的一个成员的类。该类与其外围类的其他数据成员和方法成员是并列存在的。

成员类分为静态成员类和非静态成员类，那些以 static 修饰的就是静态成员类，那些没有以 static 修饰的就是普通的内部类，如图 3-6 所示。

引入成员类后的作用域：外围类的作用域覆盖了整个成员类，所以成员类可直接访问外围类的所有成员（甚至包括私有成员）。但是成员类本身的作用域并未扩展到其外围类，在外围类中不可直接访问其成员类的成员（即使是公有的）。所以，对于内部类只能通过其对象实例访问其公有成员。对于静态类，分别通过类名和对象实例访问公有成员。

是否拥有外围对象实例，这是内部类与静态类的区别所在！内部类的外围类的对象实例称为该内部类对象实例的外围对象实例。

在对象的创建这个问题上要注意：内部类的对象实例必须通过其外围类的对象实例创建。内部类的每一对象实例都必须与一个外围对象实例相关联。每一内部类对象实例的状态都包含了其外围对象实例的状态。

【例 3-60】 成员内部类 1。

```
class Outer {
	private int x = 1;
	public void print( ) {
		Inner inner = new Inner( );
		inner.display( );
		// System.out.println("Outer: " + y++);     // 外围类不能访问内部类的成员 y
	}
	class Inner {
		private int y = 2;
		private void display( ) {
			System.out.println("Inner: " + x++);
		}
	}
}
public class NestedClasses{
	public static void main(String[ ] args) {
		Outer outer = new Outer( );
		outer.print( );
	}
}
```

运行结果如下：

```
Inner: 1
```

例 3-60 中，外围类的 print 方法中注释掉的语句是会引发编译错误的。因为其访问了内部类 Inner 的数据成员 y，这是不被允许的。反之，内部类的 display 方法中输出显示外围类的数据成员 x 是正确的。因为内部类与外围类的某项成员是并列的关系，地位平等，相当于是类的成员之间的相互访问，所以是可以的。

【例 3-61】 成员内部类 2。

```
class Outer {
	private int i = 0;
	public Outer(int i) {
		this.i = i;
	}
	public void print( ) {
		System.out.println("Outer: " + i);
	}
	public class Inner {                    // 内部类
		private int j = 0;
		public Inner(int j) {
			this.j = j;
		}
		public void print( ) {
			System.out.println("Inner: " + i + ", " + j);
		}
```

```
        }
    }
    public class TestInner {
        public static void main(String[ ] args) {
            Outer outer = new Outer(10);
            outer.print( );
            Outer.Inner inner = outer.new Inner(20);
            // Outer.Inner inner = new Outer.Inner(20);        // 此处是错误的。
            inner.print( );
        }
    }
```

运行结果如下：

```
Outer: 10
Inner: 10, 20
```

在例 3-61 中，要注意必须首先创建外围类对象，然后才可通过它创建内部类对象。关键字 new 需要放在外围类对象与“.”运算符之后，而“.”运算符之前必须是外围类的对象名，并非外围类名。也就是说，对于普通成员类来说，如下写法都是错的：

```
Outer.Inner inner = new Outer.Inner(20);
Outer.Inner inner = new outer.Inner(20);
Outer.Inner inner = Outer.new Inner(20);
```

2．静态成员类

除了普通成员类，在内部类的前面加上 static，就构成了静态成员类，简称静态类。静态成员类相当于外围类的一个静态成员，地位等同于外围类的静态方法。其优点在于允许在成员类中声明静态成员。对于静态类，需要牢记如下的几条特点：

① 实例化静态类时，在 new 前面不需要用对象变量；

② 静态类中只能访问其外部类的静态成员；

③ 在外围类的静态方法中实例化一个非静态类，必须加前缀（前缀即外围类的对象实例）。

对于第①点：静态类等同于外围类的一个静态成员。参照类中静态成员的特点，类的静态成员是属于类的成员，可以直接通过类名进行访问。故而静态成员类在实例化时不需要使用外围类的对象，可以直接进行实例化。

对于第②点：既然静态类是外围类的一个静态成员，那么肯定要遵守静态成员只能访问静态成员的规定。

对于第③点，请见例 3-62。

【例 3-62】 外围类中实例化内部类。

```
public class TestStaticClass {
    public class Inner {                        // 内部类
    }
    public static class StaticInner{            // 静态类
    }
```

```
        public static void main(String[ ] args) {
            new StaticInner( );                    // 此处可正确编译
            // new Inner( );                       // 此处编译错误
            TestStaticClass test = new TestStaticClass ( );
            test.new Inner( );                     // 此处在 new 前面添加外围类对象类，即可正确编译
        }
    }
```

3.5.2 局部类

局部类区别于成员类，是指存在于类的某个局部，如某个方法或者某个块语句中，地位等同于某个块语句中的局部变量。局部类的优点是比成员类更简单、更易使用。局部类的作用域仅限于其直接外围代码块。因此局部类不可使用访问控制修饰符 public、protected、private。

由图 3-6 可知，局部类只能是非静态类（见例 3-63）。

【例 3-63】 局部类举例。

```
public class Messenger {
    public Readable getReader(String msg) {
        class Message implements Readable {
            private String message;
            private Message(String msg) {
                message = msg;
            }
            public String read( ) {
                return message;
            }
        }
        return new Message(msg);
    }
}
```

3.5.3 匿名类

匿名类是指没有名字的内部类，而且必须是非静态类。匿名类因为没有名字，所以匿名类不能有自己的构造方法。所以在初始化问题上，一般匿名类利用局部变量或形式参数完成初始化。在 GUI 事件编程中以及移动终端应用程序中，大量使用到匿名内部类。匿名类的格式如下：

```
new 父类名或父接口名() {
    …
}
```

由于匿名类没有名字，只能在 new 关键字的后面使用其父类或者父接口的名字，根据向上转型规则，此匿名类可转型成为其父类型（见例 3-64）。

【例 3-64】 匿名类 1。

```
public interface Readable {
    //...
}
public class Messenger{
        public Readable getReader(String msg) {
            return new Readable() {
                private String message = msg;
                public String read() {
                    return message;
                }
            };      // 注意不要少了分号
        }
}
```

如果存在复杂的初始化语句，可以采用初始化块（见例 3-65）。

【例 3-65】 匿名类 2。

```
interface Readable {
    //...
}
public class Messenger {
        public Readable getReader(String msg) {
            return new Readable() {
                private String message = msg;
                {
                    if (message.length() > 8)
                        message += "...";
                }
                public String read() {
                    return message;
                }
            };      // 注意不要少了分号
        }
}
```

3.6　枚举

以上介绍了 Java 中的类与接口的用法，这两种都可作为类型应用在程序中。在 JDK 5 及之后的版本中，Java 语言又新增了枚举类型。枚举类型的用法类似于 C 或 C++里面的枚举类型。在 Java 中，一切都是从类与对象出发的。所以，所有枚举类型都是类 enum 的子类。定义枚举的格式如下：

```
public  enum   Size{ SMALL, MEDIUM, LARGE};
```

引用方式如：Size.SMALL、Size.LARGE 等。

使用枚举的关键技术如下。

- enum 关键字表示枚举类型，它的作用相当于类声明中的 class 关键字。
- 枚举类型不能有 public 的构造方法。所有的枚举都是 public、static、final 的，这些修饰符都是自动加上，无须程序员手动添加。
- 枚举变量之间用“，”分开，每一个枚举类型用分号“；”结束定义。
- 每一个枚举值是一个枚举类型的实例。
- 可以在枚举类型中定义非枚举值变量，这些变量可以使用任何修饰符。
- 变量和方法的定义必须在枚举值后面定义。

具体枚举类型的用法，请见例 3-66。

【例 3-66】 枚举的应用。

```
public class TestEnum {
    /* 最普通的枚举 */
    public enum ColorSelect {
        red, green, yellow, blue;
    }
    /* 枚举也可以像一般的类一样添加方法和属性，可以为它添加静态和非静态的属性或方法，这
一切都像在一般的类中做的那样. */
    public enum Season {
        // 枚举列表必须写在最前面，否则编译出错
        winter, spring, summer, fall;
        private final static String location = "Phoenix";
        public static Season getBest() {
            if (location.equals("Phoenix")){
                return winter;
            }else{
                return summer;
            }
        }
    }
    /* 还可以有构造方法 */
    public enum Temp {
        /*通过括号赋值，而且必须有带参构造方法和一属性跟方法，否则编译出错 赋值必须是都
赋值或都不赋值，不能一部分赋值一部分不赋值，如果不赋值则不能写构造方法，赋值编译也出错 */
        absoluteZero(-459), freezing(32), boiling(212), paperBurns(451);
        private final int value;
        public int getValue() {
            return value;
        }
        // 构造方法默认也只能是 private, 从而保证构造函数只能在内部使用
        Temp(int value) {
            this.value = value;
        }
    }
    public static void main(String[ ] args) {
```

```
        /*枚举类型是一种类型，用于定义变量，以限制变量的赋值 赋值时通过"枚举名.值"来取得
相关枚举中的值*/
        ColorSelect m = ColorSelect.blue;
        switch (m) {
        /*注意:枚举重写了 toString()方法，所以枚举变量的值是不带前缀的，所以此处 m 的值为
blue，而非 ColorSelect.blue */
        case red:
            System.out.println("color is red");
            break;
        case green:
            System.out.println("color is green");
            break;
        case yellow:
            System.out.println("color is yellow");
            break;
        case blue:
            System.out.println("color is blue");
            break;
        }
        System.out.println("遍历 ColorSelect 中的值");
        /* 通过 values()方法获得枚举值的数组 */
        for (ColorSelect c : ColorSelect.values()) {
            System.out.println(c);
        }
        System.out.println("枚举 ColorSelect 中的值有：" + ColorSelect.values().length  + "个");
        /* ordinal()方法返回枚举值在枚举中的索引位置，从 0 开始 */
        System.out.println(ColorSelect.red.ordinal());        // 0
        System.out.println(ColorSelect.green.ordinal());      // 1
        System.out.println(ColorSelect.yellow.ordinal());     // 2
        System.out.println(ColorSelect.blue.ordinal());       // 3

        /* 枚举默认实现了 java.lang.Comparable 接口 */
        System.out.println(ColorSelect.red.compareTo(ColorSelect.green));
        System.out.println(Season.getBest());
        for (Temp t : Temp.values()) {
            /* 通过 getValue()取得相关枚举的值 */
            System.out.println(t + "的值是" + t.getValue());
        }
    }
}
```

运行结果如下：

```
color is blue
遍历 ColorSelect 中的值
red
green
```

```
yellow
blue
枚举 ColorSelect 中的值有：4 个
0
1
2
3
-1
winter
absoluteZero 的值是-459
freezing 的值是 32
boiling 的值是 212
paperBurns 的值是 451
```

例 3-66 详细讲述了 Java 中枚举类型的各种应用，包括怎样定义、怎样使用等。Java 的枚举类型中不仅可以声明变量，也可以声明方法和变量，包括构造方法。在使用上也有很多继承自 enum 类的方法，包括例中出现的 values()和 ordinal()方法，很方便地进行枚举的遍历等操作。关于这些，读者可自行查阅 Java 的 API 手册，此处不再赘述。

3.7 反射

3.7.1 反射机制的概念

Java 反射机制是 Java 语言的一个重要特性。在学习 Java 反射机制前，大家应该先了解两个概念，编译期和运行期。

编译期是指把源码交给编译器编译成计算机可以执行的文件的过程。在 Java 中也就是把 Java 代码编成 class 文件的过程。编译期只是做了一些翻译功能，并没有把代码放在内存中运行起来，而只是把代码当成文本进行操作，比如检查错误。运行期是把编译后的文件交给计算机执行，直到程序运行结束。所谓运行期就把在磁盘中的代码放到内存中执行起来。

Java 反射机制是在运行状态中，对于任意一个类都能知道这个类的所有属性和方法；对于任意一个对象，都能调用它的任意方法和属性；这种动态获取信息及动态调用对象方法的功能称为 Java 语言的反射机制。简单来说，反射机制指的是程序在运行时能够获取自身的信息。在 Java 中，只要给定类的名字，就可以通过反射机制来获得类的所有信息。

Java 反射机制在服务器程序和中间件程序中得到了广泛运用。在服务器端，往往需要根据客户的请求，动态调用某一个对象的特定方法。此外，在 ORM 中间件的实现中，运用 Java 反射机制可以读取任意一个 JavaBean 的所有属性，或者给这些属性赋值。

Java 反射机制主要提供了以下功能，这些功能都位于 java.lang.reflect 包中。

① 在运行时判断任意一个对象所属的类。

② 在运行时构造任意一个类的对象。

③ 在运行时判断任意一个类所具有的成员变量和方法。

④ 在运行时调用任意一个对象的方法。

⑤ 生成动态代理。

要想知道一个类的属性和方法，必须先获取到该类的字节码文件对象。获取类的信息时，使用的就是 Class 类中的方法。所以先要获取到每一个字节码文件（.class）对应的 Class 类型的对象. 众所周知，所有 Java 类均继承了 Object 类，在 Object 类中定义了一个 getClass( ) 方法，该方法返回同一个类型为 Class 的对象。例如，下面的示例代码：

```
Class MyAccount = Zhang3.getClass( );   // Zhang3 为 Account 类的对象
```

利用 Class 类的对象 MyAccount 可以访问 MyAccount 对象的描述信息、Account 类的信息以及基类 Object 的信息。

表 3-5 列出了通过反射机制可以访问的信息。

表 3-5　反射可访问的常用信息

类型	访问方法	返回值类型	说明
包路径	getPackage( )	Package 对象	获取该类的存放路径
类名称	getName( )	String 对象	获取该类的名称
继承类	getSuperclass( )	Class 对象	获取该类继承的类
实现接口	getInterfaces( )	Class 型数组	获取该类实现的所有接口
构造方法	getConstructors( )	Constructor 型数组	获取所有权限为 public 的构造方法
	getDeclaredContruectors( )	Constructor 对象	获取当前对象的所有构造方法
方法	getMethods( )	Methods 型数组	获取所有权限为 public 的方法
	getDeclaredMethods( )	Methods 对象	获取当前对象的所有方法
成员变量	getFields( )	Field 型数组	获取所有权限为 public 的成员变量
	getDeclareFileds( )	Field 对象	获取当前对象的所有成员变量
内部类	getClasses( )	Class 型数组	获取所有权限为 public 的内部类
	getDeclaredClasses()	Class 型数组	获取所有内部类
内部类的声明类	getDeclaringClass( )	Class 对象	如果该类为内部类，则返回它的成员类，否则返回 null

Java 反射机制非常灵活，但是在使用中也要注意其优点和缺点。

其优点主要有：

- 能够运行时动态获取类的实例，大大提高系统的灵活性和扩展性；
- 与 Java 动态编译相结合，可以实现无比强大的功能；
- 对于 Java 这种先编译再运行的语言，能够让我们很方便地创建灵活的代码，这些代码可以在运行时装配，无需在组件之间进行源代码的链接，更加容易实现面向对象。

其缺点主要有：

- 反射会消耗一定的系统资源，因此，如果不需要动态地创建一个对象，那么就不需要用反射；
- 反射调用方法时可以忽略权限检查，获取这个类的私有方法和属性，因此可能会破坏类的封装性而导致安全问题。

3.7.2 反射机制的使用

实现 Java 反射机制的类都位于 java.lang.reflect 包中。java.lang.Class 类是 Java 反射机制 API 中的核心类。本节将从这两个方面讲解 Java 反射机制的使用。

1. java.lang.Class 类

java.lang.Class 类是实现反射的关键所在。Class 类的一个实例表示 Java 的一种数据类型，包括类、接口、枚举、注解（annotation）、数组、基本数据类型和 void。Class 没有公有的构造方法。Class 实例是由 JVM 在类加载时自动创建的。

每一种类型包括类和接口等，都有一个 class 静态变量可以获得 Class 实例。另外，每一个对象都有 getClass() 方法可以获得 Class 实例，该方法是由 Object 类提供的实例方法。Class 类提供了很多方法可以获得运行时对象的相关信息，例 3-67 中的程序代码展示了其中一些方法。

【例 3-67】 Class 类的应用。

```
public class ReflectionTest01 {
    public static void main(String[ ] args) {
        // 获得 Class 实例
        // 1.通过类型 class 静态变量
        Class clz1 = String.class;
        String str = "Hello";
        // 2.通过对象的 getClass( )方法
        Class clz2 = str.getClass( );
        // 获得 int 类型 Class 实例
        Class clz3 = int.class;
        // 获得 Integer 类型 Class 实例
        Class clz4 = Integer.class;
        System.out.println("clz2 类名称：" + clz2.getName( ));
        System.out.println("clz2 是否为接口：" + clz2.isInterface( ));
        System.out.println("clz2 是否为数组对象：" + clz2.isArray( ));
        System.out.println("clz2 父类名称：" + clz2.getSuperclass( ).getName( ));
        System.out.println("clz2 是否为基本类型：" + clz2.isPrimitive( ));
        System.out.println("clz3 是否为基本类型：" + clz3.isPrimitive( ));
        System.out.println("clz4 是否为基本类型：" + clz4.isPrimitive( ));
    }
}
```

运行结果如下：

```
clz2 类名称：java.lang.String
clz2 是否为接口：false
clz2 是否为数组对象：false
clz2 父类名称：java.lang.Object
clz2 是否为基本类型：false
clz3 是否为基本类型：true
clz4 是否为基本类型：false
```

注意，上述代码第 10 行和第 12 行的区别。int 是基本数据类型，所以输出结果为 true；Integer 是类，是引用数据类型，所以输出结果为 false。

2．java.lang.reflect 包

java.lang.reflect 包提供了在反射机制中使用类的相关方法和成员，其主要的类说明如下。

Constructor 类：提供类的构造方法信息。

Field 类：提供类或接口中成员变量信息。

Method 类：提供类或接口成员方法信息。

Array 类：提供动态创建和访问 Java 数组的方法。

Modifier 类：提供类和成员访问修饰符信息。

【例 3-68】 reflect 包的应用。

```
public class ReflectionTest02 {
    public static void main(String[ ] args) {
        try {
            // 动态加载 xx 类的运行时对象
            Class c = Class.forName("java.lang.String");
            // 获取成员方法集合
            Method[ ] methods = c.getDeclaredMethods( );
            // 遍历成员方法集合
            for (Method method : methods) {
                // 打印权限修饰符，如 public、protected、private
                System.out.print(Modifier.toString(method.getModifiers( )));
                // 打印返回值类型名称
                System.out.print(" " + method.getReturnType( ).getName( ) + " ");
                // 打印方法名称
                System.out.println(method.getName( ) + "( );");
            }
        } catch (ClassNotFoundException e) {
            System.out.println("找不到指定类");
        }
    }
}
```

上述代码通过 Class 的静态方法 forName(String)创建该类的运行时对象，其中的参数是类全名字符串。如果在类路径中找不到这个类则抛出 ClassNotFoundException 异常（异常处理相关内容详见第 4 章）。在通过 Class.forName 创建了 String 类运行时对象之后，再使用其实例方法 getDeclaredMethods( )返回该类的成员方法对象数组，再遍历其成员方法集合，其中的元素是 Method 类型。method.getModifiers( )以整数形式返回此 Method 对象所表示方法的 Java 语言修饰符。例如 1 代表 public，这些数字代表的含义可以通过 Modifier.toString(int)方法转换为字符串。通过 Method 的 getReturnType( )方法获得方法返回值类型，然后再调用 getName( )方法返回该类型的名称。最后由 method.getName( )返回方法名称。

另外，Java 反射机制还可以访问构造方法、普通方法和成员变量。具体方法在此不详细讨论，读者可自行学习。

3.8 注解

3.8.1 注解概念及作用

“注解”一词来源于单词“Annotation”。注解区别于注释，“注释”一词来源于英文单词“Comment”，具体指的是前文所讲述过的“//”、“/**...*/”和“/*...*/”等符号的用法。

在 JDK 5 之后的版本可以在源代码中嵌入一些补充信息，这种补充信息被称为注解（Annotation），这是 Java 平台中非常重要的一部分。注解以@符号开头，例如前文在学习方法重写时使用过的@Override 注解。与 Class 和 Interface 一样，注解也属于一种类型。

注解并不能改变程序的运行结果，也不会影响程序运行的性能。有些注解可以在编译时给用户提示或警告，有的注解可以在运行时读写字节码文件信息。注解可以元数据这个词来描述，即一种描述数据的数据。所以可以说注解就是源代码的元数据。例如以下代码：

```
@Override
public String toString() {
    return " Java 教程";
}
```

上面的代码重写了 Object 类的 toString()方法并使用了@Override 注解。如果不使用@Override 注解标记代码程序也能够正常执行，那么这样写有什么好处呢？事实上，使用@Override 注解就相当于告诉编译器这个方法是一个重写方法，如果父类中不存在该方法，编译器便会报错，提示该方法没有重写父类中的方法。这样可以防止不小心拼写错误避免造成麻烦。

注解常见的作用有以下几种。

① 生成帮助文档。这是最常见的，也是 Java 最早提供的注解。常用的有 @see、@param 和 @return 等。

② 跟踪代码依赖性，实现替代配置文件功能。比较常见的是 Spring 2.5 开始的基于注解配置，作用就是减少配置。现在的框架基本都使用了这种配置来减少配置文件的数量。

③ 在编译时进行格式检查，如把@Override 注解放在方法前，如果这个方法并不是重写了父类方法，则编译时就能检查出。

无论是哪一种注解本质上都一种数据类型，是一种接口类型。到 JDK8 为止，Java SE 提供了 11 个内置注解。其中有 5 个是基本注解，它们来自于 java.lang 包，有 6 个是元注解，它们来自 java.lang.annotation 包。自定义注解会用到元注解，元注解是用来对注解类型进行注解的注解类。

基本注解包括：@Override、@Deprecated、@SuppressWarnings、@SafeVarargs 和 @FunctionalInterface。后面会逐一介绍。

3.8.2　注解的使用

1．@Override 注解

Java 中 @Override 注解是用来指定方法重写的，只能修饰方法并且只能用于方法重写，不能修饰其他的元素。它可以强制一个子类必须重写父类方法或者实现接口的方法。使用 @Override 注解示例代码如下：

```
public class Person {
    private String name = "";
    private int age;
    ...
    @Override
    public String t0String() { //尝试重写 Object 类的 toString()方法
        return "Person [name=" + name + ", age=" + age + "]";
    }
}
```

该例为重写 Object 类的 toString()方法。该方法使用@Override 注解。如果 toString() 不小心写成了 t0String()，程序会发生编译错误。当然如果代码中的方法前面不加 @Override 注解，即便是方法名编辑错误了，编译器也不会有提示。

@Override 注解在 3.3.7 节方法重定义方法中已经有所介绍，故不再赘述。

2．@Deprecated 注解

Java 中的@Deprecated 注解可以用来注解类、接口、成员方法和成员变量等，用于表示某个元素（类、方法等）已过时。当其他程序使用已过时的元素时，编译器将会给出警告。

【例 3-69】 @Deprecated 注解的使用。

```
@Deprecated
public class Person {
    @Deprecated
    protected String name;
    private int age;
    public String getName() {
        return name;
    }
    public void setName(String name) {
        this.name = name;
    }
    public int getAge() {
        return age;
    }
    public void setAge(int age) {
        this.age = age;
    }
    @Deprecated
    public void setNameAndAge(String name, int age) {
```

```
        this.name = name;
        this.age = age;
    }
    @Override
    public String toString( ) {
        return "Person [name=" + name + ", age=" + age + "]";
    }
}
```

例 3-69 中的第 2 行类 Person、第 4 行的成员变量 name 和第 19 行的 setNameAndAge 方法都被@Deprecated 注解。在 Eclipse 中这些被注解的 API 都会被画上删除线。调用这些 API 代码也会有删除线。

JDK9 版本开始为@Deprecated 注解增加了以下两个属性。

① forRemoval：该 boolean 类型的属性指定该 API 在将来是否会被删除。

② since：该 String 类型的属性指定该 API 从哪个版本被标记为过时。

例如：

```
class Test {
    // since 属性指定从哪个版本开始被标记成过时，forRemoval 指定该 API 将来会被删除
    @Deprecated(since = "9", forRemoval = true)
    public void print( ) {
        System.out.println("这里是 Java 程序设计！");
    }
}

public class DeprecatedTest {
    public static void main(String[ ] args) {
        // 下面使用 print( )方法时将会被编译器警告
        new Test( ).print( );
    }
}
```

3．@SuppressWarnings 抑制编译器警告

Java 中的@SuppressWarnings 注解指示被该注解修饰的程序元素（以及该程序元素中的所有子元素）取消显示指定的编译器警告，且会一直作用于该程序元素的所有子元素。如果确认程序中的警告没有问题，可以不用理会。

注解的使用有以下三种。

① 抑制单类型的警告：

```
@SuppressWarnings("unchecked")
```

② 抑制多类型的警告：

```
@SuppressWarnings("unchecked","rawtypes")
```

③ 抑制所有类型的警告：

```
@SuppressWarnings("unchecked")
```

抑制警告的关键字如表 3-6 所示。

表 3-6　抑制警告的关键字列表

关 键 字	用 途
all	抑制所有警告
boxing	抑制装箱、拆箱操作时候的警告
cast	抑制映射相关的警告
dep-ann	抑制启用注释的警告
deprecation	抑制过期方法警告
fallthrough	抑制在 switch 中缺失 breaks 的警告
finally	抑制 finally 模块没有返回的警告
hiding	抑制相对于隐藏变量的局部变量的警告
incomplete-switch	忽略不完整的 switch 语句
nls	忽略非 nls 格式的字符
null	忽略对 null 的操作
rawtypes	使用 generics 时忽略没有指定相应的类型
restriction	抑制禁止使用劝阻或禁止引用的警告
serial	忽略在 serializable 类中没有声明 serialVersionUID 变量
static-access	抑制不正确的静态访问方式警告
synthetic-access	抑制子类没有按最优方法访问内部类的警告
unchecked	抑制没有进行类型检查操作的警告
unqualified-field-access	抑制没有权限访问的域的警告
unused	抑制没被使用过的代码的警告

例如：

```
public class HelloWorld {
    @SuppressWarnings({ "deprecation" })
    public static void main(String[ ] args) {
        Person p = new Person( );
        p.setNameAndAge("Java 程序设计", 20);
        p.name = "Java 教程";
    }
}
```

在加了@SuppressWarnings({ "deprecation" })之后，本来被划掉的由@Deprecated 注解过的内容当然还是会被划掉，但是在 Eclipse 中代码左边的黄色警告标志就没有了。

4．@SafeVarargs 注解

【例 3-70】 @SafeVarargs 注解的使用。

```
public class HelloWorld {
    public static void main(String[ ] args) {
        // 传递可变参数，参数是泛型集合
        display(10, 20, 30);
```

```
        // 传递可变参数，参数是非泛型集合
        display("10", 20, 30);   // 没有@SafeVarargs 会有编译警告
    }

    @SafeVarargs
    public static <T> void display(T... array) {
        for (T arg : array) {
            System.out.println(arg.getClass( ).getName( ) + "：" + arg);
        }
    }
}
```

例 3-70 中代码第 4 行声明了一种可变参数方法 display。display 方法参数个数可以变化，它可以接受不确定数量的相同类型的参数。可以通过在参数类型名后面加入省略号的方式来表示这是可变参数。由于可变参数方法中的参数类型相同，故为此声明参数是需要指定泛型类型 T。

但是调用可变参数方法时，应该提供相同类型的参数，代码“display(10, 20, 30);”调用时没有警告，而代码“display("10", 20, 30);”调用时则会发生警告，这个警告是 unchecked（未检查不安全代码），就是因为将非泛型变量赋值给泛型变量所发生的不安全现象。为了解决这个警告问题，应在可变参数 display 前添加了 @SafeVarargs 注解，当然也可以使用 @SuppressWarnings("unchecked") 注解，但是两者相比较来说 @SafeVarargs 注解更适合。

注意：@SafeVarargs 注解不适用于非 static 或非 final 声明的方法，对于未声明为 static 或 final 的方法，如果要抑制 unchecked 警告，可以使用 @SuppressWarnings 注解。

5．@FunctionalInterface 注解

如果接口中只有一个抽象方法（可以包含多个默认方法或多个 static 方法），那么该接口就是函数式接口。@FunctionalInterface 就是用来指定某个接口必须是函数式接口。所以@ FunctionalInterface 只能修饰接口，不能修饰其他程序元素。

函数式接口就是为 JDK8 的 Lambda 表达式准备的。JDK8 允许使用 Lambda 表达式创建函数式接口的实例，因此 JDK8 专门增加了@FunctionalInterface。该注解在例 3-54 中已经有所讲解，故此处不再赘述。

除以上五种基本注解之外，Java 还有若干元注解，还可以自定义注解，并可以使用反射机制获得注解的相关信息。限于篇幅，不再详述，读者可自行学习。

总结

本章讲述了 Java 面向对象实现，是 Java 技术的核心内容。类和对象是一个抽象的概念，类包括属性和行为。通俗地讲：类是对象的抽象，对象是类的实例。在 Java 中，对象是以类作为模板的形式实现的。对象的属性是以类变量或实例变量的形式来实现的，行为的实现是通过类的方法来实现的。面向对象的特征包括封装与信息隐藏、数据抽象、继承和多态。面向对象程序设计方法的优点是：可重用性、可扩展性和可管理性。

类 class 前的修饰符分为访问控制符和非访问控制符两大类。访问控制符包括 public 和

private。非访问控制符包括 final（最终）、abstract（抽象）。final 类是最终类，不能有子类。抽象类本身没有具体对象，需要派生出子类后再创建子类的对象，而最终类不可能有子类，因此 abstract 和 final 不能同时修饰一个类。如果一个类中含有抽象方法，则此类必须为抽象类。抽象类的子类必须实现抽象父类中的所有抽象方法，否则该子类也必须声明为抽象类。抽象方法不能是 static 方法和 final 方法。抽想方法只有方法头声明，没有方法体。

创建一个类的对象的语法为：类名 对象名=new 构造方法(参数);　构造方法没有返回类型，也不能写 void，主要用于完成类对象的初始化工作，只能用 new 运算符来调用。如果 class 前面由 public 修饰符，则默认构造方法的前面也应该有 public 修饰符。

this 关键字用在一个方法的内部指代当前对象。当前对象指的是调用当前正在执行的方法的那个对象。super 关键字是直接指向父类的构造方法，用来引用父类的变量和方法。

类中用 static 修饰的属性或方法称为类属性或类方法，它们不属于任何一个类的具体对象实例，不是保存在某个对象实例的内存空间中，而是保存在类的内存区域的公共存储单元中。类属性或类方法即可以用类名方法也可以用对象访问，实例成员则只能用对象来访问。

局部变量是在方法体内声明的，只有当方法被调用时它们才存在，因而只能在本方法内使用。局部变量不存在访问控制符，也不能声明为静态变量，但可以声明为 final 变量。局部变量必须进行初始化。

修饰属性的访问控制符可以是：public、private、protected、private。非访问控制符可以是：static，final。修饰方法的访问控制符可以是：public，protected，default，private。修饰方法的非访问控制符可以是：static，final，abstract。

类中限定为 public 的成员可以被所有的类访问；类中限定为 private 的成员只能在该类中访问；类中限定为 protected 的成员可以被这个类本身、它的子类（包括同一个包中和不同包中的子类），以及同一个包中的其他类访问；默认访问控制符规定只能被同一个包中的类访问和引用，而不能被其他包的类访问，即它的访问权限是 *default*。

abstract 和 private、static、final 不能并列修饰同一个方法。abstract 类中不能有 private 修饰的属性和方法。static 方法不能处理非 static 的属性。

多态包括方法重载和方法重写。方法重载是指一个类中的两个或两个以上的方法名称相同、参数不同（或者是参数个数不同，或者是参数类型不同）。方法重写是指子类中有一个方法和父类中的方法名称相同、参数相同、返回值类型相同，则子类的该方法重写了父类中的方法。

Java 只提供单一继承，即一个父类可有多个子类，但一个子类只有一个直接父类。为弥补这个缺陷，Java 语言提供了接口机制。一个类只能继承一个父类，但可以实现多个接口。

Java 的类中还可以再定义类。在一个类中定义的类称为嵌套类或内部类。嵌套类又分为成员类、局部类、匿名类。

Java 的 JDK 5 版本之后还提供了枚举类型。枚举是一组常量值的集合。枚举中可以定义构造方法和普通方法。枚举的构造方法不能显式调用，是在获得枚举对象时自动调用的。枚举中的方法也可以重载。

Java 反射机制是在运行状态中，对于任意一个类都能够知道这个类的所有属性和方法；

对于任意一个对象，都能够调用它的任意方法和属性；这种动态获取信息以及动态调用对象方法的功能称为 Java 语言的反射机制。

注解是 Java 平台中非常重要的一部分，都是以 @ 符号开头的。注解并不能改变程序的运行结果，也不会影响程序运行的性能。有些注解可以在编译时给用户提示或警告，有的注解可以在运行时读写字节码文件信息。注解可以元数据这个词来描述，即一种描述数据的数据。所以可以说注解就是源代码的元数据。

第 4 章　异常和断言

本章要点：

☑ 异常和异常处理概念
☑ Java 异常处理机制
☑ Java 异常处理的五个关键字：try、catch、finally、throw 和 throws
☑ Java 中多重 catch 和嵌套 try-catch 块的使用
☑ throw 和 throws
☑ 用户自定义异常的使用

Java 具有安全性和可靠性的特点，其中一个原因就是 Java 语言提供了异常处理机制。本章将讲解 Java 的异常处理。

“异常”指的是程序运行时出现的非正常情况。当出现“异常”情况时，系统会引发一个异常对象，Java 的异常处理机制可以对程序运行过程出现的异常进行捕获和处理，并安全终止程序的运行和释放占用的内存空间。程序员应当正确处理程序中的异常情况，以防止程序因意外突然中断而没有释放内存空间。

4.1　异常

Java 的健壮性指 Java 可以将错误最小化并有效地进行处理，但并不意味着所有的错误都能在编译过程中被发现。有的错误在编译时发现不了，却在运行时出现。程序在运行过程中发生错误时将会意外终止，并将控制权返回给操作系统，而对已分配资源的状态保持不变，从而导致内存泄露。例如，在文件写的操作中，如果被写的文件为只读就会发生错误，而此时程序尚未关闭该文件，这样可能会损坏该文件以及无法释放已经分配给该文件的内存资源。要阻止此类情况的发生，需要一个有效的异常处理机制，将先前系统分配的所有内存资源回收。

概念和定义：

① 在运行时发生的错误就称为“异常”。
② 在运行时捕获这些异常被称为“异常处理”。

【例 4-1】 代码运行时出现异常。

```
public class ExceptionRaised {
    public ExceptionRaised() {        }
    public int calculate( int n1, int n2) {
        //当 n2 为 0 时，会产生算术异常，抛出一个算术异常
        int result = n1 / n2;
```

```
        return result;
    }
    public static void main(String[ ] args) {
        ExceptionRaised obj = new ExceptionRaised( );
        int result = obj.calculate(9, 0);
        System.out.println(result);
    }
}
```

例 4-1 的程序中包含一个除数为零的错误，所以在运行时将产生以下的运行结果：

```
Exception in thread "main" java.lang.ArithmeticException: / by zero
    at ExceptionRaised.calculate(ExceptionRaised.java:12)
    at ExceptionRaised.main(ExceptionRaised.java:18)
```

该运行结果中并没有输出“两数相除的结果是:”这行字符串。其原因是，当执行“int result=n1/n2;”这行代码时出现了除数为零的错误，从而导致程序在运行时非正常中断。这种现象就称为异常。当程序运行时系统检查到除数为零的情况时，它会抛出一个异常对象。该异常对象包含有关该异常的详细信息。例 4-1 中的程序并没有提供任何异常处理代码，所以该异常被 Java 运行时系统的默认处理程序捕获。默认处理程序显示一个描述异常的字符串，打印异常发生处的堆栈轨迹并且终止程序（见以上运行结果）。该程序引发的异常类型是一个名为 ArithmeticException 的算术异常。图 4-1 是 Java 异常机制的模型示意图。Error 类和 Exception 类用于处理 Java 中的错误。它们都继承自 Throwable 类。Throwable 类又继承自根类 Object 类。

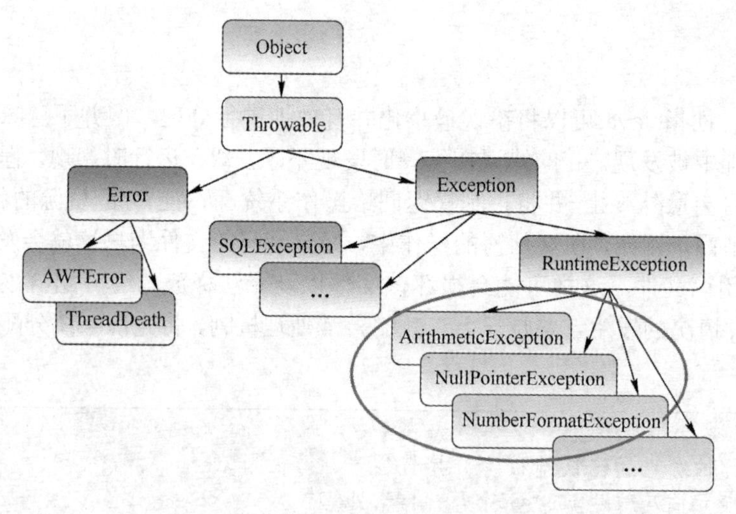

图 4-1　Java 异常类的层次结构

Error 类的错误为系统内部错误，在正常情况下不期望用户的程序捕获它们。Stack 溢出就是这种错误的一个示例。这些错误很罕见，但往往也很致命。除了提醒用户有序地结束程序运行之外，不能对它们进行任何处理。

Exception 类的异常则是程序员应该捕获并处理的异常。Exception 异常类是所有异常类的父类，它的下面有一个重要的子类叫 RuntimeException（运行时异常）。这个子类包含所有常见的运行时异常，如算术异常（ArithmeticException）、数字格式转换异常（NumberFormatException）、数组索引越界异常（ArrayIndexOutOfBoundsException）和空指针异常（NullPointerException）等。

4.2 异常处理

Java 中 Exception 类的异常处理是通过五个关键字来进行的：try、catch、finally、throw 和 throws。要监控异常的代码块放在 try 块里；catch 块用来捕获异常并处理异常；finally 块中的代码无论是否发生异常都将必须执行；throw 关键字用于人为显式地抛出异常；throws 用于在方法声明中回避该方法中不处理的异常。下面分别详细介绍这 5 个关键字的用法。

4.2.1 try...catch 块

一个城市会经常出现交通事故、交通堵塞等。如果等交通事故发生有人报警之后，交警才从驻地出发进行处理就太慢了。所以，一般情况下，会将该城市划分为多个区域，每个区域都安排指定的交警不停地巡逻，一旦发生交通事故或堵塞，区域交警马上就可以进行及时处理，这样就提高了交通管理的效率。

一个程序的运行出现异常也是一样，等异常出现导致程序非正常终止了才来处理就晚了。因此，对可能出现异常的代码块必须要在运行过程中进行随时监控。如例 4-1，可以将两数相除的代码行放进 try 块中进行监控（见例 4-2）。一旦除数为零的异常出现，try 块会在出现异常的这行代码处产生一个异常对象，程序的流程转向可以捕获该异常对象的 catch 块。catch 关键字后面括号中的参数就是捕获到的该异常类型（ArithmeticException）名及该异常对象名（ex）。

【例 4-2】 Java 中除数为零的异常处理。

```
public class ExceptionDemo2 {
    public static void main (String[] args) {
        int n1 = 10;
        int n2 = 0;
        try{
            int result = n1/n2;                              // 需要监控的代码块
            System.out.println ("两数相除的结果是:" + result);
        }catch(ArithmeticException ex){
            System.out.println("出现除数为零的异常");          // 异常处理的代码块
        }
    }
}
```

运行结果如下：

```
出现除数为零的异常
```

try…catch 块是 Java 异常处理机制中最基本的结构，其处理的流程如图 4-2 所示。

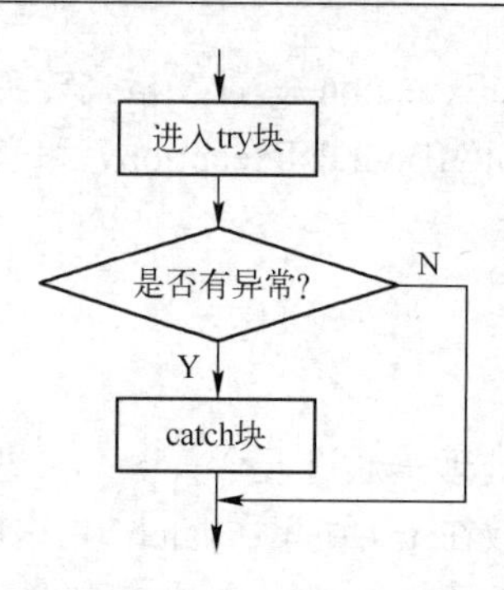

图 4-2 try...catch 块异常处理流程图

规则：

catch 块不能单独使用，必须和 try 块在一起搭配使用。

对于 try...catch 捕获异常的机制相信读者已经清楚了，但是在 catch 块中用哪种异常类型来捕获相应的异常呢？这就像一个城市的管理有诸多方面的问题，总不能全部由一个部门来管理。因此一般情况下，交通部门只管城市交通问题，公安部门只管城市治安问题，税务局只管税务问题。Java 异常处理机制对异常的处理正如一个城市的管理一样，算术异常类只捕获算术异常，数组下标越界异常类只捕获数组下标越界异常。表 4-1 列出常用的 Java 异常类及用途。读者只需了解这些异常类即可，暂时不用过于深究。到以后用到相关异常类的时候，还会有相关叙述。

表 4-1 常用 Java 异常类及用途

异 常	名 称	说 明
Exception	异常的父类	异常层次结构的根类
RuntimeException	运行时异常	许多 java.lang 异常的基类
ArithmeticException	算术异常	算术错误情形，如以零作除数
ArrayIndexOutOfBoundsException	数组下标越界异常	数组大小小于或大于实际的数组大小
NullPointerException	空指针异常	尝试访问 null 对象成员
NumberFormatException	数字格式异常	数字转化格式异常
ClassNotFoundException	相关类找不到异常	不能加载所需的类
IOException	输入/输出异常	I/O 异常的根类
FileNotFoundException	相关文件找不到异常	找不到要读的文件的异常
SQLException	SQL 异常	数据库访问错误或其他错误信息的异常

为了更好地理解如何使用 Java 异常机制来捕获异常，请再看两个捕获异常的例子（见例 4-3 和例 4-4）。

【例 4-3】 Java 中数组下标越界的异常处理。

```
public class ExceptionDemo3 {
    public static void main (String[ ] args) {
        int[ ] ary = {10,20,30,40,50};
        try{
            for (int i = 0; i<6; i++) {
```

```
                System.out.print (ary[i]+"\t");
            }
            System.out.println ();
        }catch(ArrayIndexOutOfBoundsException ex){
            System.out.println("出现数组下标越界异常");
        }
    }
}
```

运行结果如下：

```
10   20   30   40   50   出现数组下标越界异常
```

例 4-3 中，try 块里的代码是想循环打印数组里的元素，但是却错误地访问一个不存在的数组元素 ary[5]。因此当循环到打印 ary[5]时，会产生一个数组下标越界（ArrayIndexOutOfBoundsException）的异常对象。下面的 catch 块刚好声明是捕获 ArrayIndexOutOfBoundsException 类型的异常，所以该异常对象被 catch 块捕获。程序的流程也随之转入到 catch 块中，打印出“出现数组下标越界异常”后正常结束程序的运行。

【例 4-4】 Java 中数字格式异常的处理。

```
public class ExceptionDemo4 {
    public static void main (String[ ] args) {
        String s = "abc";
        try{
            float a=Float.parseFloat(s);
            System.out.println ("你输入的图书价格是：" + a);
        }catch(NumberFormatException ex){
            System.out.println("出现数字格式异常：请输入浮点数");
        }
    }
}
```

运行结果如下：

```
出现数字格式异常：请输入整数
```

例 4-4 中，try 块里的代码是想将字符串变量 s 所代表的字符串“abc”用包装类 Integer 的 parseInt 方法转换成整型。parseInt 方法只能将数字组成的字符串转换为整型，但是对于“abc”这样的字母组成的字符串是无法转换成整型的。因此在执行这行代码时会抛出 NumberFormatException 类异常对象，被下面的 NumberFormatException 类型的 catch 块捕获。程序的流程也随之转入到该 catch 块中，打印输出“出现数字格式异常：请输入整数”之后，正常结束程序的运行。

4.2.2 finally 块

在程序的运行中，有时可能需要处理一种情况，就是无论是否发生异常，有些清理代码（例如：程序在执行过程中遇到异常，要在结束程序之前关闭文件的代码）仍然需要执行。

try…catch 块的运行机制有可能使这些代码不会运行。因此 Java 提供了 finally 块。无论是否发生异常，finally 块中的代码必须执行。finally 块可以确保发生异常时仍然执行系统资源的清理和释放的工作，如关闭文件、关闭数据库连接等。finally 块也不能单独使用，必须和 try 块一起搭配使用。finally 块包含将资源返回给系统的语句或输出消息的语句。如果引发异常，即使没有 catch 块与引发的异常匹配，finally 块也将执行。finally 块是可选的，但每个 try 块应该至少有一个 catch 块或 finally 块。

规则：

1. try 块至少要和 catch 块或 finally 块两者之一搭配。
2. 无论是否发生异常，finally 块中的代码必定执行。

【例 4-5】 finally 块的使用。

```
public class ExceptionDemo5 {
    public static void main (String[ ] args) {
        int n1 = 10;
        int n2 = 0;
        try{
            int result = n1/n2;
            System.out.println ("两数相除的结果是：" + result);
        }catch(ArithmeticException ex){
            System.out.println("除数不能为零");
        }finally{
            System.out.println ("这是 finally 块中的代码，无论是否发生异常必定执行");
        }
    }
}
```

运行结果：

```
除数不能为零
这是 finally 块中的代码，无论是否发生异常必定执行
```

例 4-5 中，try 块里会出现一个算术异常（除数为零）。程序的流程转到 catch 块打印“除数不能为零”，之后程序流程进入 finally 块，打印“这是 finally 块中的代码，无论是否发生异常必定执行”，然后程序正常结束运行。如果变量 n2 的值不是零，try 块中不会出现异常。在执行完 try 块的代码后，程序的流程会直接转到 finally 块，打印“这是 finally 块中的代码，无论是否发生异常必定执行”，然后程序正常结束运行。也就是说，无论 try 块中是否出现异常，finally 块中的代码一定会执行。但是，会有一种情况例外，假如在 catch 块中的“System.out.println("除数不能为零");”的语句之后加一行代码“System.exit(0);”，如下面代码片段所示：

```
try{
    int result = n1/n2;
    System.out.println ("两数相除的结果是：" + result);
}catch(ArithmeticException ex){
```

```
        System.out.println("除数不能为零");
        System.exit(0);    //终止程序的运行
    }finally{
        System.out.println ("这是 finally 块中的代码，无论是否发生异常必定执行");
    }
```

System.exit(0)这条语句的意思是终止程序的运行。try 块出现异常后，程序流程转入 catch 块，输出“除数不能为零”之后，执行“System.exit(0);”（终止程序的运行）。这样一来程序还来不及执行 finally 块中的代码就结束执行了。

当 try 块只和 finally 块搭配而不带任何 catch 块时，程序虽然通过编译，但在程序运行时有可能出现异常而非正常终止，这是因为出现异常时没有 catch 块捕获。

规则：

当 try 块只和 finally 块搭配而不带任何 catch 块时，程序虽然通过编译，但在程序运行时有可能出现异常而非正常终止，这是因为出现异常时没有 catch 块捕获。

4.2.3　多重 catch 块

正如一个城市管理可能会出现多个问题，一段代码也可能引发多个异常。在这种情况下，可使用多重 catch 块。当执行 try 块中代码出现第一个异常时，系统会依次检查每一个 catch 块，第一个与出现的异常类型匹配的 catch 块将会被执行，其他的 catch 块则会被忽略。一旦其中的一个 catch 块被执行后，程序的执行将从 try...catch 代码块以后的代码处继续执行。来看以下一段代码片段：

```
public static void main (String[ ] args) {
    int n1 = Integer.parseInt(args[0]);
    int n2 = Integer.parseInt(args[1]);
    System.out.println ("两数相除的结果是：" + n1/n2);
}
```

思考一下，上面这段代码可能会引发几种异常？第一，该段代码要求用户从命令行输入两个参数，如果用户没有输入参数或者只输入一个，那么在试图访问 args[0]或 args[1]时会引发 ArrayIndexOutOfBoundsException 数组下标越界异常：

```
Exception in thread "main" java.lang.ArrayIndexOutOfBoundsException: 0
        at ExceptionDemo6.main(ExceptionDemo6.java:9)
```

第二，如果用户输入的参数有一个不是整数或者两个都不是整数，则在执行 Integer.parseInt( )的转换时会引发 NumberFormatException 数字格式转换异常：

```
Exception in thread "main" java.lang.NumberFormatException: For input string:"abc" at java.lang.
NumberFormatException.forInputString(NumberFormatException.java: 48)
    at java.lang.Integer.parseInt(Integer.java:447)
    at java.lang.Integer.parseInt(Integer.java:497)
    at ExceptionDemo.main(ExceptionDemo.java:9)
```

第三，如果用户输入的第二个参数是 0，则在执行两数相除时引发 ArithmeticException

算术异常：

```
Exception in thread "main" java.lang.ArithmeticException: / by zero
        at ExceptionDemo6.main(ExceptionDemo.java:11)
```

也就是说，总共可能会出现三种异常。要想解决这类多异常捕获的问题，需要使用多重 catch 块（见例 4-6）。

【例 4-6】 多重 catch 块。

```
public class MultiCatchDemo {
        public static void main(String[ ] args) {
                try {
                        int sum = Integer.parseInt(args[0]);
                        int count = Integer.parseInt(args[1]);
                        int avg=sum/count;
                        System.out.println("平均书价是："+avg);
                }catch(ArrayIndexOutOfBoundsException ex) {
                        System.out.println("数组下标越界异常：需要两个参数");
                }catch(NumberFormatException ex) {
                        System.out.println("数字格式转换异常：需要两个整数");
                }catch(ArithmeticException ex) {
                        System.out.println("算术异常：除数不能为零");
                }
        }
}
```

当用户没有输入参数或者只输入一个参数时，运行结果如图 4-3 所示。

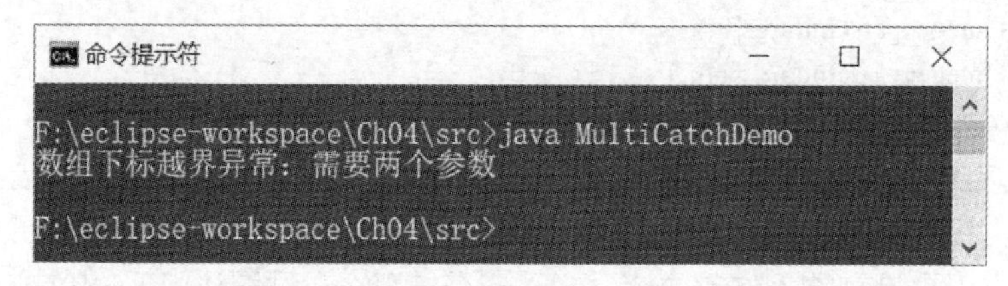

图 4-3　没有输入参数或者只输入一个参数时的运行结果

当用户输入的两个参数中有一个是非整数的字符串时，运行结果如图 4-4 所示。

图 4-4　输入的两个参数中有一个是非整数的字符串时的运行结果

当用户输入的第二个参数是“0”时，运行结果如图 4-5 所示。

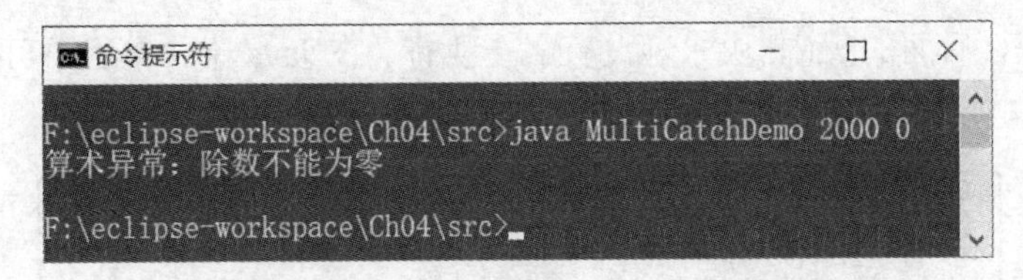

图 4-5　输入的第二个参数是“0”时的运行结果

当用户输入的两个参数都是非零的整数字符串时，运行结果如图 4-6 所示。

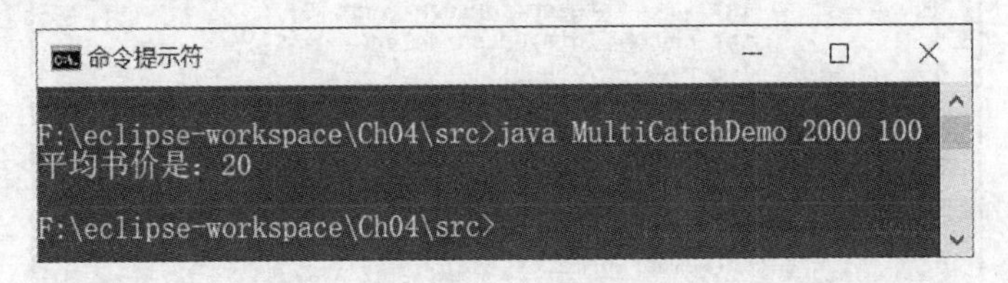

图 4-6　输入的两个参数都是非零的整数字符串时的运行结果

从以上示例可以看出，多重 catch 块的运行机制是：try 块中的代码运行时若引发一个异常（在一个时间点，只会出现一个异常。因为，一旦出现了一个异常，程序流程会立即转向 catch 块，其他异常将没有机会出现），依次匹配下面的 catch 块，然后程序流程将会转到第一个和该异常匹配的 catch 块执行。执行完毕，则退出多重 catch 块，继续执行后续代码。由此可见，多重 catch 块其实只有一个 catch 块被执行。

在 Java 中，捕获父类异常的 catch 块可以捕获任何一个子类异常。因此，当捕获子类异常的 catch 块和捕获父类异常的 catch 块一起使用时，必须把子类异常的 catch 块放在父类异常 catch 块的前面。如果将父类异常的 catch 块放在子类异常 catch 块的前面，子类异常 catch 块就成为永远不可能执行的代码。在 Java 中，出现永远无法执行的代码是一种错误，将不能通过编译。在例 4-6 中，如果多加一个 Exception 父类异常的 catch 块，同时将该 Exception 父类的 catch 块放在其他子类异常 catch 块的前面，如下面代码片段所示：

```
try {
        int sum= Integer.parseInt(args[0]);
        int count= Integer.parseInt(args[1]);
        int avg=sum/count;
        System.out.println("平均书价是："+avg);
}catch(Exception ex) {
        System.out.println("其他异常");
}catch(ArrayIndexOutOfBoundsException ex) {
        System.out.println("数组下标越界异常：需要两个参数");
}catch(NumberFormatException ex) {
        System.out.println("数字格式转换异常：需要两个整数");
}catch(ArithmeticException ex) {
        System.out.println("算术异常：除数不能为零");
}
```

当程序遇到数组下标越界的异常时，Exception 类异常的 catch 块已经捕获该异常，后面其他 catch 块永远没有机会执行。事实上，无论 try 块中发生哪一种异常都会被 Exception 类异常的 catch 块捕获，后面的 catch 块永远没有机会执行。在 Java 中，永远不可能执行的代码是无法通过编译的（如图 4-7 所示）。

```
MultiCatchDemo.java ×
 1 /**
 2  * 多重catch块处理多种异常
 3  * @author 北京理工大学珠海学院 计算机学院
 4  */
 5 public class MultiCatchDemo {
 6     public static void main(String[] args) {
 7         try {
 8             int sum= Integer.parseInt(args[0]);
 9             int count= Integer.parseInt(args[1]);
10             int avg=sum/count;
11             System.out.println("平均书价是: "+avg);
12         }catch(Exception ex) {
13             System.out.println("其他异常");
14         }catch(ArrayIndexOutOfBoundsException ex) {
15             System.out.println("数组下标越界异常: 需要两个参数");
16         }catch(NumberFormatException ex) {
17             System.out.println("数字格式转换异常: 需要两个整数");
18         }catch(ArithmeticException ex) {
19             System.out.println("算术异常: 除数不能为零");
20         }
21     }
22 }
```

图 4-7 父类异常 catch 块放在子类 catch 块前面出现编译错误

正确的做法是将 Exception 类异常的 catch 块放到最后，完整的代码及效果如图 4-8 所示。

```
MultiCatchDemo.java ×
 1 /**
 2  * 多重catch块处理多种异常
 3  * @author 北京理工大学珠海学院 计算机学院
 4  */
 5 public class MultiCatchDemo {
 6     public static void main(String[] args) {
 7         try {
 8             int sum= Integer.parseInt(args[0]);
 9             int count= Integer.parseInt(args[1]);
10             int avg=sum/count;
11             System.out.println("平均书价是: "+avg);
12         }catch(ArrayIndexOutOfBoundsException ex) {
13             System.out.println("数组下标越界异常: 需要两个参数");
14         }catch(NumberFormatException ex) {
15             System.out.println("数字格式转换异常: 需要两个整数");
16         }catch(ArithmeticException ex) {
17             System.out.println("算术异常: 除数不能为零");
18         }catch(Exception ex) {
19             System.out.println("其他异常");
20         }
21     }
22 }
```

图 4-8 父类异常 catch 块放在子类 catch 块的后面

规则：

在多重 catch 块中，父类异常的 catch 块必须放在子类异常的 catch 块的后面。

通常，要使程序健壮且容易调试，程序员应该一直使用异常机制来报告和处理程序中的异常情况。编写 catch 块时应尽可能捕获所有预知的异常情况。仅仅有一条父类 Exception 类的 catch 块处理多种异常并不是一个好的编程习惯。

4.2.4　嵌套 try…catch 块

嵌套 try…catch 块是指一个 try…catch 块被包含在另一个 try 块里面。请看下面这段代码片段：

```
public static void main (String[ ] args) {
    int n = Integer.parseInt(args[0]);
    int square = n*n;
    System.out.println (n + "的平方是：" + square);
}
```

如果运行时没有从命令行输入参数，则会引发 ArrayIndexOutOfBoundsException 类的数组下标越界异常；如果输入的参数不是整数，则会引发 NumberFormatException 类的数字格式异常；如果输入的第二个参数为“0”，则会引发 ArithmeticException 类的算术异常。请看一个嵌套 try…catch 案例。

【例 4-7】 嵌套 try…catch 块。

```
public class NestedTryCatchDemo {
        public static void main(String[ ] args) {
                try {
                        try {
                                try {
                                        int sum= Integer.parseInt(args[0]);
                                        int count= Integer.parseInt(args[1]);
                                        int avg=sum/count;
                                        System.out.println("平均书价是："+avg);
                                }catch(ArrayIndexOutOfBoundsException ex) {
                                        System.out.println("数组下标越界异常：需要两个参数");
                                }
                        }catch(NumberFormatException ex) {
                                System.out.println("数字格式转换异常：需要两个整数");
                        }
                }catch(ArithmeticException ex) {
                        System.out.println("算术异常：除数不能为零");
                }
        }
}
```

当运行时没有在命令行输入参数时，运行结果如图 4-9 所示。

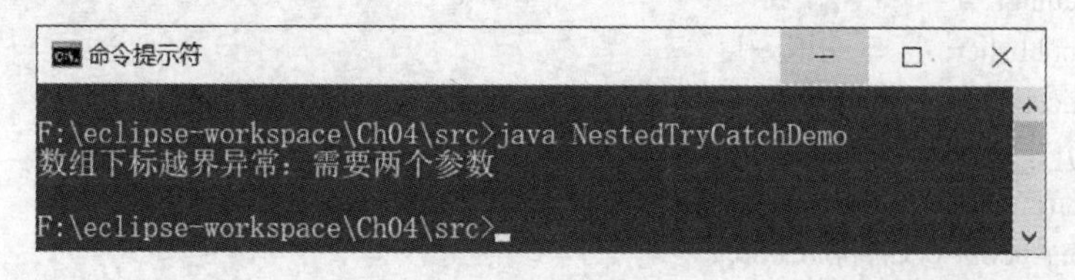

图 4-9　没有在命令行输入参数时的运行结果

当运行时输入的参数其中一个不是整数时，运行结果如图 4-10 所示。

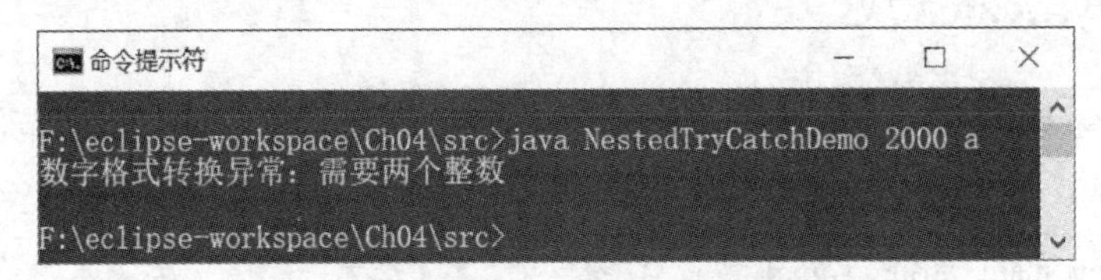

图 4-10 输入的参数不是整数时的运行结果

当运行时输入的第二个参数为“0”时，运行结果如图 4-11 所示。

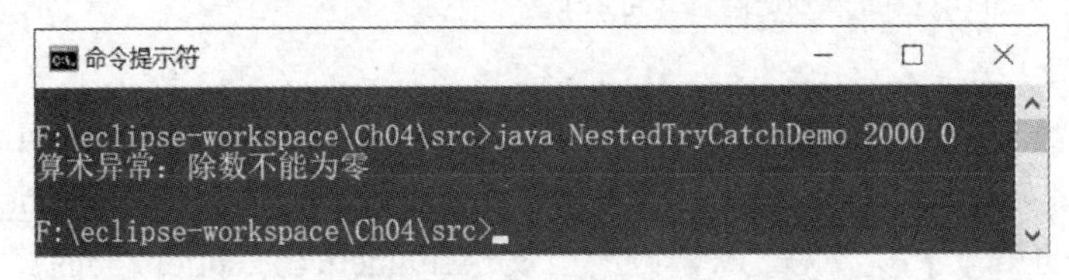

图 4-11 输入的第二个参数为“0”的运行结果

如果内层 try…catch 语句没有与特定异常匹配的 catch 语句，则检查外面的 try…catch 语句的捕获处理程序是否匹配。这将继续执行，直到其中一个 try…catch 语句成功匹配。如果直到整个嵌套 try…catch 语句结束都没有 catch 语句匹配，Java 虚拟机将处理该异常。

细心的读者可能已经发现，嵌套 try…catch 块完成的功能似乎与多重 catch 块一样。当然，这两种处理异常的机制都能完成多重异常捕获和处理功能，是解决一个代码块中出现多个异常的两种解决方案，可以选择两个方案中的任何一个来进行多种异常的处理。

4.2.5 使用 throw 显式引发异常

throw 语句用于手动地、显式地抛出一个异常对象。throw 语句的语法为：

```
throw new 异常类(["异常信息"]);    //字符串“异常信息”是可选的。
```

throw 语句显式地抛出一个异常对象后，执行流程将会检查最近层的 try 块，看它是否有一个 catch 子句与抛出的异常类匹配。如果找到匹配的 catch 块，控制权则转到该语句。如果未找到匹配，则检查下一层 try 语句。此循环将继续直到执行完最外层的异常处理程序。下面来看一个使用 throw 显式引发异常的例子（见例 4-8）。

【例 4-8】 throw 显式引发异常。

```
class Book {
        String bookCode;          //图书编号
        String bookName;          //图书名称
        String author;            //作者
        String publisher;         //出版社
        float price;              //价格
        Book(){    }
        Book(String bookCode,String bookName,String author,String publisher,float price){
                this.bookCode=bookCode;
                this.bookName=bookName;
                this.author=author;
```

```
            this.publisher=publisher;
            this.price=price;
        }
        //计算平均书价的方法
        public void calcAveragePrice( int sum, int count) {
            int avg=0;
            if(count==0) {
                //手动引发一个算术异常
                throw new ArithmeticException("算术异常：除数不能为零");
            }else {
                avg=sum/count;
                System.out.println("平均书价是："+avg);
            }
        }
    }
    public class ThrowDemo {
        public static void main(String[ ] args) {
            Book mb=new Book( );
            try {
                mb.calcAveragePrice(5680, 0);
            }catch(ArithmeticException ex) {
                System.out.println(ex.getMessage( ));
            }
        }
    }
```

运行结果如下：

```
算术异常：除数不能为零
```

以上这个示例中，main 方法里通过 Book 类对象 mb 调用 Book 类的 calcAveragePrice 方法，并传入两个整数参数 5680 和 0。在 calcAveragePrice 方法中，throw 语句抛出一个 ArithmeticException 类的异常对象。程序的流程转向 catch 块后，打印异常的信息，并正常结束程序的运行。

了解了 throw 的用法之后，读者可能会比较迷惑。为什么要人为地、显式地引发异常呢？程序没有出现异常不是很好吗？用 throw 语句显式抛出异常一般可用于程序的调试或者抛出用户自定义异常类的对象。在程序的调试中，可以自己设置一个调试用的 if 条件，当条件成立时，用 throw 语句显式引发指定的异常，输出相应的异常信息。也就是说，如果运行时有相应的异常信息输出，那么指定的调试条件也肯定成立。关于用 throw 语句抛出用户自定义异常将在 4.3 节详细讲解。

4.2.6　使用 throws 回避异常

如果在一个方法中出现了异常，但又不想在该方法中来处理这个异常，可以使用 throws 关键字来告诉方法的使用者该方法有未处理的异常（见例 4-9）。

【例 4-9】 throws 回避异常。

```
class ComputerBook extends Book{
    //重写 Book 父类的 calcAveragePrice 方法
    public void calcAveragePrice(int sum,int count) throws ArithmeticException {
        int avg=0;
        if(count==0) {
            //手动引发算术异常
            throw new ArithmeticException("算术异常：除数不能为零");
        }else {
            avg=sum/count;
            System.out.println("计算机类书的平均书价是："+avg);
        }
    }
}
public class ThrowsDemo {
    public static void main(String[ ] args) {
        ComputerBook mc=new ComputerBook( );
        try {
            mc.calcAveragePrice(3560, 0);
        }catch(ArithmeticException ex) {
            System.out.println("算术异常：除数不能为零");
        }
    }
}
```

用 throws 关键字来指定本方法不进行处理的异常类型，也称作回避异常

在方法的调用处进行异常捕获

运行结果如下：

```
算术异常：除数不能为零
```

例 4-9 中，calcAveragePrice 方法中引发一个 ArithmeticException 类异常，但是又不想在该方法中进行异常的捕获和处理，因此在该方法的参数列表后面使用 throws 关键字来回避该异常，而在 main 方法里调用 calcAveragePrice 方法的地方使用 try…catch 块进行异常的捕获和处理。若要指定回避多个异常类型可以用逗号分隔，如“throws NumberFormatException, ArrayIndexOutOfBoundsException, ArithmeticException”。

子类在重写父类方法时不能回避比父类方法异常范围更大的异常，如图 4-12 所示。

```
1 package pkg;
2 class Book{
3     //所有方法的头部都有一句看不见的默认的回避所有RuntimeException
4     public void calcAveragePrice(int sum,int count) throws RuntimeException {
5         int avg=0;
6         if(count==0) {
7             //手动引发算术异常
8             throw new ArithmeticException("算术异常：除数不能为零");
9         }else {
10            avg=sum/count;
11            System.out.println("平均书价是："+avg);
12        }
13    }
14 }
15 class ComputerBook extends Book{
16     //在方法的头部，用throws回避Exception,大于被重写的父类方法回避异常的范围,报错
17     public void calcAveragePrice(int sum,int count) throws Exception {
18 
19     }
20 }
```

图 4-12 子类回避比父类方法异常范围更大的异常出现编译错误

规则：
子类重写父类方法时不能回避比父类方法异常范围更大的异常。

4.3　用户自定义异常

Exception 和 Error 类提供的内置异常不一定能捕获程序中发生的所有错误，因此有时会需要创建用户自定义异常。另外，根据用户的某些特定要求也可以自己定义异常类型。用户自定义异常类应该是 Exception 类的子类，或是 Exception 子类的子类。

Exception 类未定义自己的任何方法，但从它的父类 Throwable 类继承了其所有的方法。创建的任何用户自定义异常类都将具有 Throwable 类的所有的方法（见例 4-10）。

【例 4-10】 用户自定义异常。

```
//用户自定义异常：非法书价异常，必须继承 Exception（或继承 Exception 的子类）
class IllegalPriceException extends Exception {
    IllegalPriceException( ){    }
    IllegalPriceException(String message){
        super(message);
    }
}
//出版社类
class Publiser{
    //审批书价方法，回避用户自定义的异常
    void approvePrice(int price) throws IllegalPriceException    {
        if(price>0 && price<=500) {
            System.out.println("书价符合要求，批准定价");
        }else {
            //人为一个抛出用户自定义异常 IllegalPriceException
        //（IllegalPriceException 继承 Exception，是检验异常，不用 try-catch 捕获，会报编译错误）
            throw new IllegalPriceException("书价不符合要求，不批准定价");
        }
    }
}
public class UserDefinedExceptionDemo {
    public static void main(String[ ] args) {
        Publiser press=new Publiser( );
        try {
            press.approvePrice(3000);
        } catch (IllegalPriceException e) {//捕获用户自定义异常
            e.printStackTrace( );
        }
    }
}
```

定义用户自定义异常类，必须是 Exception 的子类

用 throw 关键字显式抛出一个用户自定义异常对象

当在 main 方法里调用 approvePrice 方法给的书价参数是“3000”时，运行结果如下：

```
IllegalPriceException: 书价不符合要求，不批准定价
```

```
    at Publiser.approvePrice(UserDefinedExceptionDemo.java:24)
        at UserDefinedExceptionDemo.main(UserDefinedExceptionDemo.java:33)
```

当在 main 方法里调用 approvePrice 方法给的书价参数是“30”时，运行结果如下：

```
书价符合要求，批准定价
```

例 4-10 中，IllegalPriceException 类是一个用户自己定义的异常类，它必须是 Exception 的子类，或是 Exception 某个子类的子类。该程序中规定当书价不在 0～500 元范围内会引发该自定义异常。由于该异常是自定义异常，所以需要用 throw 关键字来手动引发该用户自定义异常（除非该自定义异常是 RuntimeException 的子类）并且需要 try…catch 块来进行异常的捕获和处理。

4.4 检验异常和非检验异常

Java 程序中出现的异常类型可以分为两大类：检验异常（checked exception）和非检验异常（unchecked exception）。检验异常是指程序代码中必须要用 try…catch 捕获的异常，否则无法通过编译。而非检验异常则是不用 try…catch 捕获程序仍可以通过编译的异常。RuntimeException 及其子类都属于非检验异常，其他异常均为检验异常。

Java 程序中，每一个方法都会默认回避 RuntimeException 异常，即每个方法的参数列表后面默认有 throws RuntimeException 语句，main 方法也不例外。如果在方法参数后面用 throws 语句指定回避异常类型，系统也会默认加上回避 RuntimeException。回避的异常由该方法的主调方法来捕获。main 方法回避的所有异常最后交由 Java 虚拟机来处理。

下面来看一个检验异常和非检验异常的例子。

【例 4-11】 检验异常和非检验异常。

```
public class CheckedExceptionDemo {
    //该方法出现 ArithmeticException 异常，属于 RuntimeException 的子类，
    //是非检验异常，不用 try…catch 块捕获也可以通过编译
    static void method1(){
        int n=10/0;
        System.out.println ("n="+n);
    }
    //该方法出现 InterruptedException 异常，不是 RuntimeException 的子类
    //是检验异常，不用 try…catch 块捕获则无法通过编译
    static void method2(){
        throw new InterruptedException ();
    }
    public static void main (String[ ] args) {
        method1();
        method2();
    }
}
```

运行结果如图 4-13 所示。

```
CheckedExceptionDemo.java ×
1 public class CheckedExceptionDemo {
2     //该方法出现ArithmeticException 异常，属于RuntimeException的子类，
3     //是非检验异常，不用try-catch块捕获也可以通过编译
4     static void method1(){
5         int n=10/0;
6         System.out.println ("n="+n);
7     }
8     //该方法出现InterruptedException异常，不是RuntimeException的子类
9     //是检验异常,不用try-catch块捕获则无法通过编译
10    static void method2(){
11        throw new InterruptedException ();
12    }
13    public static void main (String[] args) {
14        method1();
15        method2();
16    }
17 }
```

图 4-13　检验异常不捕获出现编译错误

规则：

RuntimeException 及其子类都是非检验异常，可以由 Java 虚拟机自动捕获的异常，不用 try…catch 捕获不会报编译错误。其他异常都是检验异常，必须要用 try…catch 捕获，否则会出现编译错误。

例 4-11 中的 method1 方法出现一个 ArithmeticException 异常，是 RuntimeException 异常的子类，属于非检验异常。该方法的头部默认有 throws RuntimeException 回避异常语句。因此，不用 try…catch 块来捕获该异常，该方法也能通过编译。

例 4-11 中的 method2 方法用 throw 语句显式抛出一个 InterruptedException 异常。该异常不是 RuntimeException 异常的子类，属于检验异常。该方法的头部也默认有 throws RuntimeException 语句，但是却无法回避 Interrupted Exception 异常。所以，不用 try…catch 块来捕获该异常，该方法无法通过编译。解决方法有两个：一是用 try…catch 块来捕获该 InterruptedException 异常；二是在该方法参数列表后面用 throws 语句回避 InterruptedException 异常，然后在 main 方法调用该方法的地方用 try…catch 块捕获该异常。

方法一：

```
…
void method2(){
    try{
        throw new InterruptedException ();
    }catch(InterruptedException ex){
        System.out.println (ex.getMessage( ));
    }
}
…
```

方法二：

```
…
void method2( ) throws InterruptedException{
    throw new InterruptedException ();
}
public static void main (String[ ] args) {
```

```
        method1( );
        try{
            method2( );
        }catch(InterruptedException ex){
            System.out.println (ex.getMessage( ));
        }
    }
    …
```

4.5 断言

JDK1.4 版本之后，Java 语言中引入了断言（assertion）的概念。断言允许程序员在代码中加入一些合法的检查语句以便于调试程序。Java 的断言机制可以在指定的布尔表达式为假时抛出一个 AssertionError 的对象。一旦有 AssertionError 对象抛出，意味着指定的条件不成立，同时也会导致整个程序无条件终止运行。AssertionError 类型的错误不需要任何的补救和恢复措施。使用断言的好处是程序员不需付出为异常而编写异常处理程序方面的代价（时间和程序开销两个方面）。

假设你写了一个方法，要求传递给该方法的参数不能是负数。当测试或调试时，想验证你的假设，但又不希望使用 if…else 语句或 try…catch 块捕获异常（因为完成调试后，这时还需要删除这些 if…else 语句或打印异常的 print 语句，这些对程序的性能有所影响），这时可以使用断言来验证你的设定。

方法一：使用 if…else 语句。

```
void method(int num){
    if(num>=0)
        System.out.println ("参数为正数");
    else
        System.out.println ("参数为负数");
}
```

方法二：使用 try…catch 块。

```
void method(int num){
    try{
        if(num<0)
            throw new IllegalArgumentException ("参数为负数");
        …
    }catch(MyArgumentException ex){
        System.out.println (ex.getMessage( ));
    }
}
```

以上这两种方法在调试完之后要把这些 if…else 和 try…catch 语句删除，否则会影响程序的性能。这对开发人员带来比较大的麻烦。下面来看如何使用断言来解决这个问题。

【例 4-12】 使用断言。

```
public class ExceptionDemo13 {
    static void method(int num){
      // 如果 num>=0 条件不成立则抛出 AssertError，并显示错误信息
        assert(num>=0):"非法参数，参数应为正数";
        System.out.println ("参数为正数");
    }
    public static void main (String[ ] args) {
      method(-8);
    }
}
```

以上这段代码非常简单，使用 assert 关键字来验证参数 num 是否为正数。如果这个验证的条件 num>=0 不成立,则即刻抛出 AssertionError 的错误，程序也马上无条件终止运行。值得注意的是，含有 assert 关键字的断言程序需要启用断言才能使断言代码起作用。

Java 运行时环境默认设置断言功能是关闭的，因此在使用断言时，需要启用断言功能。简单的做法是编译通过后，在运行含有断言的程序时使用-ea 或者-enableassertions 选项。例如例 4-12 可以在 DOS 命令窗口里输入以下语句编译和运行时启用断言（如图 4-14 所示）。

编译命令：

```
javac ExceptionDemo13.java
```

运行命令：

```
java -ea ExceptionDemo13
```

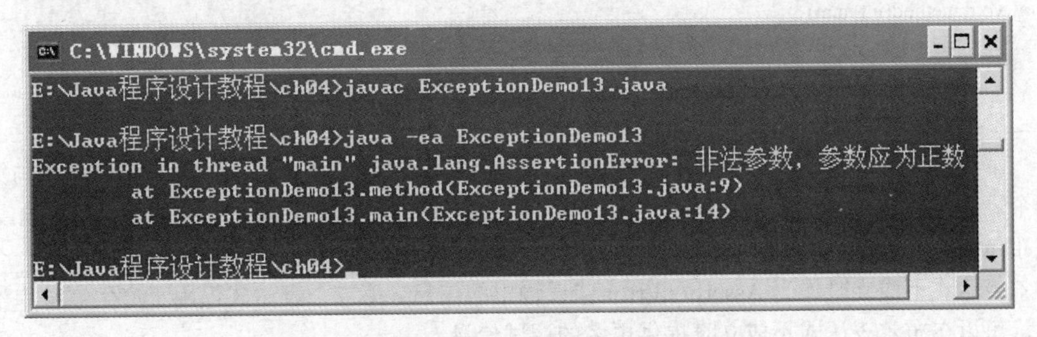

图 4-14　编译和运行含有断言的 Java 程序

相应的，也可以使用-da 或-disableassertions 选项来显式关闭断言功能，如图 4-15 所示。

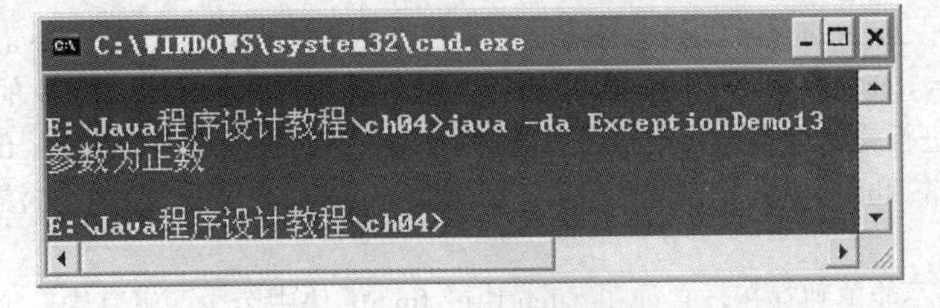

图 4-15　显式关闭断言功能

以上方法将会启动或关闭程序所涉及的全部断言。也可以在-ea 和-da 选项的后面指定只启用/关闭特定类或包中的断言，如下所示。

只启用 pkg.subpkg 包及其子包中的断言：

```
java -ea:pkg.subpkg...   MyDemo
```

只启用 MyClass 类中的断言：

```
java -ea:MyClass   MyDemo
```

只启用默认包（无名包）中类的断言：

```
java -ea:...   MyDemo
```

只启用默认包（无名包）中类的断言，但 MyClass2 类除外：

```
java -ea:...   -da:MyClass2 MyDemo
```

断言有两种形式：非常简单（really simple）和简单（simple），如下所示。

非常简单：

```
void method(int num){
        assert(num>=0)
        …
}
```

简单：

```
void method(int num){
        assert(num>=0): "非法参数，参数应为正数";
        …
}
```

非常简单断言和简单断言的区别是简单断言会多添加第二个表达式。第二个表达式与第一个表达式（布尔表达式）之间用“:”分隔开。第一个表达式必须是一个布尔表达式，如果该布尔表达式测试为真则不会有任何问题。如果为假，则第二个表达式的字符串会在第一个布尔表达式不成立时作为 AssertionError 错误输出的信息。第二个表达式仅用于产生字符串消息，可以在布尔表达式不成立时提供更多的调试信息。

总结

本章介绍了 Java 的异常机制。异常是指程序在运行时出现的错误。Java 的异常机制有五个关键字：try、catch、finally、throw 和 throws。try 是监控可能出现的异常的代码块；catch 是捕获异常并进行异常处理；无论是否有异常 finally 块中的代码都会执行；throw 可以人为显式地抛出异常；throws 是用来回避方法中不捕获的异常，该异常交由该方法的主调方法来捕获。

一个 try 块不能单独存在，必须和 catch 块或 finally 块中至少两者其中一个搭配使用。一个 try 块也可以和多个 catch 块搭配使用，称为多重 catch 块。在使用多重 catch 块时，父类异常 catch 块必须放在子类异常 catch 块的后面。一个 try 块中还可以嵌套另一个 try…catch 块，称之为嵌套 try…catch。用户还可以根据自己的要求自定义异常类，但是自定义的异常类必须是 Exception 类的子类。RuntimeException 及其子类都是非检验异常，可以由 Java 虚拟机自动捕获的异常，不用 try…catch 捕获不会报编译错误。其他异常都是检验异常，必须要用 try…catch 捕获，否则会出现编译错误。

断言是 Java 中允许在开发期间测试假设而不必付出编写异常处理程序方面的代价。Java 默认断言机制的设置是禁用的，要想启用断言，要在运行时使用-ea 选项。

第 5 章　java.lang 包和字符串

本章要点：

☑ Object 类
☑ 包装类
☑ Math 类
☑ System 类
☑ String 类

通过前面四章的介绍，大家已经掌握了 Java 应用程序的基本结构及设计方法，但是在实际的程序设计过程中，不可避免地要进行一些对每个应用程序来说都常做的处理，为此，Java 提供了 java.lang 包。

java.lang 包是 java 的核心类库，它包含了运行 Java 程序必不可少的系统类。在进行程序设计时，总会使用 java.lang 包中所包含的部分类和接口，所以和使用其他的包不同的是，用户不必使用 import 语句导入 java.lang 包，系统会自动导入该包。

字符串是编程语言中很重要的部分，Java 语言对字符串的操作提供了三个类：String 类、StringBuffer 类和 StringBuilder，这三个类也包含在 java.lang 包中。

本章主要介绍该包中的部分类：Object 类、包装类、Math 类、System 类、String 类。

5.1　Object 类

Object 类是其他所有类的超类，Java 中定义的所有类，无论是系统中已定义的类还是用户自定义的类均继承了 Object 类，因此，Object 类中定义的方法适用于所有的类。下面介绍 Object 类中的一些方法。

1．toString()方法

定义：String　toString()

功能：返回描述对象的一个字符串。该字符串内容如下：

类名@该对象哈希码的无符号十六进制数

【例 5-1】 Object 类对象 toString 方法演示。

```
public class ToStringTest{
    public static void main(String[ ] args){
        ToStringTest obj=new ToStringTest( );
        System.out.println(obj.toString( )); //.toString( )可缺省
    }
}
```

运行结果如下：

```
ToStringTest@de6ced
```

说明：在实际应用中，用户定义的类经常重写该方法以描述对象的字符串信息，比如之后介绍的 String 类就重写了该方法。另外， System.out.println()方法的参数为对象名时，自动调用该对象的 toString()方法，如例 5-1 中 System.out.println(obj.toString());可改写为：

```
System.out.println(obj);
```

2．equals()方法

定义：boolean equals(Object obj)

功能：判断两个对象是否相等,如果相等，则返回 true，否则，返回 false。

说明：Object 对象的 equals 方法初始定义是如果两个象引用同一实例，则返回 true，否则返回 false。但在实际使用中，用户定义的类经常重写该方法以判断两个对象是否相等。例如，Java 类库中 String 类重写该方法来判断两个字符串内容是否相等。

3．clone()方法

定义：protected Object clone()

功能：实现对象的复制（克隆），返回与调用对象内容相同的新对象。

说明：对于基本数据类型的变量，可以直接通过赋值语句将一个变量的值复制到另一个变量中，但是，对于“类”类型的变量，也即对象，如果使用赋值语句，将使得赋值后的对象和被赋值的对象引用同一实例，造成其中一个引用对象的数据成员的值发生变化，另一个引用对象也随之改变。例 5-2 的程序说明了使用“=”在对象间赋值所带来的问题。

【例 5-2】 使用=进行对象的赋值。

```
class A{
    int i;
}
public class AssignObjTest{
    public static void main(String[] args){
        A a = new A();
        a.i = 0;
        A copya = a;
        copya.i = 100;
        System.out.println("a.i=" + a.i);
        System.out.println("copya.i=" + copya.i);
    }
}
```

运行结果如下：

```
a.i=100
copya.i=100
```

要实现两个对象的复制（克隆），不能使用赋值语句，而要调用对象的 clone 方法。

由于该方法访问权限为 protected，用户定义类要支持复制功能，需要重写 clone 方法。具体步骤如下：

① 实现 Cloneable 接口（Cloneable 接口没有定义成员，所以实现该接口的类无需添加任何成员函数）。否则，调用该方法会引发异常 CloneNotSupportedException。

② 将 clone 方法的访问权限定义为 public。

【例 5-3】 在类中重写 clone( )方法和 equals( )方法。

```
class Child implements Cloneable{
        int age;
        public Child(){
                age = 12;
        }
        public Object clone() throws CloneNotSupportedException{
            return super.clone();
        }
        public boolean equals(Child o){
                return o.age == age;
        }
}
public class CloneTest{
        public static void main(String[ ] args){
                Child c = new Child();
                try{
                        Child copy = (Child)c.clone();
                        System.out.println("c.equals(copy) = " + c.equals(copy));
                        copy.age = 14;
                        System.out.println("after modify copy.age..");
                        System.out.println("c.age=" + c.age);
                        System.out.println("copy.age=" + copy.age);
                }catch(CloneNotSupportedException e){
                        System.out.println("clone failed!");
                }
        }
}
```

运行结果如下：

```
c.equals(copy)=true
after modify copy.age..
c.age=12
copy.age=14
```

4．getClass()方法

定义：final Class getClass()

功能：返回调用对象的运行时类 Class 的实例。

说明：每个类或接口都有对应的 Class 类，用来描述该类或接口的类型标识信息，比如这个类有哪些属性和方法等。

除了以上方法外，还可以通过以下两种方法获取 Class 类对象：

（1）Class 类的静态方法 forName；

（2）类名.class。

注意：不能使用 new Class( )创建 Class 类对象。

【例 5-4】 getClass( )方法及 Class 类的使用。

```
class A{
    String name;
    public A(){
        name = "me";
    }
    public String toString(){
        return this.getClass().getName();
    }
}
public class ClassTest {
    public static void main(String[ ] args) throws Exception{
        A a1 = new A();
        System.out.println("before changing:");
        System.out.println("a1.name=" + a1.name);
        A a2 = a1.getClass().newInstance();        //间接实现了对象的克隆
        System.out.println("a2.name=" + a2.name);
        a2.name = "you";
        System.out.println("after changing:");
        System.out.println("a1.name=" + a1.name);
        System.out.println("a2.name=" + a2.name);
        Class c1 = Class.forName("A");
        System.out.println(c1.getSuperclass());
    }
}
```

运行结果如下：

```
before changing:
a1.name=me
a2.name=me
after changing:
a1.name=me
a2.name=you
class java.lang.Object
```

5.2　包装类

Java 中，为了方便不同类型的数据之间的转换等操作，对每一个基本数据类型均定义了对应的包装类与之对应（如表 5-1 所示）。同时，包装类和对应的基本数据类型也能够相互转换。基本数据类型变量转换为对应的包装类对象称为装箱。包装类对象转换为对应的基本数据类型的变量称为拆箱。

表 5-1 基本数据类型及其包装类对照表

基本数据类型	包装类	基本数据类型	包装类
boolean	Boolean	byte	Byte
short	Short	int	Integer
long	Long	char	Character
float	Float	double	Double

5.2.1 数值类型包装类

这里的数值类型指 byte、short、int、long、float、double。

1．构造方法

所有数值类型包装类的构造方法有以下两种形式。

① 带一个同类型或类型一致的参数。例如：

```
int x = 100;
Integer i1 = new Integer(x);
Integer i2 = new Integer(-50);
```

② 带一个字符串参数。例如：

```
Double d = new Double("123.12");
Float x = new Float("-5.6");
```

使用带字符串的参数构造包装类时，字符串必须是符合对应数字格式的字符串，否则将引发异常 NumberFormatException。例如：执行 Integer i1=new Integer("a"); 将引发异常。

2．包装类对象转换为相应的基本类型数据

每个包装类均提供了将包装类对象转换为对应基本数据类型的方法，格式如下：

```
XXX    XXXValue( )
```

其中，XXX 位置为相应的基本数据类型名。例如：

```
Integer i = new Integer("523");
int bi = i.intValue( );
```

3．字符串转换为数值

数值型包装类提供了方法，能够将符合数值表达格式的字符串转换为相应的数值，格式如下：

```
static XXX parseYYY(String str)
```

其中，XXX 表示基本数据类型名，YYY 表示该基本类型对应的包装类名（int 类型除外）。例如：

```
int i=Interger.parseInt("123");
double d=Double.parseDouble("100.11");
```

4．包装类转换为字符串

所有数值型包装类都重写了 toString( )方法，可以使用该方法将包装类对应的数据类型数据转换为相应的字符串。

对于整型的包装类，还可以转换成对应数的二进制、八进制和十六进制形式的字符串。例如：

```
int i = 12;
System.out.println(Integer.toString(i));
System.out.println(Integer.toBinaryString(i));
System.out.println(Integer.toOctalString(i));
System.out.println(Integer.toHexString(i));
```

5．字符串转换为包装类

每个包装类都提供了静态方法 valueOf( )将字符串转换为包装类。格式如下：

```
static XXX    valueOf(String str)
```

其中，XXX 表示包装类型名。例如：

```
Double d = Double.valueOf("12.33");
```

注意：字符串格式必须符合对应类型格式要求，否则将引发 NumberFormatException 异常。

5.2.2 Boolean 类

1．构造方法

Boolean 类有两个构造函数，格式如下：

```
Boolean Boolean(boolean b)
Boolean Boolean(String str)
```

可以看出，Boolean 对象既可以通过基本的布尔型生成，又能通过字符串生成。例如：

```
Boolean b1=new Boolean(true);
Boolean b1=new Boolean("false");
```

2．Boolean 对象转换为 boolean 类型数据

和数值类型包装类一样，可以通过 booleanValue( )方法将 Boolean 对象转换为 boolean 类型的数据，例如：

```
Boolean b=new Boolean(true);
boolean b1=booleanValue(b);
```

5.2.3 Character 类

1．构造方法

Character 类的构造函数格式如下：

```
Character(char c)
```

使用该函数，char 型的数据可以转换为 Character 对象，例如：

```
Character c = new Character('A');
```

2．Character 对象转换 char 为类型数据

和其他包装类一样，可以通过 charValue()方法将 Character 对象转换为 char 类型的数据，例如：

```
Character c = new Character ('A');
char c1 = charValue(c);
```

3．字符分类

Character 类提供了一些静态方法，用于判断字符的类别，如表 5-2 所示。

表 5-2 Character 类中判别字符类别的方法

方　法	描　述
static boolean isDigit(char c)	如果 c 的值为数字，返回 true，否则返回 false
static boolean isLetter(char c)	如果 c 的值为字母，返回 true，否则返回 false
static boolean isLetterOrDigit(char c)	如果 c 的值为数字或字母，返回 true，否则返回 false
static boolean isLowerCase(char c)	如果 c 的值为小写字母，返回 true，否则返回 false
static boolean isUpperCase(char c)	如果 c 的值为大写字母，返回 true，否则返回 false
static boolean isWhitespace(char c)	如果 c 的值为空白字符，返回 true，否则返回 false

【例 5-5】 判断数组中字符是属于哪一类。

```
char[ ] ch = {'a', 'A', '7', '$', ' '};
    for (int i = 0; i<ch.length; i++) {
        if(Character.isDigit(ch[i])){
            System.out.println (ch[i] + "是数字");
        }else if(Character.isLetter(ch[i])){
            System.out.println (ch[i] + "是字母");
            if(Character.isLowerCase(ch[i])){
                System.out.println (ch[i] + "是小写字母");
            }else{
                System.out.println (ch[i] + "是大写字母");
            }
        }else if(Character.isWhitespace(ch[i])){
            System.out.println (ch[i] + "是空白字符");
        }else{
            System.out.println (ch[i] + "是其他字符");
        }
    }
```

运行结果如下：

```
a 是字母
```

```
a 是小写字母
A 是字母
A 是大写字母
7 是数字
$是其他字符
 是空白字符
```

4．字符的大小写转换

Character 类提供了两个静态方法：toLowerCase( )方法可以将大写字母转换为小写字母，toUpperCase( )方法可以将小写字母转换为大写字母。例如：

```
char c1=Character.toLowerCase('A');      //c1 的值为'a'
char c2=Character.toUpperCase('a');      //c2 的值为'A'
```

5.2.4　自动装箱和拆箱

基本类型数据和对应封装类对象之间可以自动转换，称为自动装箱和自动拆箱。

1．自动装箱

自动装箱是指将基本数据类型的数据赋值给对应的封装类。例如：

```
Integer i = 5;      //把整型常量 5 赋值给 Integer 类型的对象 i
```

2．自动拆箱

自动拆箱是指将封装类对象赋值给对应的基本数据类型变量。例如：

```
int i = new Integer(5); //把 Integer 类型的对象赋值给整型变量 i
```

5.3　Math 类

Math 类提供了若干数学函数，有三角函数、指数函数及其他函数，表 5-3 列出部分函数。此外，Math 类还包含两个双精度浮点常数：PI（约为 3.14）和 E（约为 2.72）。

表 5-3　部分常用 Math 类提供的方法

函　数	描　述
static double exp(double x)	返回自然数 e 的 x 次方
static double log(double x)	返回 x 的自然对数
static double pow(double x，double y)	返回 x 的 y 次方
static double sqrt(double x)	返回 x 的平方根
static double abs(double x)	返回 x 的绝对值（该函数提供了适合各种数据类型的重载函数）
static double max(double x,double y)	返回 x 和 y 中的最大值（该函数提供了适合各种数据类型的重载函数）
static double min(double x,double y)	返回 x 和 y 中的最小值（该函数提供了适合各种数据类型的重载函数）
static double sin(double x)	返回 x 的正弦值（x 为弧度值）
static double cos(double x)	返回 x 的余弦值（x 为弧度值）
static double tan(double x)	返回 x 的正切值（x 为弧度值）

Math 类的构造方法是私有的，所以不能创建该类的对象。该类中的所有常数和方法都是静态的，可以直接通过类名访问。例 5-6 说明了 Math 类中方法的使用。

【例 5-6】 求半径是 2 的圆的面积，求面积为 16 的正方形的边长。

```
double s,r=2.0;
s=Math.PI*r*r;
System.out.println("半径是 2 的圆的面积为"+s);
System.out.println("面积为 16 的正方形的边长为"+Math.sqrt(16));
```

运行结果如下：

```
半径是 2 的圆的面积为 12.566370614359172
面积为 16 的正方形的边长为 4.0
```

5.4 System 类

System 类用于访问系统资源，下面介绍其中部分方法。

1．exit()方法

定义：static void exit(int exitCode)

功能：暂停执行，返回 exitCode 值给父进程（通常为操作系统）。按照约定，exitCode 值为 0 表示正常退出，所有其他的值表示某种形式的错误。

说明：该方法用于结束应用程序的运行。

2．arrayCopy()方法

定义：static void arraycopy(Object source, int sourceStart, Object target, int targetStart,int size)

功能：复制数组。将数组 source 中从下标 sourceStart 开始、长度为 size 的元素复制到数组 target 中从下标 targetStart 开始的 size 个位置中（见例 5-7）。

【例 5-7】 使用 arraycopy()方法。

```
int[ ] a = {10,15,20,25,30,35};
int[ ] b = {0,0,0,0,0,0};
System.out.println("before copy...");
System.out.print("a:");
for (int i=0; i<a.length; i++)
        System.out.print(a[i]+" ");
System.out.println( );
System.out.print("b:");
for (int i=0; i<b.length; i++)
        System.out.print(b[i]+" ");
System.out.println( );
System.out.println("after copying from a to b...");
System.arraycopy(a,0,b,0,a.length);
System.out.print("a:");
for (int i=0; i<a.length; i++)
        System.out.print(a[i]+" ");
System.out.println( );
```

```
System.out.print("b:");
for (int i=0; i<b.length; i++)
        System.out.print(b[i] + " ");
System.out.println( );
System.arraycopy(a, 3, b, 0, a.length-3);
System.out.println("after copying from the fourth of a to the beginning of b...");
System.out.print("a:");
for (int i=0; i<a.length; i++)
        System.out.print(a[i] + " ");
System.out.println( );
System.out.print("b:");
for (int i=0; i<b.length; i++)
        System.out.print(b[i] + " ");
System.out.println( );
```

运行结果如下：

```
before copy...
a:10 15 20 25 30 35
b:0 0 0 0 0 0
after copying from a to b...
a:10 15 20 25 30 35
b:10 15 20 25 30 35
after copying from the fourth of a to the beginning of b...
a:10 15 20 25 30 35
b:25 30 35 25 30 35
```

3．currentTimeMillis( )方法

定义：static long currentTimeMillis( )

功能：返回自 1970 年 1 月 1 日零点至今的时间，时间单位为毫秒。

说明：在实际应用中，常被用于记录程序运行耗费的时间。

【例 5-8】 currentTimeMillis( )方法的用法。

```
long start, end;
start = System.currentTimeMillis( ); //  记录开始时刻
        ...
end = System.currentTimeMillis( ); //记录结束时刻
System.out.println("Elapsed time: " + (end-start));
```

此外，System 类还提供了标准输入流对象 in、标准输出流对象 out、标准错误输出流对象 err（在输入输出流中介绍）。

5.5　字符串

在程序设计中，字符串是重要的部分。在之前的程序代码中其实已经使用过字符串。比如本书的第一个 Java 程序中，语句 System.out.println("hello world!")；括号中的内容“hello world!”即为一个字符串常数。在 Java 中，定义了 String 类、StringBuffer 类用于字符串的操作。

5.5.1 String 类

可以使用 String 类的对象存储字符串的内容，一个 String 对象一旦创建，将不能被修改，所以 String 类常被称为不变的字符串类。String 类主要用于检索字符串、两个字符串的比较等操作。下面将介绍 String 类中的常用方法。

1．创建字符串

通过使用字符串的构造方法可以创建字符串。String 类的构造方法提供了多种重载形式，表 5-4 列出了部分形式。

表 5-4 String 类的构造方法

方　法	说　明
public String( )	创建一个空的字符串
public String(String s)	用已有字符串创建新 String
public String(char value[ ])	用已有字符数组初始化新 String
public String(StringBuffer buf)	用 StringBuffer 对象的内容初始化新 String

从表中可以看出，可以创建不含任何字符的空串；也可以根据已有的字符串创建新的串；还可以通过字符数组来创建；通过 StringBuffer 对象创建。在实际使用中，经常采用表中第二种方法创建字符串对象，如：

```
String s = new String("hello");   或
String s = "hello";
```

2．比较两个字符串

在 Java 中，“类”类型变量是引用变量，用运算符“==”比较两个“类”类型变量实际上是比较这两个变量是否引用同一个实例，要比较两个对象实例的“内容”是否相同，需要使用 equals 方法（String 类重写了 Object 类的 equals 该方法）。此外，String 类中进行字符串比较还有其他方法，如表 5-5 所示。

表 5-5 比较字符串的方法

方　法	描　述
boolean equals(Object str)	比较当前串与指定串内容是否相等，如果相等返回 true，否则返回 false
int compareTo(String str)	比较当前串与指定字符串的内容，如果当前串大于参数串则返回值大于 0，小于则返回值小于 0，等于则返回值为 0
boolean equalsIgnoreCase(String str)	比较当前串与指定串内容在忽略大小写时是否相等，如果相等返回 true，否则返回 false

【例 5-9】 字符串的创建和比较方法。

```
String s1 = "Hello";
String s2 = new String( );
s2 = "Hello";   //s2 和 s1 引用同一常数字符串“Hello”
String s3 = new String("hello");
char[ ] charArray = {'H', 'e', 'l', 'l', 'o'};
```

```
String s4 = new String(charArray);
System.out.println("s1=" + s1);
System.out.println("s2=" + s2);
System.out.println("s3=" + s3);
System.out.println("s4=" + s4);
if(s1 == s2){
        System.out.println ("s1==s2");
}else{
        System.out.println ("s1!=s2");
}
if(s1 == s3){
        System.out.println ("s1==s3");
}else{
        System.out.println ("s1!=s3");
}
if(s1 == s4){
        System.out.println ("s1==s4");
}else{
        System.out.println ("s1!=s4");
}
if(s1.equals(s3)){
        System.out.println ("s1 和 s3 的字符串相等");
}else{
        System.out.println ("s1 和 s3 的字符串不相等");
}
if(s1.equals(s4)){
        System.out.println ("s1 和 s4 的字符串相等");
}else{
        System.out.println ("s1 和 s4 的字符串不相等");
}
if(s1.equalsIgnoreCase(s3)){
        System.out.println ("s1 和 s3 的字符串忽略大小写相等");
}else{
        System.out.println ("s1 和 s3 的字符串忽略大小写不相等");
}
if(s1.compareTo(s3)<0){
        System.out.println ("s1<s3");
}else if(s1.compareTo(s3)>0){
        System.out.println ("s1>s3");
}else{
        System.out.println ("s1==s3");
}
```

运行结果如下：

```
s1=Hello
s2=Hello
```

```
s3=hello
s4=Hello
s1==s2
s1!=s3
s1!=s4
s1 和 s3 的字符串不相等
s1 和 s4 的字符串相等
s1 和 s3 的字符串忽略大小写相等
s1<s3
```

3．求字符串长度

可以通过 length()方法获得当前字符串对象中字符的个数。该方法定义如下。

定义：int length()

功能：返回当前字符串的长度。

说明：求字符串长度是一个方法，和之前学过的求数组长度 length 属性不要混淆。

4．字符串的连接

将两个字符串连接成一个字符串，可以通过 String 类的 concat 方法和“+”运算符实现。

（1）concat 方法

定义：String concat(String str)

功能：创建了一个新的字符串对象，内容为在当前字符串的内容之后连接 str 的内容。

说明：创建的新 String 对象作为函数的返回值，原字符串内容保持不变。例如：

```
String s1="I love ";
String s2=s1.concat("China!"); //执行后，s2 的内容为 I love China!，s1 仍是 I love
```

（2）“+”运算符

用“+”操作两个基本数值类型的数据，表示进行加法运算。此外，该运算符还可以实现字符串与字符串、字符串与一个对象或基本数据类型的数据的连接。例如：

```
String s1= "10+20= ";
s1=s1+(10+20);
```

上述代码执行后，s1 的值为 10+20=30。第一个“+”左侧为 String 类型，视为连接运算符，括号内的“+”两侧为 int 类型，为算术运算符。如果去掉括号，变为 s1=s1+10+20，则结果为 10+20=1020。

5．字符串的查找

在 String 类中，提供了从字符串中查找字符及字符串的方法 indexOf()、lastIndexOf()，这两个方法有多种重载形式，如表 5-6 所示。

表 5-6　检索字符串方法

方　法	描　述
int indexOf(int ch)	在当前字符串中查找字符 ch，从开始向后找，返回第 1 个找到的字符位置，如果未找到，则返回-1
int indexOf(int ch, int fromIndex))	从当前字符串的 formIndex 位置开始往后查找字符 ch，返回第 1 个找到的字符位置，如果未找到，则返回-1

续表

方　法	描　述
int indexOf(String str)	在当前字符串查找子串 str，从字符串的第一个位置开始向后找。返回第 1 个找到的子串位置，如果未找到，则返回-1
int indexOf(String str, int fromIndex))	从当前字符串的 formIndex 位置开始往后查找子串 str，返回第 1 个找到的子串位置，如果未找到，则返回-1
int lastIndexOf(int ch)	在当前字符串中查找字符 ch，从结尾向前找，返回第 1 个找到的字符位置，如果未找到，则返回-1
int lastIndexOf(int ch, int fromIndex))	从当前字符串 formIndex 处往前查找字符 ch，返回第 1 个找到的字符位置，如果未找到，则返回-1
int lastIndexOf(String str)	在当前字符串查找子串 str，从结尾向前找，返回第 1 个找到的字符位置，如果未找到，则返回-1
int lastIndexOf(String str, int fromIndex))	从当前字符串的 formIndex 位置开始往前查找子串 str，返回第 1 个找到的字符位置，如果未找到，则返回-1

注意：字符串对象的每一个字符都有一个位置序号，位置序号从 0 开始依顺序进行。

在字符串中查找字符和字符串见例 5-10。

【例 5-10】 在字符串中查找字符和字符串案例。

```
String s = "I love you,China!";
int i = s.indexOf('o');
if (i == -1){
      System.out.println (s+"不包含字符 o");
}else{
      System.out.println ("o 第一次出现在" + s + "中索引为:" + i);
}
i = s.lastIndexOf('o');
if(i == -1){
      System.out.println (s + "不包含字符 o");
}else{
      System.out.println ("o 在" + s + "中最后一次出现的索引为:" + i);
}
i = s.indexOf("you");
if(i != -1){
      System.out.println(s + "中包含 you");
}else{
      System.out.println(s + "中不包含 you");
}
```

运行结果如下：

```
o 第一次出现在 I love you,China!中索引为:3
o 在 I love you,China!中最后一次出现的索引为:8
I love you,China!中包含 you
```

6．字符串的替换

可以通过表 5-7 的方法，实现将字符串中部分内容替换为新的内容。

表 5-7 字符串内容替换方法

方 法	描 述
String replace(char oldchar,char newchar)	创建新串，将原字符串中所有 oldchar 字符换为 newchar
String replaceAll(String regex,String replacement)	创建新串，将字符串中所有与正则式 regex 匹配的子串用新的串 replacement 替换

7．求子字符串中的方法

求子字符串的方法如表 5-8 所示。

表 5-8 求子字符串方法

方 法	描 述
char charAt(int index)	返回指定位置的字符
String substring(int beginIndex, int endIndex)	返回从 beginIndex 位置开始到 endIndex-1 结束的子字符串
String substring(int beginIndex)	返回从 beginIndex 位置开始到串末尾的子字符串

8．前缀和后缀的处理

前缀和后缀的处理如表 5-9 所示。

表 5-9 前缀和后缀的处理方法

方 法	描 述
boolean startsWith(String prefix)	判断参数串是否为当前串的前缀
boolean endsWith(String prefix)	判断参数串是否为当前串的后缀
String trim( )	将当前字符串去除前导空格和尾部空格后的结果作为返回字符串

注意：一旦创建 String 类对象，其值和长度都不会变化。在 String 类的所有方法中，凡是修改字符串内容的方法，都会创建新的字符串对象用来保存修改后的字符串。

例 5-11 完成将英语的肯定句变疑问句、把句子分解为单词，演示了上述方法的用法。

【例 5-11】 将英语的肯定句变疑问句、把句子分解为单词。

```
String s = "I love China!";
String s1, s2=new String( );
int i = s.indexOf("China");
if(i == -1){
        System.exit(0);
}
if (s.startsWith("I") == true){
        s1 = s.replaceAll("I", "Do you");
        if (s1.endsWith("!") == true){
                s2 = s1.replace('!','?');
        }
}//以上代码将肯定句变为疑问句
System.out.println(s2 + "是由下列单词组成的");
int j = 0;
while ((i = s2.indexOf(' '))!=-1){
```

```
        System.out.print(s2.substring(0,i) + ",");
        s2 = s2.trim( ).substring(i+1);
        ++j;
    }//这段循环实现了将英文中的单词分离出来
    ++j;
    System.out.print(s2.substring(0, s2.length( )-1));
    System.out.println("共有" + j + "个单词！ ");
```

运行结果如下：

```
Do you love China?是由下列单词组成的
Do,you,love,China 共有 4 个单词！
```

5.5.2 StringBuffer 类

由于 String 类对象中的内容不能更改，所以 Java 提供了 StringBuffer 类来实现串内容的添加、修改、删除。

1．创建 StringBuffer 对象

StringBuffer 类的构造方法如表 5-10 所示。

表 5-10 StringBuffer 构造方法

方 法	描 述
public StringBuffer( )	创建一个空的 StringBuffer 对象
public StringBuffer(int length)	创建一个长度为 length 的 StringBuffer 对象
public StringBuffer(String str)	用字符串 String 初始化新建的 StringBuffer 对象

2．StringBuffer 的主要方法

StringBuffer 的主要方法如表 5-11 所示。

表 5-11 StringBuffer 的主要方法

方 法	描 述
public StringBuffer append(Object obj)	将某个对象的串描述添加到 StringBuffer 尾部，因为任何对象均有 toString( )方法，所以可以将任何对象添加到 StringBuffer 中
public StringBuffer insert(int position, Object obj)	将某个对象的串描述插入到 StringBuffer 中的某个位置
public StringBuffer setCharAt(int position, char ch)	用新字符替换指定位置字符
public StringBuffer deleteCharAt(int position)	删除指定位置的字符
StringBuffer replace(int start, int end, String str)	将参数指定范围的一个子串用新串替换
String substring(int start, int end)	获取所指定范围的子串
StringBuffer reverse( )	将字符串反转
int length( )	返回字符串的长度

【例 5-12】 StringBuffer 方法演示。

```
/**
 * 文件名：StringBufferDemo .java
 * StringBuffer 方法演示
```

```
*/
public class StringBufferDemo {
    public static void main (String[ ] args) {
        StringBuffer sb=new StringBuffer("Hello");
        //StringBuffer sb2="hello"; 不可以，不兼容
        //修改 StringBuffer
        sb.append(" World");
        System.out.println (sb);
        //插入字符串
        sb.insert(3,"aaa");
        System.out.println (sb);
        System.out.println ("长度为:"+sb.length( ));
        //修改指定位置上的字符
        sb.setCharAt(2,'A');
        System.out.println(sb);
        //颠倒字符串
        sb.reverse( );
        System.out.println (sb);
        //删除指定的字符串
        sb.delete(3,6);
        System.out.println (sb);
        //删除指定的字符
        sb.deleteCharAt(0);
        System.out.println (sb);
        //替换
        sb.replace(0,2,"AA");
        System.out.println (sb);
        String s="Hello";
        s.concat(" World");
        System.out.println (s);
    }
}
```

运行结果如下：

```
Hello World
Helaaalo World
长度为:14
HeAaaalo World
dlroW olaaaAeH
dlrolaaaAeH
lrolaaaAeH
AAolaaaAeH
Hello
```

在 JDK 5 以后的版本中，增加了 StringBuilder 类。StringBuilder 类和 StringBuffer 类较类似，也可以修改字符串，但效率高于 StringBuffer 类。

总结

java.lang 包中存放着 java 程序设计中经常使用的类。

Object 类是处于 Java 继承层次中最顶端的类，它封装了所有类的公共行为。通过该类的方法 getClass 可以获取类本身的信息，比如类名、类的成员等，该类提供的 equals 方法表示当两个引用变量指向同一对象时，返回真，否则为假，子类通常改写该方法以表示两个对象的内容相同；clone 方法在对象克隆时使用，子类重写该方法时一定要实现 Cloneable 接口；toString 方法返回的是对象的信息描述，子类重写该方法以返回类名。

Math 类提供常用的数学函数，其中的方法均为静态方法，不能创建该类的对象。

Java 中，每一种基本的数据类型都有对应的包装类，除了 char、int 的包装类名称为英文全名 Character、Integer 外，其他类的名称均为首字母大写的基本类型名。通过包装类，便于进行数据的处理、转换。

对于字符串的存储和处理，Java 提供了 String 类、StringBuffer 类。其中，String 类也被人们称为字符串常量类，String 类对象内容是不能修改的；而 StrngBuffer 类对象中的内容可以修改，该类提供了追加、插入、删除等方法供用户使用。

第6章 集合框架和泛型

本章要点：

- ☑ 时间与日期类
- ☑ 随机数类
- ☑ 集合框架
- ☑ 类型安全问题
- ☑ 什么是泛型
- ☑ 泛型进阶：泛型类、泛型方法和泛型接口
- ☑ 受限类型参数
- ☑ 类型通配符

本章主要介绍两部分内容。一是 Java 的实用工具类库 java.util 包，包含了集合框架、集合类、事件模型、日期时间实用程序、国际化和其他实用程序类，如字符串分解器、随机数产生器、位数组等。二是泛型技术，在编程过程中，人们经常遇到这样的情形：某些程序除了所处理的数据类型之外，程序代码和程序功能完全相同，但为了实现它们，却不得不编写多个与具体数据类型紧密结合的程序。能不能将数据类型参数化，使得代码重用成为可能呢？JDK 5 提出了泛型的概念，通过使用泛型可以写出更为通用的程序代码。

6.1 日期与时间类

在实际应用中，经常需要用到时间和日期，Java 提供了几个用于处理时间相关的类，如 Date、Canlendar 类等。

6.1.1 Date 类

Date 类封装日期和时间，通过 Date 类可以表示特定的瞬间，该类的构造方法如下。

- public Date()：创建的日期类对象的日期时间被设置成创建时刻相对应的系统日期时间。
- public Date (long date)：创建的日期类对象的日期时间被设置成从 1970 年 1 月 1 日开始经过 date 毫秒后的时刻。此外，Date 类中常用的其他方法如表 6-1。

表 6-1 Date 类的主要方法

方法	描述
boolean after(Date date)	判断当前对象所指的日期是否在指定日期 date 之后，若是，返回真，否则为假
boolean before(Date date)	判断当前对象所指的日期是否在指定日期 date 之前，若是，返回真，否则为假
boolean equals(Object obj)	比较当前对象与指定对象包含的日期、时间是否相等，若相等，则返回真，否则为假
String toString()	以字符串方式显示当前对象

【例 6-1】 Date 方法应用。

```
import java.util.*;
public class DateTest{
        public static void main(String[ ] args){
                Date today=new Date( );
                System.out.println(today);
                Date today111=new Date(3600000);
                System.out.println(today111);
        }
}
```

运行结果如下：

```
Sat Feb 26 23:07:06 CST 2022
Thu Jan 01 09:00:00 CST 1970
```

6.1.2　日历类 Calendar

Calendar 类能够用于设置和获取日历字段值：年月日时分秒，该类是抽象类，通常通过使用 getInstance( )方法获得时间日期为系统时间的 Calendar 对象。

使用 get( )方法获取 Calendar 对象的时间分量，set( )方法设置时间分量。

使用 getTime( )方法和 setTime( )方法通过 Date 类对象获取和设置时间值。

Calendar 的常用方法如表 6-2 所示。

表 6-2　Calendar 类的常用方法

方　法	描　述
static getInstance( )	获取 Calendar 对象，该对象存储当前系统时间
final int get(int field)	获取时间分量值
final void set(int field，int value)	设置指定时间分量的值
final int void set(int year，int month,int day)	设置年月日
final int void set(int year，int month,int day，int hour，int minute)	设置年月日时分
final int void set(int year，int month,int day，int hour，int minute，int second)	设置年月日时分秒
final Date getTime( )	获取时间，返回 Date 类的对象
final void setTime(Date d)	通过 Date 类的对象设置时间

Calendar 类中时间分量如表 6-3 所示。

表 6-3　Calendar 类的部分时间分量

时 间 分 量	描　述
YEAR	获取 Calendar 对象，该对象存储当前系统时间
MONTH	获取时间分量值
DATE	设置指定时间分量的值
HOUR	设置年月日

续表

时 间 分 量	描 述
MINUTE	设置年月日时分
SECOND	设置年月日时分秒
DAY_OF_WEEK	获取时间，返回 Date 类的对象

【例 6-2】 Calendar 类的方法应用。

```
import java.util.*;
public class CalendarDemo1{
        public static void main(String[ ] args){
                Calendar today=Calendar.getInstance( );
                System.out.print("今天是："+today.get(Calendar.YEAR)+"年");
                System.out.print(today.get(Calendar.MONTH)+1+"月");
                System.out.print(today.get(Calendar.DATE)+"日");
                System.out.print(today.get(Calendar.HOUR)+"点");
                System.out.println(today.get(Calendar.MINUTE)+"分");
                int i=7;
                today.add(Calendar.DATE,i);
                System.out.print("再过"+i+"天是"+today.get(Calendar.YEAR)+"年");
                System.out.print(today.get(Calendar.MONTH)+1+"月");
                System.out.println(today.get(Calendar.DATE)+"日");
                today.set(2022,4,1);
                today.clear(Calendar.HOUR);
                today.clear(Calendar.MINUTE);
                today.clear(Calendar.SECOND);
                System.out.print("劳动节是："+today.get(Calendar.YEAR)+"年");
                System.out.print(today.get(Calendar.MONTH)+1+"月");
                System.out.println(today.get(Calendar.DATE)+"日");
        }
}
```

运行结果如下：

```
今天是：2022 年 2 月 26 日 11 点 1 分
再过 7 天是 2022 年 3 月 5 日
劳动节是：2022 年 5 月 1 日
```

【例 6-3】 根据指定的年、月，显示该月的日历。

```
/**
 * 显示指定月的日历
 * 指定的年、月由用户在命令行参数中输入，
 * 如果缺省月份，显示指定年当前月份的日历，
 * 如果缺省年份、月份，显示当年当月的日历
 */
import java.util.Calendar;
public class CalendarDemo2{
```

```
public static void main(String[ ] args){
    int year,month;
    Calendar calendar=Calendar.getInstance( );
    year=calendar.get(Calendar.YEAR);
    month=calendar.get(Calendar.MONTH)+1;
    if(args.length>=1){
        try {
            year=Integer.parseInt(args[0]);
            if(year<0 ||year>5000){
                System.out.println("第一个参数是 5000 以内的数值");
                System.exit(0);
            }
        }catch(NumberFormatException e){
            System.out.println("参数代表年份和月份，必须是数字！");
            System.exit(0);
        }
    }
    if(args.length>=2){
        try {
            month=Integer.parseInt(args[1]);
            if(month<=0 ||month>12){
                System.out.println("第二个参数是 1～12 内的数值");
                System.exit(0);
            }
        }catch(NumberFormatException e){
            System.out.println("参数代表年份和月份，必须是数字！");
            System.exit(0);
        }
    }
    calendar.set(year,month,1);//先设置为下个月 1 号
    calendar.add(Calendar.DATE, -1);//日期减一为本月最后一天
    int days=calendar.get(Calendar.DATE);//取本月的“日”分量即为本月天数
    calendar.set(year,month-1,1);//日期设为本月的 1 号
    int dayOfWeek=calendar.get(Calendar.DAY_OF_WEEK)-1; //1 号是星期几
    if (0==dayOfWeek){ //如果是星期日
        dayOfWeek = 7;
    }
    String a[ ]=new String[42];
    for(int i=0;i<42;i++){
        a[i]="    ";
    }
    for(int i=0;i<days;i++){
        a[i+dayOfWeek-1]=String.valueOf(i+1);
    }
    System.out.println("                  "+year+"年"+month+"月");
    System.out.println("  一   二  三  四  五  六  日 ");
```

```
            for(int i=0;i<42;i++){
                if(i!=0&&i%7==0){
                    System.out.println( );
                }
                if (a[i].length( )==1){
                    System.out.print(" ");
                }
                System.out.print("    "+a[i]);
            }
        }
}
```

运行结果如下：

```
        2022 年 2 月
一   二  三  四  五  六  日
     1   2   3   4   5   6
 7   8   9  10  11  12  13
14  15  16  17  18  19  20
21  22  23  24  25  26  27
28
```

6.2 随机数类 Random

在 java.lang.Math 中提供了 random( )来产生随机数，该方法只能产生 0～1 之间的 double 型数值，java.util 包中提供了类 Random，使用 Random 类可以产生各种类型随机数。类 Random 中的方法如表 6-4 所示。

表 6-4 Random 类的主要方法

方 法	描 述
public Random( )	默认构造方法
public Random(long seed)	带基值 seed 的构造方法
public synonronized void setSeed(long seed)	修改基值 seed
public int nextInt( )	产生一个整型随机数
public long nextLong( )	产生一个 long 型随机数
public float nextFloat( )	产生一个 Float 型随机数
public double nextDouble( )	产生一个 Double 型随机数
public synchronized double nextGoussian( )	产生一个 double 型的 Goussian 随机数

【例 6-4】 Random 类常用方法演示。

```
Random ran1 = new Random( );
Random ran2 = new Random(1000);
//创建了两个类 Random 的对象。
```

```
System.out.println("The 1st set of random numbers:");
System.out.println("Integer:" + ran1.nextInt( ));
System.out.println("Long:" + ran1.nextLong( ));
System.out.println("Float:" + ran1.nextFloat( ));
System.out.println("Double:" + ran1.nextDouble( ));
System.out.println("Gaussian:" + ran1.nextGaussian( ));
//产生各种类型的随机数
System.out.println("The 2nd set of random numbers:");
for(int i=0; i<5; i++){
    System.out.println(ran2.nextDouble( ));    //产生同种类型的不同的随机数
}
```

运行结果如下：

```
The 1st set of random numbers:
Integer:508716690
Long:-5713418724061092483
Float:0.057554424
Double:0.9402040581951349
Gaussian:0.6196285695904012
The 2nd set of random numbers:
0.7101849056320707
0.574836350385667
0.9464192094792073
0.039405954311386604
0.4864098780914311
```

6.3　集合框架

在实际应用中，经常需要用到数据结构。在 java.util 包中定义了一组类，用于按照不同的需求进行数据存储和访问，这组类称为对象容器类，简称容器类。集合框架就是容器类的实现。

在集合框架中，提供的存储方式共有如下两种。

（1）按照索引值操作数据

在这种存储方式中，为每个存储的数据设定一个索引值，存储在容器中的第一个元素索引值是 0，第二个索引值是 1，依此类推。在操作数据时按照索引值操作对应的数据，实现这种方式的集合类都实现 java.util.Collection 接口。

（2）按照名称操作数据

在这种存储方式中，为每个存储的数据设定一个名称（任意非 null 的对象都可以作为名称），以后按照该名称操作该数据，要求名称不能重复，每个名称对应唯一的一个值。这种存储数据的方式也称作名称-数值对，也就是名-值对（或键-值对）存储。实现这种方式的几个类都实现 java.util.Map 接口。

6.3.1 Collection 接口

Collection 接口设计了对集合操作常用的方法，如添加元素、删除元素、查找元素，以便实现 Collection 接口的集合类重写。在 Collection 接口中提供的方法如表 6-5 所示。

表 6-5 Collection 接口的主要方法

方 法	描 述
boolean add(Object obj)	将指定的对象添加到当前的集合中，若操作成功，返回 true，否则，返回 false
boolean addAll(Collection coll)	将指定集合中所有元素添加到当前的集合中。若操作成功，返回 true，否则，返回 false
void clear()	删除当前集合中的所有元素
boolean contains（Object obj）	判断当前集合中是否包含指定对象，若包含，返回 true，否则，返回 false
boolean containsAll(Collection coll)	判断当前集合中是否包含指定集合中所有元素，若包含，返回 true，否则，返回 false
boolean isEmpty()	判断当前集合是否为空，若为空，返回 true，否则，返回 false
Iterator iterator()	返回当前集合的迭代器
boolean remove(Object obj)	从当前集合中删除指定的对象，若操作成功，返回 true，否则，返回 false
boolean removeAll(Collection coll)	从当前集合中删除指定的集合中的所有元素。若操作成功，返回 true，否则，返回 false
int size()	返回集合中元素的个数
Object[ ] toArray()	返回由当前集合中所有元素组成的对象数组
void forEach(Consumer<? super T> action)	对集合中的每个元素执行指定的某种操作（仅限于 JDK 8 及其高版本使用）

从表中可以看出，Collection 接口中的方法分为以下四大类。

1．添加元素

Collection 提供了两种方法用于向集合中添加元素。其中 add 可以将一个对象添加到集合中，addAll 方法用于将一个集合中的所有元素添加到当前的集合中。

2．删除元素

Collection 提供了三种方法删除集合中的元素，其中 remove 方法可以从集合中删除一个元素，removeAll 方法可以从集合中删除一部分元素，clear 方法删除集合中的全部元素。

3．检索元素

Collection 提供了三种方法用于检索元素。contains 方法用于判断某个对象是否为集合中的元素，containsAll 方法用于判断一个集合是否为当前集合的子集，isEmpty 方法用于判断集合中有无元素存在。

4．其他方法

size()方法用于求集合中元素的个数；toArray()方法将集合中的元素保存到数组中；Iterator()方法返回一个集合的迭代器对象，通过迭代器，可以访问集合中的每一个元素；JDK 5 版本开始 Java 中还提供了 foreach() 方法，可以对集合中的元素直接执行遍历操作。

对于实现 Collection 接口的类，根据类中能否存储重复的元素又分为两种，一种能够存储重复元素，Java 让这些类实现 List 接口；另一种不能存储重复的元素，这部分类实现了 Set 接口。

6.3.2 Iterator 接口

在 Collection 接口中有一个方法 iterator，用以返回 iterator 接口对象。iterator 对象叫迭代器，用来对接口中的元素进行操作。该接口提供了以下三个方法。

1．hasNext( )方法

定义：boolean hasNext( )

功能：判断集合中是否还有可访问的元素，如果有，返回 true；否则，返回 false。

2．next( )方法

定义：Object next( )

功能：返回集合中的下一个元素，如果没有下一个元素，则引发 NoSuchElementException 异常。

3．remove( )方法

定义：void remove( )

功能：通过迭代器删除集合中的一个元素。

【例 6-5】 Iterator 用法演示。

```
Collection coll = new ArrayList( ); //ArrayList 是实现了 Collection 接口的类
coll.add("Ann");
coll.add("Bill");
coll.add("Smith");
coll.add("Tom");
System.out.print("using Iterator：  ");
Iterator it = coll.iterator( );
String name;
while(it.hasNext( )){
    name = (String)it.next( );
    if(name.equals("Bill")){
        it.remove( );
    }else{
        System.out.print(name + "   ");
    }
}
System.out.println( );
System.out.print("using forEach：     ");
coll.forEach(e->System.out.print(e + "   "));
```

运行结果如下：

```
using Iterator:   Ann   Smith   Tom
using forEach:    Ann   Smith   Tom
```

6.3.3 List 接口

List 接口继承了 Collection 接口，该接口中元素是按顺序存放的，允许有相同的元素，由元素的存放顺序决定其下标，所以和数组一样，可以通过下标访问元素，此外，可以在 List 中任何位置插入和删除元素。List 接口的主要方法如表 6-6 所示。

表 6-6 List 接口的主要方法

方 法	描 述
boolean add(int index,Object obj)	将指定的对象 obj 插入到当前的 List 对象中 index 位置，若操作成功，返回 true；否则，返回 false
boolean addAll(int index,Collection coll)	将指定集合 coll 中所有元素插入到当前 List 对象中的 index 位置。若操作成功，返回 true；否则，返回 false
Object get(int index)	返回 List 对象中 index 位置的元素
int indexOf(Object obj)	返回指定对象 obj 在 List 对象中的开始位置，如找不到，返回-1
int lastIndexOf(Object obj)	返回指定对象 obj 在 List 对象中的最后出现的位置，如找不到，返回-1
Object set(int index,Object obj)	将 List 对象中 index 位置的元素修改成 obj
List subList(int start, int end）	返回由从 start 位置开始到 end 位置之前的所有元素构成的 List 对象

1．添加元素

对于实现 List 接口的类，除了可以使用 Collection 接口提供的 add、addAll 方法将元素添加到集合尾部外，还可以使用表 6-5 中提供的这两个函数的重载形式，将要添加的元素插入到指定的位置。

2．修改元素

List 接口提供了 set 方法，用于修改集合中指定位置的元素。

3．检索元素

可以使用 indexOf()、lastIndexOf()方法获取指定元素在集合中的位置；也可以通过 get 方法获取指定位置元素；还能够通过 subList 方法获取集合的子集。

根据数据结构的不同，实现 List 的类有 Vector、ArrayList、LinkedList 等。

6.3.4 向量类 Vector

Vector 类能够实现类似动态数组的功能，创建时可指定容量，也可以不指定（默认为 10），以后当添加的元素个数超过容量时，能自动扩充。该类实现了 List 接口，可以使用 List 接口中提供的方法对该类的对象进行操作，同时对添加、删除、查询元素等操作，该类还有自身的方法，如表 6-7 所示。

表 6-7 Vector 类的主要方法

方 法	描 述
public Vector()	构造一个向量，默认容量为 10，每次扩充的值为 0（扩充值为 0 表示每次扩充一倍）
public Vector(int initialcapacity,int capacityIncrement)	构造一个向量，其容量为 initialcapacity，每次扩充的值为 capacityIncrement
public Vector(int initialcapacity)	构造一个向量，其容量为 initialcapacity，每次扩充的值为 0
public final synchronized void addElement(Object obj)	将 obj 插入向量的尾部，同时向量容量增加 1
public final synchronized void setElementAt(object obj,int index)	将 index 处的对象设成 obj，原来的对象将被覆盖
public final synchronized void insertElementAt(Object obj,int index)	在 index 指定的位置插入 obj，原来对象以及此后的对象依次往后顺延

续表

方　法	描　述
public final synchronized void removeElement(Object obj)	从向量中删除 obj。若有多个存在，则从向量头开始试，删除找到的第一个与 obj 相同的向量成员
public final synchronized void removeAllElement( )	删除向量中所有的对象
public final synchronized void removeElementlAt(int index)	删除 index 所指的地方的对象
public final int indexOf(Object obj)	从向量头开始搜索 obj，返回所遇到的第一个 obj 对应的下标，若不存在此 obj，返回-1
public final synchronized int indexOf(Object obj,int index)	从 index 所表示的下标处开始搜索 obj
public final int lastIndexOf(Object obj)	从向量尾部开始逆向搜索 obj
public final synchronized int lastIndexOf(Object obj,int index)	从 index 所表示的下标处由尾至头逆向搜索 obj
public final synchronized Object firstElement( )	获取向量对象中的首个 obj
public final synchronized Object lastelement( )	获取向量对象中的最后一个 obj
public final int size( )	获取向量元素的个数。它的返回值是向量中实际存在的元素个数，而非向量容量。可以调用方法 capactly( )来获取容量值
public final synchronized void setsize(int newsize)	定义向量大小。若向量对象现有成员个数已超过了 newsize 的值，则超过部分的多余元素会丢失

【例 6-6】 Vector 类的使用演示。

```
Vector v1 = new Vector( );
Integer integer1 = new Integer(1);
v1.addElement("one"); //加入的为字符串对象
v1.addElement(integer1);
v1.addElement(integer1); //加入的为 Integer 的对象
v1.addElement("two");
v1.addElement(new Integer(2));
v1.addElement(integer1);
v1.addElement(integer1);
System.out.println("The vector v1 is: \t" + v1);
//往指定位置插入新的对象，指定位置后的对象依次往后顺延
v1.insertElementAt("three", 2);
v1.insertElementAt(new Float(3.9), 3);
System.out.println("The vector v1(used method insertElementAt( )) is: \t " + v1);
//将指定位置的对象设置为新的对象
v1.setElementAt("four", 2);
System.out.println("The vector v1(used method setElementAt( )) is: \t " + v1);
//从向量对象 v1 中删除对象 integer1 由于存在多个 integer1 所以从头开始找，
//删除找到的第一个 integer1
v1.removeElement(integer1);
//使用枚举类(Enumeration)的方法来获取向量对象的每个元素
Enumeration enum1=v1.elements( );
System.out.print("The vector v1(used method removeElement( ))is:");
while(enum1.hasMoreElements( )){
    System.out.print(enum1.nextElement( ) + " ");
}
System.out.println( );
```

```
//按不同的方向查找对象 integer1 所处的位置
System.out.println("The position of object 1(top-to-bottom):" + v1.indexOf(integer1));
System.out.println("The position of object 1(tottom-to-top):" +v1.lastIndexOf(integer1));
//重新设置 v1 的大小，多余的元素被丢弃
v1.setSize(4);
System.out.println("The new vector(resized the vector)is:" + v1);
```

运行结果如下：

```
The vector v1 is:
        [one, 1, 1, two, 2, 1, 1]
The vector v1(used method insertElementAt( )) is:
        [one, 1, three, 3.9, 1, two, 2, 1, 1]
The vector v1(used method setElementAt( )) is:
        [one, 1, four, 3.9, 1, two, 2, 1, 1]
The vector v1(used method removeElement( ))is:one four 3.9 1 two 2 1 1
The position of object 1(top-to-bottom):3
The position of object 1(tottom-to-top):7
The new vector(resized the vector)is:[one, four, 3.9, 1]
```

6.3.5 数组列表类 ArrayList

ArrayList 也相当于一个动态数组，同时实现了 List 接口。ArrayList 采用顺序结构存储数据，可以有效地利用存储空间，能够快速地查询数据，见例 6-7。

【例 6-7】 ArrayList 的用法。

```
List coll1 = new ArrayList( );
coll1.add(0, "Ann");
coll1.add(0, "Bill");//插入到第一个位置，即插入到 Ann 之前，Ann 处于第二个位置
List coll2 = new ArrayList( );
coll2.addAll(0, coll1);
coll2.add("Smith");
coll2.add("Tom");
int count = coll2.size( );
//用循环+get 方法遍历 coll2 中的所有元素
for(int i=0; i<count; i++){
        System.out.print((String)coll2.get(i) + "    ");
}
System.out.println( );
//用 forEach 方法遍历 coll2 中的所有元素
coll2.forEach(e->System.out.print(e + "    "));
System.out.println( );
//用 Iterator 遍历 coll2 中的所有元素
Iterator it = coll2.iterator( );
while(it.hasNext( )){
        System.out.print((String)it.next( ) + "    ");
}
```

```
    System.out.println( );
    if(coll2.containsAll(coll1)){
        System.out.print(coll2);
        System.out.print(" include ");
        System.out.println(coll1);
    }
```

运行结果如下：

```
Bill   Ann   Smith   Tom
Bill   Ann   Smith   Tom
Bill   Ann   Smith   Tom
[Bill, Ann, Smith, Tom] include [Bill, Ann]
```

ArrayList 和 Vector，内部都是通过数组实现的，方便对元素进行快速随机访问。但是数组的缺点是所有元素存储在连续的空间中，当数组大小不满足需要增加存储容量时，就要开辟新的存储空间，并将数组的已有数据复制到新存储空间中；当插入或者删除元素时，需要对数组进行复制、移动，代价比较高。因此，适合随机查找和遍历，但插入和删除元素时效率较低。二者之间的区别是 Vector 支持线程的同步，即某一时刻只有一个线程能够写 Vector，避免多线程同时写而引起的不一致性，但实现同步需要很高的花费，因此，访问它比访问 ArrayList 慢。

6.3.6 链表类 LinkedList

LinkedList 是通过链表存储数据的，可以快速地插入和删除元素，但查询数据时速度较慢。LinkedList 实现了 List 接口，可以使用 List 接口提供的方法进行操作。

6.3.7 Set 接口

Set 接口继承了 Collection 接口，该接口中不允许存在相同的元素，也就是说当已经存储一个元素 e 时，无法再向其中添加另一个完全相同的元素 e，也无法将已有的元素修改成和其他元素相同的值。实现了 Set 接口的类均以 Set 作为类名的后缀。

Set 系列中类的这些特点，使得在某些特殊场合的使用比较适合。

为 Set 系列中的类提供的方法比为 List 系列中的类提供的方法少很多，例如不支持插入和修改。

6.3.8 HashSet 类

HashSet 采用哈希表来存储数据。

哈希表是一种重要的存储方式，其基本思想是将结点关键字的值作为自变量，通过一定的函数关系（哈希函数）计算出对应的函数值，把这个数值解释为结点的存储地址，将结点存入计算得到存储地址所对应的存储单元。这样，在检索时，可根据检索关键字快速找到的结点信息，见例 6-8。

【例 6-8】 HashSet 应用。

```
HashSet a1 = new HashSet( );
a1.add("first");
a1.add("second");
a1.add("third");
a1.add("fourth");
a1.add("first");    //第二次添加元素 first
a1.add("second"); //第二次添加元素 second
System.out.println("hashSet:" + a1); //集合中只有 4 个元素，重复的元素没被加入
System.out.println("hashSet contains the element:third=" + a1.contains("third"));
a1.remove("third");
System.out.println("after execute remove(\"third\"), hashSet contains the element:third " + a1.Contains
("third"));
System.out.println("hashSet:" + a1);
int count = a1.size( );
Object[ ] arr = a1.toArray( ); //继承 Collection 的方法 toArray( )，将 HashSet 中元素存入对象数组 arr
System.out.println("after converting to array...");
//遍历数组元素
for (int i=0; i<count; i++)
System.out.print(arr[i] + "\t");
System.out.println( );
//利用迭代器遍历 Set 中元素
Iterator it = a1.iterator( );
while(it.hasNext( )){
        System.out.print(it.next( ) + "\t");
}
System.out.println( );
//利用 forEach( )函数遍历 Set 中元素
a1.forEach(e->System.out.print(e + "\t"));
```

运行结果如下：

```
hashSet:[third, fourth, first, second]
hashSet contains the element:third=true
after execute remove("third"), hashSet contains the element:third false
hashSet:[fourth, first, second]
after converting to array...
fourth    first  second
fourth    first  second
fourth    first  second
```

从以上程序可知，HashSet 中元素值均不相等，如果多次向 HashSet 容器中添加相同的元素，程序虽然能够通过编译，但是，重复的元素不会被加入容器中，这是因为调用 add 方法时，如果被添加的元素在容器中已经存在，则不执行实际的添加操作，同时函数返回 false。遍历 HashSet 中的元素同样有三种方法：使用迭代器、用 forEach( )函数、将其保存在数组中，用循环语句访问数组元素。HashSet 中元素的存储顺序和添加时的先后顺序无关，其存储位置与元素值的哈希码相关，所以访问元素时，无论数据处于哈希表的哪个位置，访问速度均等。

6.3.9　TreeSet 类

TreeSet 类实现了 Set 接口，该类中元素的顺序按升序排列，适合于需要快速检索数据的场合，见例 6-9。

【例 6-9】 TreeSet 应用。

```
TreeSet a1=new TreeSet( );
a1.add(200);
a1.add(100);
a1.add(300);
a1.add(400);
System.out.println("TreeSet:" + a1);
System.out.println("the first element is " + a1.first( ));
System.out.println("the last element is " + a1.last( ));
System.out.println(a1.subSet(100, 300));
```

运行结果如下：

```
TreeSet:[100, 200, 300, 400]
the first element is 100
the last element is 400
[100, 200]
```

6.3.10　Map 接口

Map（映射）是一种容器，该容器中每个元素由两部分组成：关键字和值（被称为键-值对）。由于容器中关键字不存在重复的元素（唯一），所以可以通过关键字找到对应的值。Map 接口提供的部分方法如表 6-8 所示。

表 6-8　Map 接口的主要方法

方　法	描　述
void clear( )	删除所有键-值对
boolean containsKey(Object key)	判断当前对象中，是否包含关键字 key，若包含，返回 true，否则返回 false
Object get(Object k)	返回当前映射中与关键字 k 匹配的值
Set keySet( )	返回当前映射中关键字的集合
Object put(Object k, Object v)	增加一对映射
Object remove(Object k)	删除以 k 为关键字的映射
Collection values( )	返回当前映射中值的类集

表 6-7 中的方法，分为以下几类。

1．添加和修改

通过 put 方法可以向映射表中添加新的键-值对，如果添加的关键字已经存在，则该方法修改与该关键字关联的值。

2．查询

通过 containsKey 方法可以查询映射表中指定的关键字是否存在，通过 get 方法可以根据指定的关键字找到关联的值。

3．删除

通过 clear 方法可以删除映射表中的所有键值对，通过 remove 方法可以删除指定关键字对应的键-值对。

4．其他

通过 keySet 方法可以获取映射表中关键字的集合，通过 values 方法可以获取映射表中值的集合。

实现映射接口（Map）的类主要有 HashMap 和 TreeMap，下面将分别介绍。

6.3.11 HashMap

采用哈希表方式存储数据，除了 HashSet 类外，还有 HashMap、Hashtable 类。HashSet 类中的元素是一个对象，而 HashMap、Hashtable 类中的元素是键-值对，见例 6-10。

【例 6-10】 HashMap 应用。

```
HashMap a1 = new HashMap( );
a1.put("1", "Ann");
a1.put("2", "Bill");
a1.put("3", "John");
a1.put("4", "Smith");
System.out.println("HashMap:" + a1);
a1.put("2", "Lili"); //将关键字为 2 的值修改为 Lili
System.out.println("HashMap:" + a1);
a1.put("5", "Lili");//添加一条
System.out.println("HashMap:" + a1);
if (a1.containsKey("3")){
    System.out.println("3:" + a1.get("3"));
}else{
    System.out.println("key 3 is not exist!");
}
Set keys=a1.keySet( );
Iterator it=keys.iterator( );
System.out.println("the list of hashMap:");
while(it.hasNext( )){
    String key=(String)it.next( );
    System.out.println(key + ":" + a1.get(key));
}
a1.remove("2"); //删除键为 2 的元素
//求 Map 中所有值的集合
Collection coll = a1.values( );
coll.forEach(e->System.out.print(e+"    "));
```

运行结果如下：

```
HashMap:{1=Ann, 2=Bill, 3=John, 4=Smith}
HashMap:{1=Ann, 2=Lili, 3=John, 4=Smith}
HashMap:{1=Ann, 2=Lili, 3=John, 4=Smith, 5=Lili}
3:John
the list of hashMap:
1:Ann
2:Lili
3:John
4:Smith
5:Lili
Ann   John   Smith   Lili
```

从例中可以看出，对于 put 方法，当关键字不存在时，添加键-值对，若关键字存在，则表示修改该关键字对应的值，不同的关键字可对应相同的值。

6.3.12　Hashtable

Hashtable 实现了 Map 接口，用法与 HashMap 基本相同，主要的不同之处如下。

（1）线程安全不同

Hashtable 的方法是同步的，HashMap 是未同步，所以在多线程场合要手动同步 HashMap。

（2）对 null 的处理不同

Hashtable 不允许 null 值（key 和 value 都不可以），HashMap 允许 null 值（key 和 value 都可以）。向 Hashtable 中添加 null 值在编译期不会出错，但运行时会出现空指针异常。HashMap 允许 null 值是指可以有一个或多个键所对应的值为 null。当 get( )方法返回 null 值时，既可以表示 HashMap 中没有该键，又可以表示该键所对应的值为 null。因此，在 HashMap 中不能由 get()方法来判断 HashMap 中是否存在某个键，而应该用 containsKey( )方法来判断。

6.3.13　TreeMap

与 HashMap 不同的是：TreeMap 按照关键字排序后的顺序存储键-值映射对。以例 6-9 的程序为例，如果将程序中的 HashMap 替换为 TreeMap，代码见例 6-11。

【例 6-11】 TreeMap 应用。

```
TreeMap a1 = new TreeMap();
a1.put("1", "Ann");
a1.put("4", "Smith");
a1.put("3", "John");
a1.put("2", "Bill");
System.out.println("TreeMap:" + a1);
a1.put("2", "Lili"); //将关键字为 2 的值修改为 Lili
System.out.println("TreeMap:" + a1);
a1.put("5", "Lili");//添加一条
System.out.println("TreeMap:"+a1);
if (a1.containsKey("3"))
        System.out.println("3:" + a1.get("3"));
```

```
else
        System.out.println("key 3 is not exist!");
Set keys = a1.keySet( );
Iterator it = keys.iterator( );
System.out.println("the list of TreeMap:");
while(it.hasNext( )){
        String key = (String)it.next( );
        System.out.println(key + ":" + a1.get(key));
}
a1.remove("2"); //删除键为 2 的元素
Collection coll = a1.values( ); //求 Map 中所有值的集合
coll.forEach(e->System.out.print(e + "    "));
```

运行结果如下：

```
TreeMap:{1=Ann, 2=Bill, 3=John, 4=Smith}
TreeMap:{1=Ann, 2=Lili, 3=John, 4=Smith}
TreeMap:{1=Ann, 2=Lili, 3=John, 4=Smith, 5=Lili}
3:John
the list of TreeMap:
1:Ann
2:Lili
3:John
4:Smith
5:Lili
Ann    John    Smith    Lili
```

6.3.14 Collections 类

Collections 类提供了一些静态方法，通过这些方法可以对集合对象进行操作或返回集合对象。表 6-9 列举了对 List 对象操作的方法。

表 6-9 Collections 类对 List 对象操作的方法

方 法	描 述
static int binarySearch(List list,Object key)	采用二分查找方法从列表中查找指定对象 key，若找到，返回 key 在 list 中的索引值；否则，返回-1
static void copy(List dest,List src)	将 src 表中的数据复制到 dest 中
static void fill(List list,Object obj)	将 list 表中的所有元素均修改为 obj 的值
static void sort(List list)	对 list 表中的数据升序排列
static void shuffle(List list)	将 list 表中数据随机排列
static void reverse(List list)	将 list 表中数据逆序存放
static void swap(List list, int i, int j)	将 list 表中下标为 i 和 j 的元素交换位置
static T max(Collection<? extends T> coll)	返回指定集合中元素的最大值
static T min(Collection<? extends T> coll)	返回指定集合中元素的最小值

【例 6-12】 Collections 类的应用。

```
int i,j;
//准备四个花色
String[ ] colors = {"黑桃", "红桃", "梅花", "方块"};
//准备数字
String[ ] num={"A","2","3","4","5","6","7","8","9","10","J","Q","K"};
//制作扑克牌
ArrayList cards=new ArrayList( );
for (i = 0; i<4; i++) {
    for (j = 0; j<12; j++) {
        cards.add(colors[i] + num[j]);
        System.out.print (cards.get(i * 12 + j + i) + ",");
    }
    cards.add(colors[i] + num[j]);
    System.out.println (cards.get(i * 12 + j + i));
}
//洗牌
Collections.shuffle(cards);
System.out.println ("洗牌之后");
for (i = 0; i<4; i++) {
    for (j = 0; j<12; j++) {
        System.out.print (cards.get(i * 12 + j + i) + ",");
    }
    System.out.println (cards.get(i * 12 + j + i));
}
Collections.sort(cards);
System.out.println ("排序之后");
for (i = 0; i<4; i++) {
    for (j = 0; j<12; j++) {
        System.out.print (cards.get(i * 12 + j + i) + ",");
    }
    System.out.println (cards.get(i * 12 + j + i));
}
//交换前两个元素后
Collections.swap(cards, 0, 1);
System.out.println ("交换前两个元素后,只显示前两个");
System.out.println((String)cards.get(0) + "," + cards.get(1));
System.out.println("最大的元素为: " + Collections.max(cards) + "," +"最小的元素为: "+Collections.min(cards));
```

运行结果如下：

```
黑桃A,黑桃2,黑桃3,黑桃4,黑桃5,黑桃6,黑桃7,黑桃8,黑桃9,黑桃10,黑桃J,黑桃Q,黑桃K
红桃A,红桃2,红桃3,红桃4,红桃5,红桃6,红桃7,红桃8,红桃9,红桃10,红桃J,红桃Q,红桃K
梅花A,梅花2,梅花3,梅花4,梅花5,梅花6,梅花7,梅花8,梅花9,梅花10,梅花J,梅花Q,梅花K
方块A,方块2,方块3,方块4,方块5,方块6,方块7,方块8,方块9,方块10,方块J,方块Q,方块K
洗牌之后
方块3,方块J,方块8,梅花7,红桃3,红桃6,黑桃A,梅花6,红桃5,红桃K,梅花K,红桃J,黑桃9
梅花4,红桃10,梅花9,黑桃3,梅花8,黑桃4,黑桃2,红桃7,梅花3,梅花5,方块Q,黑桃7,黑桃8
```

```
方块10,红桃2,黑桃6,黑桃K,黑桃10,红桃A,红桃Q,红桃9,梅花A,梅花10,红桃4,黑桃Q,方块6
方块K,红桃8,方块2,方块5,方块A,梅花J,黑桃5,黑桃J,方块4,梅花Q,梅花2,方块7,方块9
排序之后
方块10,方块2,方块3,方块4,方块5,方块6,方块7,方块8,方块9,方块A,方块J,方块K,方块Q
梅花10,梅花2,梅花3,梅花4,梅花5,梅花6,梅花7,梅花8,梅花9,梅花A,梅花J,梅花K,梅花Q
红桃10,红桃2,红桃3,红桃4,红桃5,红桃6,红桃7,红桃8,红桃9,红桃A,红桃J,红桃K,红桃Q
黑桃10,黑桃2,黑桃3,黑桃4,黑桃5,黑桃6,黑桃7,黑桃8,黑桃9,黑桃A,黑桃J,黑桃K,黑桃Q
交换前两个元素后,只显示前两个
方块2,方块10
最大的元素为：黑桃Q,最小的元素为：方块10
```

6.3.15　Arrays 类

为了方便用户对数组进行操作，Java 还提供了 Arrays 类。该类中包含了用于操作数组的各种方法（如排序和搜索），还有一个用于将数组转换为 List 对象的方法，这些方法均为静态方法。

调用 Arrays 类的方法时，如果指定的数组引用是空的，会抛出异常 NullPointerException。表 6-10 列举了对 Arrays 操作的方法（注意：该表的方法大部分有很多重载形式，所以只列出函数名和返回类型，参数部分未具体列出）。

表 6-10　Arrays 类中部分方法

方　法	描　述
static <T> List<T>　asList(T... a)	返回 List 对象，该列表中的元素为数组 a 中的元素
static int binarySearch()	使用二分查找法查找指定的元素是否在数组中，如果存在，返回其在数组的索引位置，否则，返回负数。注意：使用该方法时，需要先将数组排序
static T[] copyOf(T[])	生成指定数组的一个备份
static boolean equals()	判断指定的两个数组是否相等，如果相等，返回 true，否则，返回 false
static void fill(　)	用指定的元素填充数组中的所有位置（或指定范围内）
static void sort(　)	对数组中元素升序排列
static String toString(　)	返回由指定的数组元素构成的字符串
static void parallelPrefix(　)	根据数组中前一个元素的值修改后一个元素，修改规则由该函数中的最后一个参数确定（JDK8）。该函数用于支持并发处理的程序中
static void parallelSort(　)	对数组中元素排序（JDK8）。该函数用于支持并发处理的程序中

【例 6-13】 Arrays 类的应用。

```
List<String> names=Arrays.asList("ann","Smith","Bill");//生成 List 对象
names.forEach(e->{System.out.print(e+"    ");});//输出 names 中所有元素
System.out.println();
int[] numArr=new int[]{88,99,65,40,23};
Arrays.sort(numArr);//对数组 nunArr 排序
int i;
for (i=0;i<numArr.length;++i){
    System.out.print(numArr[i]+" ");
}
```

```
System.out.println( );
i=Arrays.binarySearch(numArr,65);//查找 65 是否在数组中
if(i>=0){
    System.out.println("65 所在的位置为"+(i+1));
}else{
    System.out.println("找不到 65！");
}
int[ ] copyOfnumArr=Arrays.copyOf(numArr, 5);//将 numArr 的前 4 个元素复制到数组 copyOfnumArr
System.out.println(Arrays.toString(copyOfnumArr));
Arrays.parallelPrefix(copyOfnumArr, (x,y)->x+y);//将数组后一个元素修改为该元素与前一个元素之和
System.out.println(Arrays.toString(copyOfnumArr));
Arrays.parallelPrefix(copyOfnumArr, (x,y)->{
    if (x%2==0)   return y+100;else return y;}
);//将数组后一个元素修改为该元素与前一个元素之和
System.out.println(Arrays.toString(copyOfnumArr));
Arrays.fill(copyOfnumArr, 0, 2, 1000);//将数组中下标 0-1 的元素值修改为 1000
System.out.println(Arrays.toString(copyOfnumArr));
Arrays.parallelSort(copyOfnumArr, 0, 3);//对前 3 个的元素排序
System.out.println(Arrays.toString(copyOfnumArr));
System.out.println(Arrays.equals(numArr, copyOfnumArr));//判断两个数组是否相等
```

运行结果如下：

```
ann   Smith   Bill
23 40 65 88 99
65 所在的位置为 3
[23, 40, 65, 88, 99]
[23, 63, 128, 216, 315]
[23, 63, 128, 316, 415]
[1000, 1000, 128, 316, 415]
[128, 1000, 1000, 316, 415]
false
```

6.4　类型安全问题

Java 集合框架允许在 Java 的集合类对象中存储各种类型的元素，原因是这些类型的基类是 Object。但是，当访问这些对象时，通常需要进行强制类型转换。此时，程序员必须明确地了解数据在此集合中的存放情况；否则，不合适的强制类型转换会发生运行时异常。

【例 6-14】 使用传统方法访问集合类。

```
import java.util.*;
public class AccessCollection {
    public static void main(String[ ] args){
        ArrayList lst = new ArrayList( );
        lst.add(0, "Ann");
        lst.add(1, "Bill");
        lst.add(2, "List");
```

```
        lst.add(3, new Integer("1"));
        lst.add(4, "Smith");
        lst.add(5, "Tom");
        Iterator it = lst.iterator( );
        while (it.hasNext( )) {
            String s = (String)it.next( );
            System.out.println(s);
        }
    }
}
```

对该程序进行编译，没有产生编译错误，接下来，运行该程序，结果如下：

```
Ann
Bill
List
Exception in thread "main" java.lang.ClassCastException: java.lang.Integer cannot be cast to java.lang.String
at AccessCollection.main(AccessCollection.java:15)
```

很显然，程序在将 Integer 型数据转换为 String 类型时发生了运行时错误。这是因为编译器并不做类型检查，这种检查是在运行时进行的。从软件工程的角度来看，这对软件的开发是非常不利的。

实际上，集合的典型应用是存储同种类型的元素。为了达到此目的，要求定义集合时，规定向集合中添加的所有元素均为同一种类型，但是这个类型又不能被指定为特定的类型，也就是能明确地让系统理解定义的集合中元素的数据类型位置只是一个占位符，或者说只是一个“类型的参数”，以便将来使用这个集合时，集合中的元素只能用指定的某种类型替换。为了解决这个问题，从 JDK 5 开始引入了泛型的概念。

6.5 什么是泛型

所谓泛型，就是在创建集合对象时就规定其允许保存的元素类型，然后由编译器负责检查所要添加元素的合法性，在取用元素时就不必再进行强制性的类型转换处理。其实就是将原本确定不变的类型参数化。通过使用泛型，保证了集合类对象中存储的元素数据类型相同。将例 6-14 进行修改，加上泛型机制，见例 6-15。

【例 6-15】 使用泛型技术访问集合。

```
import java.util.*;
public class AccessCollectionPro{
    public static void main(String[ ] args){
        List<String> lst = new ArrayList<String>( );
        lst.add("Ann");
        lst.add("Bill");
        lst.add("List");
        lst.add(new Integer("1")); //编译错误
        lst.add("Smith");
        lst.add("Tom");
```

```
            Iterator<String> it = lst.iterator( );
            while (it.hasNext( )) {
                String s = it.next( );    //不需要强制类型转换
                System.out.println(s);
            }
        }
    }
```

该程序编译时，发生错误。错误信息如下：

```
Exception in thread "main" java.lang.Error: Unresolved compilation problem:
    The method add(String) in the type List<String> is not applicable for the arguments (Integer)
    at ex6_14.AccessCollectionPro.main(AccessCollectionPro.java:13)1 错误
```

可以看出，该程序创建 List 类的对象时，在 List 之后加了<String>类型，用于指定向该集合类中添加的对象必须是 String 类型。new Integer("1")对象不是 String 类对象，所以编译器给出了错误信息。

实际上，例 6-14 中的 ArrayList<String>为泛型类。从 JDK 5 版本开始，集合框架中的接口和类均定义成泛型。使用这些类和接口的方法是：在类名后紧跟尖括号，括号内指定允许添加的元素类型。例如，要创建 HashSet，并准备向其中添加 String 类的对象，则方法如下：

```
HashSet<String> hs=new HashSet<String>( );
```

通过在 HashSet 类名后加尖括号< >，并在< >中指定 String，限制了该集合中只能添加 String 类的对象作为集合元素。使用 JDK 5 以上的版本时，要创建集合类的对象，最好采用如上的方法。将例 6-14 程序中发生编译错误的第 13 行 lst.add(new Integer("1"));删除，程序将正常编译运行。

细心的读者应该已经注意到，在使用迭代器的 next( )方法访问集合中数据时，无需再进行强制类型转换。

综上所述，使用泛型类具有如下优点：

- 保证了集合中所有元素的数据类型相同；
- 访问集合类中的元素时，无需进行强制类型转换；
- 向集合中添加不符合指定类型的数据，编译时会发生错误信息，避免了运行时错误的发生。

在这里需要说明的是，Java 编译器向后兼容。对于已经在 JDK 5 以下版本的应用程序，高版本的 Java 编译器也提供支持。但是，在编译时会出现警告。

6.6 泛型

6.6.1 泛型类

在前面的讲述中，读者已经能够使用 Java 系统中提供的泛型类。实际上，Java 也允许用户定义自己的泛型类。下面通过例 6-16 说明如何自己定义泛型类。

【例 6-16】 定义泛型类。

```
class Person{
        private String name;
        public Person(String name){
                this.name = name;
        }
}
//定义泛类 Container1<T>
public class Container1<T> {
        private T elem;
        public Container1(T elem){
                this.elem = elem;
        }
        public T get(){
                return this.elem;
        }
        public void set(T elem){
                this.elem = elem;
        }
      public static void main(String[ ] args) {
        //创建泛类的对象，泛类中的类型参数用 Student 类代替
        Container1<Person> c1 = new Container1<Person>(new Person("Ann"));
        Person s1 = c1.get();   //不需要类型转换
        c1.set("Bill");         //将发生编译错误
      }
}
```

程序中定义了两个类：Person 类和 Container 类，其中后者为泛型类。可以看出，与普通的 Java 类定义不同的只是：泛型类的表示方法是在类名后面用尖括号括起一个类型参数 T。

注意：这种由类型参数修饰的类被称为泛型类。

通过这样定义类的头部，在类体内，用户既可以定义 T 类型的数据成员，也可以在成员方法（静态方法除外）中使用 T 类型的形式参数或内部变量。也就是说，类型参数的作用域是定义这个类型参数的整个类，但是不包括静态成员方法。这是因为当访问同一个静态成员方法时，同一个类的不同实例可能有不同的类型参数，所以类型参数的作用域不应该包括这些静态方法，否则就会引起混乱。

在创建泛类的对象时，通过将 T 的位置指定为特定的引用类型保证了类中所有出现 T 的位置均用指定类型代替。

注意：泛型本质上是提供类型的"类型参数"，也就是说，在创建一个类时，类中部分成员或方法中参数的类型可以暂时不指定成特定类型，而是用一个符号代替。所以，泛型也被称为参数化类型或参量多态。

Java 允许对类中的多个类型参数化。方法是在类名之后的尖括号内< >写多个类型参数，

并用逗号“,”隔开，见例 6-17。

【例 6-17】 定义两个参数的泛型类。

```
public class Container2<S, T> {
    private S elem1;
    private T elem2;
    public Container2(S elem1, T elem2){
        this.setElem1(elem1);
        this.setElem2(elem2);
    }
    public S getElem1( ) {
        return elem1;
    }
    public void setElem1(S elem1) {
        this.elem1 = elem1;
    }
    public T getElem2( ) {
        return elem2;
    }
    public void setElem2(T elem2) {
        this.elem2 = elem2;
    }
    public static void main(String[ ] args) {
        //创建泛类的对象，泛类中的类型参数 S 用 Integer 代替，类型参数 T 用 String 代替
        Container2<Integer,String> c1 = new Container2<Integer, String> (1, "Ann");
        System.out.println(c1.getElem1( ) + " " + c1.getElem2( ));
        c1.setElem2("Bill");
        System.out.println(c1.getElem1( ) + " " + c1.getElem2( ));
    }
}
```

注意：类型参数名可以任意取名，只要符合标识符的取名规则即可，在实际使用中，习惯用一个大写字母命名。

6.6.2 泛型方法

迄今为止，已经可以通过定义泛型类，使类的数据成员的类型和非静态成员方法中参数和局部变量的数据类型参数化。Java 也允许对普通的类（非泛型类）中的成员方法、静态方法（无论是否为泛型类）的数据类型参数化，参数化后的方法即为泛型方法。

注意：实际上，泛型方法在泛型类和普通类中均可以定义。

要定义泛型方法，只需要在这个方法的返回类型之前加上一个类型参数“T”，并用尖括号“< >”将它括起来，见例 6-18。

【例 6-18】 定义和使用泛型方法。

```
public class GjMethod {
    public <T> void displayType(T a){
        System.out.println(a.getClass( ).getName( ));
    }
    public <T> T getFirst(List<T> lst){
        return lst.get(0);
    }
    public static void main(String[ ] args) {
        //创建 GjMethod 类的对象
        GjMethod gm = new GjMethod( );
        List<Integer> lst1 = new ArrayList<Integer>( );
        lst1.add(1);
        lst1.add(2);
        Integer i = gm.getFirst(lst1);//调用泛型方法 getFirst
        gm.displayType(i);//调用泛型方法 displayType
        gm.displayType(100);
    }
}
```

运行结果如下：

```
java.lang.Integer
java.lang. Integer
```

例 6-18 中，GjMethod 类没有被参数化，是普通的 Java 类，但是其中的 getFirst( )方法的返回类型和形式参数都使用参数化类型，displayType( )方法的形参也为类型参数 T，这两个类方法均为泛型方法。

调用泛型方法时，一般情况下，和类的其他方法一样，不需要指定类型参数，因为编译器能够根据实际参数的类型自动将类型参数替换为实际参数类型。例 6-18 中，通过将 List<Interger>类型的实参 lst1 传入泛型方法 getFirst，编译器自动识别到类型参数为 Integer；通过将 Integer 类型的实参 i 传入泛型方法 displayType，编译器自动识别到类型参数为 Integer。程序中还有一行：gm.displayType(100)，传入的实参属于基本数据类型 int，程序执行后，显示 Integer 类型，这是因为 Java 的自动装箱机制会对基本数据类型进行包装。

实际上，调用泛型方法时，方法名前也可以加入实际的类型参数，以显式说明实际参数的类型。例如：

```
gm.displayType(100)
```

可以写成：

```
gm.<Integer>displayType(100)
```

注意：使用泛型类和泛型方法的不同之处在于，使用泛型类创建对象时必须指定参数类型，但是调用泛型方法时，虽然可以在方法名前指定参数类型，但通常情况下可以不指定。泛型方法适用于以下场合：

（1）添加类型约束只作用于一个方法的多个参数之间、而不涉及类中的其他方法时，使用泛型方法;

（2）施加类型约束的方法为静态方法，只能将其定义为泛型方法，因为静态方法不能使用其所在类的类型参数。

6.6.3　泛型接口

泛型同样适用于接口。定义接口时，接口名之后也可以加类型参数，这样定义的接口称为泛型接口。例如，Java 中 Comparable 接口定义如下：

```
public interface Comparable<T> {
    public int compareTo(T that);
}
```

接口 Comparable 名之后加了类型参数<T>，此接口为泛型接口。下面以 Java 系统中定义的两个用于对象比较的接口 Comparable 和 Comparator 为例介绍如何一个类如何实现泛型接口。

1．Comparable<T>接口

Comparable 接口强行对实现它的每个类的对象进行整体排序，这种排序被称为类的自然排序。接口中的 compareTo( )方法用于比较此对象与指定对象的顺序。如果该对象小于、等于或大于指定对象，则分别返回负整数、零或正整数。

注意：

① 实现此接口的对象列表（和数组）可以通过 Collections.sort（和 Arrays.sort）进行自动排序。

② 实现此接口的对象可以用作有序映射中的键或有序集合中的元素，无需指定比较器。

③ Java 系统中很多类实现了该接口，如 String 类、Number 类的所有子类。

例 6-19 定义了实现 Comparable 接口的类 Student，在该类中通过比较 age 属性值的大小，重写了 compareTo( )方法。

【例 6-19】 定义实现 Comparable 接口的类。

```
class Student implements Comparable<Student>{
    String name;
    int age;
    Student( ){}
    Student(String name, int age){
        this.name = name;
        this.age = age;
    }
    void printInfo( ){
        System.out.println (name + "\t" + age);
    }
    //重写 comparable 接口中 compareTo 方法
```

```
        //比较年龄
        public int compareTo(Student s){
                return this.age-s.age;
        }
}
public class ComparableDemo {
        public static void main (String[ ] args) {
                Student s1 = new Student("Jacky", 21);
                Student s2 = new Student("Frank", 20);
                Student s3 = new Student("Annie", 19);
                ArrayList<Student> al = new ArrayList<Student>( );
                al.add(s1);
                al.add(s2);
                al.add(s3);
                //排序
                Collections.sort(al);   //自动调用上面的 compareTo 方法
                //打印
                al.forEach(e->e.printInfo( ));
        }
}
```

运行结果如下：

```
Jacky    19
Frank    20
Annie    21
```

如果要按姓名顺序进行排序，可以将 Student 类内的 compareTo( )方法修改如下：

```
//比较姓名
public int compareTo(Student o){
        //比较姓名的字符串
        //由于 String 类已经重写了 CompareTo 方法，name 为 String 类的对象，可以直接调用该方法。
        return this.name.compareTo(o.name);
}
```

有时候，人们会按照类中的不同属性（或属性的组合）进行排序，因此按照上例介绍的方法很显然无法解决。Java 系统中定义的 Comparator 接口可以解决以上问题。

2．Comparator<T>接口

Comparator<T>接口的定义如下：

```
public interface Comparator<T>{
        public int compare(T o1, T o2);
        public boolean equals(Object obj);
}
```

此接口含有强行对某个对象的集合进行整体排序的比较方法 compare(T o1,T o2)。

注意：

① 可以将 Comparator 传递给 sort 方法（如 Collections.sort 或 Arrays.sort），从而允许在排序顺序上实现精确控制。

② 可以使用 Comparator 来控制某些数据结构（如有序 set 或有序映射）的顺序，或者为那些没有自然顺序的对象（该类没有实现 Comparable 接口）的集合提供排序。

【例 6-20】 定义专门的比较器，对集合类中的元素排序。

```
class Student{
    String name;
    int age;
    Student(){ }
    Student(String name,int age){
        this.name = name;
        this.age = age;
    }
    void printInfo(){
        System.out.println (name + "\t" + age);
    }
}
//年龄比较器
class AgeComparator implements Comparator<Student>{
    public int compare(Student o1, Student o2){
        return o1.age-o2.age;
    }
}
public class ComparatorDemo {
    public static void main (String[ ] args) {
        Student s1 = new Student("Jacky", 21);
        Student s2 = new Student("Frank", 20);
        Student s3 = new Student("Annie", 23);
        List<Student> al = new ArrayList<Student>( );
        al.add(s1);
        al.add(s2);
        al.add(s3);
        //按年龄排序
        AgeComparator nc2 = new AgeComparator( );
        Collections.sort(al,nc2);
        System.out.println("按年龄排序: ");
        for(Student o : al){
            o.printInfo( );
        }
        //按姓名排序，创建匿名类
        Collections.sort(al,new Comparator<Student>(){
            public int compare(Student o1, Student o2){
                return o1.name.compareTo(o2.name);
```

```
            }
        });
        //打印
        System.out.println("按姓名排序: ");
        for(Student o:al){
            o.printInfo( );
        }
        //JDK8 版本开始，可如下表示
        al.sort((e1,e2)->{return e1.name.compareTo(e2.name);});
        //打印
        System.out.println("按姓名排序: ");
        al.forEach(e->e.printInfo( ));
    }
}
```

6.7 受限类型参数

实例化泛型类时，可以将类型参数 T 的位置用任意的引用类型代替，但是，如果要求该类型参数是某一父类的子类，又该如何定义该类呢？使用受限类型参数可以解决这个问题。

可以在定义泛型类时，在类名后类型参数 T 的位置增加关键字 extends，并在其后写父类名称，例如，对于例 6-16 定义的 Container1<T>类，如果要求 T 必须为 Number 类的子类，即可把定义类头说明部分“public class Container1<T>”替换为：“public class Container1 <T extends Number>”，见例 6-21。

【例 6-21】 加 extends 约束的泛型类。

```
public class Container3<T extends Number> {
    private T elem;
    public Container3(T elem){
        this.elem = elem;
    }
    public T get( ){
        return this.elem;
    }
    public void set(T elem){
        this.elem = elem;
    }
    public static void main(String[ ] args) {
        Container3<Integer> c1 = new Container3<Integer>(new Integer(100));
        Container3<String> c2 = new Container3<String>("hello"); //编译错误
    }
}
```

此时编译出错。错误发生在 Container3<String> c2=new Container3<String>("hello")所在的行，原因是 String 不是 Number 的子类。

6.8　类型通配符

6.8.1　泛型中的子类型

在程序设计过程中，人们总是希望写出较为通用的程序，以便为更多的程序员所使用。比如，对于例 6-16 中的定义的泛型类 Container1<T>，如果要求编写程序输出该类中的属性值，如何实现呢？

该要求的难点在于：实例化 Container1<T>时，类型参数 T 如何应该指定才能适用于各种参数类型的 Container1 对象。人们可能会这样想：由于任何类的父类均是 Object，所以 Container1<Object>是 Container1<T>的父类，因而编写出如下的代码（见例 6-22）。

【例 6-22】 编程输出泛型类 Container1 中的元素。

```
class TestContainer1 {
    void printContainer(Container1<Object> c) {
        System.out.println(c.get());
    }
}
```

如果使用以下代码进行测试：

```
Container1<Person> c1=new Container1<Person>(new Person("Ann"));
TestContainer1 mytest=new TestContainer1();
mytest.printContainer(c1);
```

将出现编译出错，显示"无法将 printContainer(Container1<java.lang.Object>) 应用于 (Container1<Person>)"。这是什么原因呢？这是因为 Container1<Object>不是 Container1<Person>的父类。

在 Java 中，如果 A 是 B 的子类型，C 是某个泛型的声明，那么 C<A>并不是 C<B>的子类型，不能将 C<A>类型的变量赋值给 C<B>类型的变量。

注意：同一个泛型类与不同的类型参数复合而成的类型之间并不存在继承的关系。

可以通过以下程序代码了解其中的原因：

```
Container1<Person> c1=new Container1<Person>(new Person("Ann"));
Container1<Object> c2=c1;
c2.set(new Integer());
```

该程序中，c1 中引用的 Container1 中值允许存放 Person 类的对象，如果 Container<Object>的引用 c2 可以和 c1 指向同一对象的话，下一句 c2.set(new Integer()); 就是完全合法的。可见，c2=c1 这种赋值破坏了泛型所带来的类型安全性。

6.8.2　类型通配符?

对于本节开始的问题，可以如下编写程序：

```
void printContainer(Container1<?> c) {
    System.out.println(c.get());}
}
```

上述程序中，函数的形参 c 被定义为 Container1<?>类型。类型参数设为？，表示该类型参数可以匹配任何类型。其中，“?”被称为通配符。

使用以下代码进行测试，程序可正确执行。

```
Container1<String> c1=new Container1<String>("Ann");
TestContainer1 mytest1=new TestContainer1( );
mytest1.printContainer(c1);
Container1<Integer> c2=new Container1<Integer>(new Integer(100));
TestContainer1 mytest2=new TestContainer1( );
mytest2.printContainer(c2);
```

用以下代码测试，结果如何呢？

```
Container1<?> c3=new Container1<String>("test");        //第一行
System.out.println(c3.get( ));                          //第二行
c3.set("result"); // 编译时错                            //第三行
```

编译时，第一行和第二行可以通过编译，第三行编译出错。对于第一行，由于？可以匹配任何类型，所以 Container1<?>的引用 c1 能够引用 Container1<String>类的对象；在第二行，虽然对于 c1.get()方法返回的对象，尽管无法确定其类型，但由于所有对象都是 Object 类对象，所以该行可以通过编译；但是当编译第三行时，由于不知道 c1 容器中能容纳的元素类型，无法向其中添加对象。唯一的例外是 null，它是所有类型的成员。

注意：

① 对于通过将类型参数设为通配符？的泛型类对象，只能读取其中的元素，不能向其中添加对象。

② 通配符只能通过引用声明使用，使用 new 创建对象时，不能使用通配符。

例如：Container1<?> c1=new Container1<?>( )；是错误的。

6.8.3 有限制的通配符

1. 上限通配符

类型通配符？之后也可以加关键字 extends。格式如下：

```
? extends 类名
```

用来限制参数类型只能为某个类或该类的子类。像这样的通配符被称为上限通配符。例如：

```
? extends Number
```

表示参数类型是 Number 类或该类的子类。

注意：这里的类名可以为特定的类，也可以为类型参数。

【例 6-23】 编程求列表 List 中所有元素之和。

```
//要求 List 类中元素类型必须为 Number 类的子类。
public class ListSum {
    public double sumOfList(List<? extends Number> lst){
        double s=0;
        for(Number e:lst){
            s = s + e.doubleValue( );
        }
        return s;
    }
   public static void main(String[ ] args) {
       List<Number> lst1 = new ArrayList<Number>( );
       ListSum ls1 = new ListSum( );
       lst1.add(1.23);
       lst1.add(100);
       lst1.add(new Byte("5"));
       double s = ls1.sumOfList(lst1);
       System.out.println("表中数据的和为:" + s);
       List<Integer> lst2 = new ArrayList<Integer>( );
       ListSum ls2 = new ListSum( );
       lst2.add(10);
       lst2.add(100);
       lst2.add(1000);
       s = ls2.sumOfList(lst2);
       System.out.println("表中数据的和为:" + s);
       List<Double> lst4 = new ArrayList<Double>();
       ListSum ls4 = new ListSum( );
       lst4.add(10.1);
       lst4.add(100.1);
       lst4.add(1000.3);
       s = ls4.sumOfList(lst4);
       System.out.println("表中数据的和为:" + s);
   }
}
```

运行结果如下：

```
表中数据的和为:106.23
表中数据的和为:1110.0
表中数据的和为:1110.5
```

由于 sumOfList 方法中形式参数的类型为“List<? extends Numer>”，所以无论实际参数是 List<Integer>、List<Double>类型，还是 List<Number>，程序均可正常执行，因为 Integer、Double 均为 Number 类的子类。如果例 6-23 中的 main 方法体内写入如下的代码：

```
List<String> lst3=new ArrayList<String>( );
ListSum ls3=new ListSum( );
lst3.add("1");
lst3.add("2");
s=ls3.sumOfList(lst3); //本行编译错误
System.out.println("表中数据的和为:"+s);
```

程序发生编译错误，原因是 String 不是 Number 的子类，所以 List<String>类型的实参不能匹配 List<? extends Number>的形参。现在，来看下面的代码：

```
List<? extends Number> lst1=new ArrayList<Number>( );
lst1.add(new Double(1.23));   //编译错误
```

编译时，第一行通过，但第二行发生编译错误，因为 lst1 中的元素类型不确定。

注意：和通配符“?”类似，对于通过将类型参数设为上限通配符“? extends”的泛型类对象，只能读取其中的元素，不能向其中添加对象。

对于这种情况，如果能确保添加的元素经转换后，一定是 Number 类或其子类，即可解决此问题，为此，Java 引入下限通配符。

2．下限通配符

下限通配符如下：

```
? super 类名
```

注意：这里的类名可以为特定的类，也可以为类型参数。

下限通配符可用来向泛型类中添加元素。使用下限通配符将上述程序修改如下：

```
List<? super Number> lst1=new ArrayList<Number>( );
lst1.add(new Double(1.23));
lst1.add(new Integer(100));
```

则程序能够正常运行。由于 lst1 是基于 Number 类型的 List，这样，添加 Number 或 Number 的子类是安全的。

【例 6-24】利用上限通配符进行读操作和利用下限通配符进行写操作。

```
public class ListTest {
        public void makList(List<? super Number> lst, Number elem){
            lst.add(elem);
        }
        public double sumOfList(List<? extends Number> lst){
                double s = 0;
                for(Number e:lst){
                        s = s + e.doubleValue( );
                }
                return s;
        }
        public static void main(String[ ] args) {
```

```
            ListTest lt = new ListTest();
            List<Number> lst = new ArrayList<Number>();
            lt.makList(lst, 10);
            lt.makList(lst, 1.23);
            double s = lt.sumOfList(lst);
            System.out.println("表中数据的和为:" + s);
    }
}
```

运行结果如下：

```
表中数据的和为:11.23
```

再看一个例子。

【例 6-25】 编写一个程序，求 List 表中元素的最小值。

```
class Student implements Comparable<Student>{
        String name;
        int age;
        Student(){ }
        Student(String name, int age){
            this.name = name;
            this.age = age;
        }
        void printInfo(){
            System.out.println (name + "\t" + age);
        }
        public int compareTo(Student s){
            return this.age-s.age;
        }
}
class Pupil extends Student{
        Pupil(){ }
        Pupil(String name, int age){
            super(name, age);
        }
}
class MinOfList{
        public static <T extends Comparable<? super T>> T min(List<T> lst){
            T e1 = lst.get(0);
            for(T e2 : lst){
                if(e2.compareTo(e1)<0)
                    e1 = e2;
            }
            return e1;
        }
}
```

```
public class GCmp {
    public static void main (String[ ] args) {
        List<Student> al = new ArrayList<Student>( );
        al.add(new Student("Smith", 20));
        al.add(new Pupil("Bill", 10));
        al.add(new Student("Smith", 19));
        Student n = MinOfList.min(al);
        System.out.println("年龄最小的学生是:");
        n.printInfo( );
    }
}
```

运行结果如下：

```
年龄最小的学生是:
Bill    10
```

该程序中，MinOfList 类的静态方法 min 定义中，类型参数 T 的说明如下：

```
T extends Comparable<? super T>
```

表示对象本身既可以与同类型的对象比较，也可以与基于该类的子类进行比较。

总之，通配符主要用于泛型类做函数参数时。要表示泛型类对象中的类型参数是任何类型，而且只进行读取操作，可以使用？通配符；要表示泛型类对象中的类型参数是指定的类及子类，并只进行读取操作，可以使用带关键字 extends 的上限通配符；要表示泛型类对象中的类型参数是指定的类及子类，并只进行写入操作，可以使用带关键字 super 的下限通配符。

总结

java.util 包存放着程序设计中常用的工具类，比如时间日期类、集合类等。

集合类中提供了数据存储、处理的方法，总的来说，可以分成以下三组。

1．List

该组中的类按照索引值来操作数据，允许存放重复的元素。实现 List 接口的类有 ArrayList、Vector 类等。在 ArrayList、Vector 类中，顺序存放数据元素，便于查询数据；Vector 类中除了可以使用 Collection 接口提供的方法外，它自身有些命名较为特殊的方法，目前，Vector 类已经成为过时的类，建议使用 ArrayList 取代。（本书中，由于在可视化编程中 Table 类需要引用 Vector，所以进行了介绍）。

2．Set

该组中的类按照索引值来操作数据，不允许存放重复的元素。实际上，Set 即为数学中集合的概念，实现 Set 接口的类有 TreeSet、Hashset。

3．Map

该组中的类按照名称来操作数据，名称不允许重复，值可以重复，一个名称对应一个唯一的值。实现该接口的类有 HashMap、TreeMap、Hashtable。

Collections 类用于操作和管理实现了以上三个接口的集合类；Arrays 类专用于对数组的操作，如排序、查找等。

泛型技术是 JDK 5 版本的新特性，通过使用泛型，用户可以编写出更加通用的程序。

所谓泛型，其实就是在定义类、方法和接口时，可以将其中的类对象成员的数据类型写成类型参数，以便将来实例化该类时用指定的类代替。泛型的典型应用是集合框架，从 JDK 5 版本开始，集合框架中的类、接口、方法均定义成泛型。

第 7 章　输入输出和序列化

本章要点：

☑ 文件类的概念和使用
☑ 流和流处理概念
☑ 字节流、字符流的概念
☑ 字节流处理类的继承、构造和使用
☑ 字符流处理类的继承、构造和使用
☑ 序列化和反序列化的概念
☑ 对象的序列化
☑ 对象的反序列化
☑ 序列化和反序列化的实例操作

本章将重点讲解 java.io 包中一些常用的输入流、输出流类和其使用方式，以及对象的序列化（serialization）和反序列化（deserialization）。

在程序中，输入（input）和输出（output）扮演着非常重要的角色，通过输入、输出也可以完成应用程序和外部设备之间的数据传递。在程序运行过程中，程序使用者可以输入一些特定信息到程序中，程序将这些信息加工处理后，再将这些信息执行的结果，最终以一定的形式（如文件形式）输出给使用者。常见的外部设备包括文件、管道、网络连接。

在 Java 中通过流来处理输入、输出。在本章中，将以文件作为外部设备，讲解在程序中如何使用输入流类与输出流类对文件进行输入与输出操作。

对象的序列化和反序列化是 Java 的另一高级特性。序列化一般应用于以下场景之中。

① 永久性保存对象，把对象通过序列化字节流保存到本地文件中。

② 通过序列化在网络中和进程间传递对象。

7.1　File 类

在用户使用程序的过程中，有时希望将程序的输出结果保存在文件中或者是从文件中读取一些数据到程序中进行处理。比如，在一个程序中会遇到数据导入导出处理，有时需要把保存在文件中的数据导入到程序中，或者把一些信息保存到文件中；再比如多个应用程序之间的数据共享，有时为了考虑到数据的安全性，系统之间大都是依赖文件来进行数据传递的（比如 XML 文件），从一个应用程序中把数据输出到文件，而在另一个程序中从文件中把数据读入，并进一步处理。

同时，文件本身还具有一些特定的属性：比如文件的读写属性和创建时间属性，等等；另外，文件和其存放的路径也有一定的关系。

Java 语言在 java.io 包中提供了一个专门描述文件特性的 File 类，它描述了文件的路径、名称、大小及属性（只读、隐藏）等文件特性，并且也提供了许多操作文件的方法；通过 File 类提供的一些方法和属性，可以完成对文件或目录的常用管理操作，如创建文件或目录、删除文件或目录、查看文件的有关信息等。

7.1.1　File 类构造方法

File 类从 java.lang.Object 类继承而来。File 类提供了几个构造方法在实例化 File 类对象时使用。File 类的构造方法如表 7-1 所示。

表 7-1　File 类的构造方法

构 造 方 法	说　明
public File(String path)	使用指定路径构造一个 File 实例
public File(String parent, String child)	根据 parent 路径名字符串和 child 路径名字符串创建一个新 File 实例
public File(File parent, String child)	根据 parent 路径和 child 路径名字符串创建一个新 File 实例
public File(URI uri)	根据给定的 file: URI 来创建一个新的 File 实例

在使用过程中可以根据具体情况使用不同的 File 类构造方法来创建 File 类实例。在创建 File 类的对象时，必须指定文件或者目录的路径；该路径可以为绝对路径或者相对路径。下面分别对这两个概念做一些阐述。

绝对路径是书写文件的完整路径，不需要任何其他信息就可以定位自身，不会产生歧义。比如：C:\Program Files\Java\jdk-17\bin 和 C:\Tomcat 6.0\conf\ server.xml。

相对路径就是指书写文件的部分路径；部分路径是指当前路径下的子路径。比如绝对路径中的例子，用相对路径就可以表示为：\Program Files 和\Tomcat 6.0\conf。

在绝对路径中，这些文件和目录存放在“C:\”下。

使用相对路径，可以增加通用的代表文件的位置，使得文件路径的定义具备一定的灵活性。

例如，当文件存储在“D:\Workspaces”目录下时，则该文件的当前路径是“D:\Workspaces”。在控制台下面运行程序时，当前路径是 class 文件所在的目录。如果 class 文件包含包名，则以该 class 文件最顶层的包名作为当前路径。

7.1.2　File 类常用方法

File 类提供大量的方法，可以方便地访问和设置文件和目录的属性。File 类的常用方法如表 7-2 所示。

表 7-2　File 类的常用方法

方　法	说　明
boolean canRead()	测试文件是否可以读取
boolean canWrite()	测试文件是否可以写入
int compareTo(File pathname)	按字母顺序比较两个文件的路径是否相等，相等返回 0；小于返回负数；大于返回正数

续表

方　法	说　明
boolean createNewFile()	创建一个新文件
boolean delete()	删除文件或目录
boolean equals(Object obj)	测试文件的路径名与给定对象是否相等，相等返回 true；不相等返回 false
boolean exists()	测试文件或目录是否存在
String getAbsolutePath()	获取文件的绝对路径
String getName()	获取文件或目录的名称
String getParent()	获取上层文件的路径，如果此路径没有父目录，则返回 null
String getPath()	获取文件的路径
boolean isAbsolute()	测试文件路径是否为绝对路径
boolean isDirectory()	测试是否为目录
boolean isFile()	测试此是否为文件
boolean isHidden()	测试文件的属性是否为隐藏
long lastModified()	获取文件最后一次被修改的时间
long length()	取得文件的大小
String[ ] list()	取得文件列表（以 String 数组存储）
File[ ] listFiles()	取得文件列表（以 File 数组存储）
static File[ ] listRoots()	列出文件系统根目录（以 File 数组存储）
boolean mkdir()	新增目录
boolean renameTo(File dest)	修改文件名称
boolean setLastModified(long time)	设置文件或目录的最后一次修改时间
boolean setReadOnly()	设置文件或目录为只读属性
String toString()	将文件的路径转换为字符串

从 File 类方法中可以清楚地看到，目录（disectory）也是一种文件。比较特别的是，在目录中可以存放其他的目录或文件，而一般的文件中只能存放数据而已（见例 7-1）。

【例 7-1】 File 类常用方法使用案例。

```
import java.io.*;
public class FileMethodsTestDemo {
    public static void main(String[ ] args) {
        String path = "test.txt";         // 根据相对路径创建 File 实例
        // String path = "D:\Workspaces\co5_example\test.txt";// 根据绝对路径创建实例
        File filePath = new File(path);
        System.out.println("路径：" + filePath.getParent( ));
        System.out.println("文件：" + filePath.getName( ));
        System.out.println("绝对路径：" + filePath.getAbsolutePath( ));
        System.out.println("文件大小：" + filePath.length( ));
        System.out.println("是否为文件：" + (filePath.isFile( ) ? "是" : "否"));
        System.out.println("是否为目录：" + (filePath.isDirectory( ) ? "是" : "否"));
        System.out.println("是否为隐藏：" + (filePath.isHidden( ) ? "是" : "否"));
        System.out.println("是否为可读：" + (filePath.canRead( ) ? "是" : "否"));
```

```
        System.out.println("是否可写入：" + (filePath.canWrite( ) ? "是" : "否"));
        System.out.println("最后修改时间：" + new Date(filePath.lastModified( )));
    }
}
```

运行结果如下：

```
路径：null
文件：test.txt
绝对路径：D:\Workspaces\co5_example\test.txt
文件大小：4
是否为文件：是
是否为目录：否
是否为隐藏：否
是否为可读：是
是否可写入：是
最后修改时间：Thu Jan 01 08:00:00 CST 1970
```

7.2 流

7.2.1 流的概念

流（stream）的概念源于 UNIX 中管道（pipe）的概念。在 UNIX 中，管道是一条不间断的字节流，用来实现程序或进程间的通信，或读写外部设备、外部文件等。

流机制是 Java 及 C++中的一个重要的机制，通过流能自由地控制包括文件、内存、IO 设备等中的数据的流向。例如：可以从文件输入流中获取数据，经处理后再通过网络输出流把数据输出到网络设备上；或利用对象输出流把一个程序中的对象输出到一个格式流文件中，并通过网络流对象将其输出到远程机器上，然后在远程机器上利用对象输入流将对象还原。像这些机制是别的高级语言所不能比拟的。但要掌握好这些流对象，流的概念的理解和掌握是很重要的。流是指在计算机的输入与输出之间流动的数据序列：从数据源串行流向数据目的地（如图 7-1 所示）。

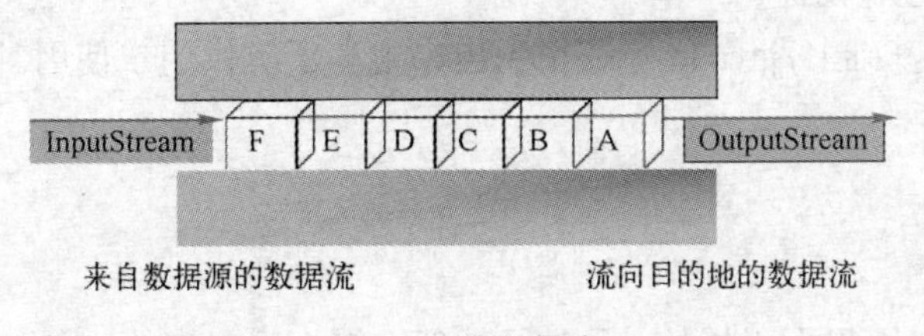

图 7-1　流的概念

流就像水管里的水流，在水管的一端一点一点地供水，而在水管的另一端看到的是一股连续不断的水流。数据写入程序可以是一段一段地向数据流管道中写入数据，这些数据段会按先后顺序形成一个长的数据流。对数据的读取程序来说，看不到数据流在写入时的分段情况，每次可以读取其中的任意长度的数据，但只能先读取前面的数据，然后再读取后面的数据。无论写入时是将数据分多次写入，还是作为一个整体一次写入，读取时的效果都是完全一样的。

流具有以下一些特点。

① 有源端和目的端。作为一个流，必然有源端和目的端，它们可以是计算机内存的某些区域，也可以是磁盘文件，甚至可以是 Internet 上的某个 URL。流的源端和目的端可简单地看成是流的生产者和消费者。

② 方向性。流的方向是流的一个重要特性，可以根据流的方向，把流分为两类：输入流和输出流。输入流是指从外设流入计算机的数据流；输出流是指从计算机流向外设的数据流。

对于输入流，用户可以从输入流中读取信息，但不能写它；而对于输出流，用户只能往输出流写入信息，但是不能读取它。简单地说，流就是一长串的位数据。当要在程序中取得输入时，就从流中读入位，而要输出程序的执行结果时，就把输出的结果写入流中，如图 7-2 所示。

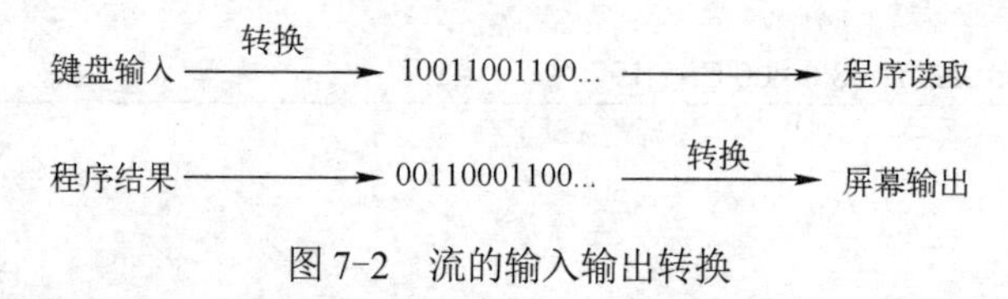

图 7-2 流的输入输出转换

在存取流时，程序员完全不必担心转换的问题，Java 语言会处理好转换工作。另外，Java 语言把所有关于输入与输出的类和接口存放在 java.io 包中，在后面的章节中将说明如何在程序中使用这些类来进行输入与输出的操作。

按照流处理数据的单位不同来进行分类，流又可以分为字节流和字符流。

7.2.2 字节流

字节流是在 JDK1.0 引进的，是最基本的流。文件的操作、网络数据的传输等都依赖于字节流。字节流读取的最小单位是一个字节（1byte=8bit），主要用来操作字节和字节数组。

Java 语言中提供了很多用于操作字节流的类和接口，都集中在 java.io 包中，其中 InputStream、OutputStream 是字节流处理的基类。InputStream 类是用来处理输入流的，而 OutputStream 用来处理输出流。

在这两个基类的基础上，java.io 包还衍生出来很多子类供用户使用。比如 FileInputStream、FileOutputStream 类等。

7.2.3 字符流

字符流是在 JDK1.1 里面引进的，是为了处理字符而提出来的。字符流常常用于读取文本类型的数据或字符串流的操作。字符流的处理和字节流差不多，API 基本上完全一样，只是计量单位不同；字符流一次可以读取一个字符（1char = 2byte = 16bit）；其专门用来操作字符、字符数组或字符串。

java.io 包中也提供了很多用于操作字符流的类和接口，其中 Reader、Writer 两个类是字符流处理的基类。java.io 包还衍生出来很多子类供用户使用，比如 FileReader、FileWriter

类，等等。在针对字符、字符串、文本文件进行输入与输出的操作时，应该首选字符流处理。

注意：常用的 GBK 字符集中，英文是占用 1 个字节，中文是 2 个字节；UTF-8 字符集，英文是 1 个字节，中文是 3 个字节；Unicode 字符集，英文中文都是 2 个字节。

7.3 使用字节流进行文件读/写

7.3.1 InputStream 和 OutputStream 类

InputStream 和 OutputStream 类是以 byte 为对象来进行输入与输出。InputStream 和 OutputStream 都是抽象类，是其他所有字节操作类的基类。图 7-3 描述了它们之间的对应关系：

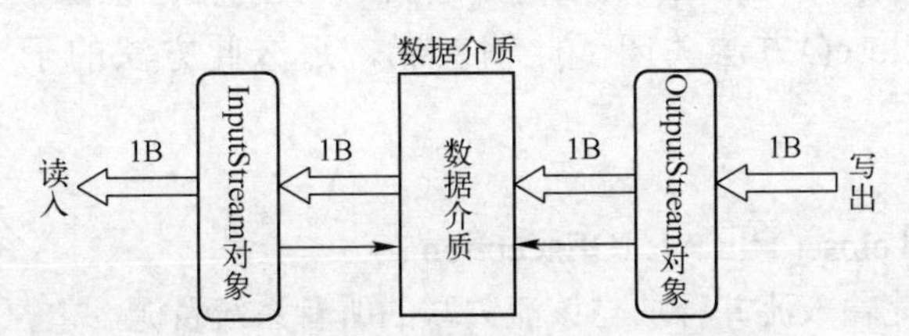

图 7-3 InputStream 类和 OutputStream 转换

下面对它们的继承结构和所提供的方法分别进行阐述。

1. InputStream 类

图 7-4 为 InputStream 类的继承结构图。

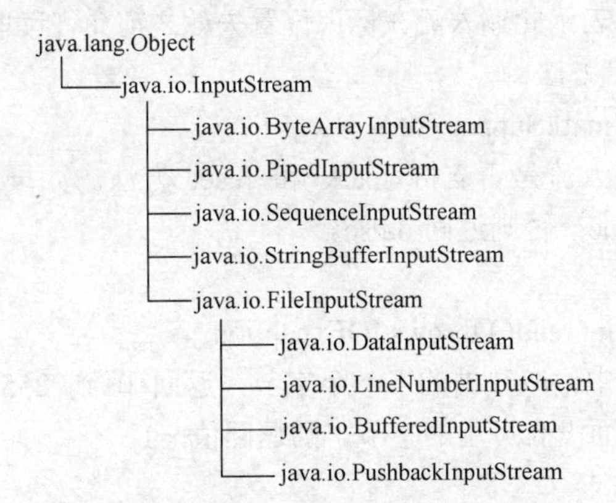

图 7-4 InputStream 类的继承结构

InputStream 类常用方法如表 7-3 所示。

表 7-3 InputStream 类部分常用函数

方 法	说 明
int available()	返回目前流中可以读取的位数
void close()	关闭流
void mark(int readlimit)	在此输入流中标记当前的位置

续表

方　法	说　明
boolean markSupported()	测试此输入流是否支持 mark 和 reset 方法
int read()	从输入流中读取数据的下一个字
int read(byte[ ] b)	从输入流中读取一定数量的字节，并将其存储在缓冲区数组 b 中
int read(byte[ ] b, int off, int len)	从流中读取字节并存放在指定的数组中，off 为数组索引；len 为读取位数
void reset()	将读取位置移至流标记处
long skip(long n)	于流中略过 n 个字节

（1）available() 方法

定义：public int available()throws IOException

功能：返回此输入流可以读取（或跳过）的字节位数。

说明：InputStream 的 available()方法总是返回 0，此方法应该由子类重写。

如果已经调用 close()方法关闭了此输入流，那么此方法的子类实现可以选择抛出 IOException。

（2）close()方法

定义：public void close() throws IOException

功能：用于关闭此输入流并释放与该流关联的所有系统资源。

（3）mark()方法

定义：public void mark(int readlimit)

功能：用于在此输入流中标记当前的位置。对 reset 方法的后续调用会在最后标记的位置重新定位此流，以便后续读取重新读取相同的字节。

说明：参数 readlimit 表示此输入流在标记位置失效之前允许读取的字节数。

（4）markSupported() 方法

定义：public boolean markSupported()

功能：用于测试此输入流是否支持 mark 和 reset 方法。如果此输入流实例支持 mark 和 reset 方法，则返回 true；否则返回 false。

（5）read() 方法

定义：public abstract int read() throws IOException

功能：用于从输入流中读取数据的下一个字节。返回 0 到 255 范围内的 int 字节值。如果因为已经到达流末尾而没有可用的字节，则返回值 -1。

（6）read(byte[ ] b) 方法

定义：public int read(byte[ ] b) throws IOException

功能：用于从输入流中读取一定数量的字节并将其存储在缓冲区数组 b 中。

说明：返回值为以整数形式返回实际读取的字节数。如果因为流位于文件末尾而没有可用的字节，则返回值 -1；否则，至少可以读取一个字节并将其存储在 b 中。此方法等同于 read(b, 0, b.length)。

参数 b-存储读入数据的缓冲区。 如果 b 的长度为 0，则不读取任何字节并返回 0；否则，尝试读取至少一个字节。如果因为流位于文件末尾而没有可用的字节，则返回值 -1。

（7）read(byte[ ] b, int off, int len) 方法

定义：public int read(byte[ ] b,int off,int len) throws IOException

功能：将输入流中最多 len 个数据字节读入字节数组。尝试读取多达 len 字节，但可能读取较少数量。

说明：返回值为以整数形式返回实际读取的字节数。如果由于已到达流末尾而不再有数据，则返回 -1。

参数 b 表示读入数据的缓冲区。

参数 off 表示数组 b 中将写入数据的初始偏移量。

参数 len 表示要读取的最大字节数。如果 len 为 0，则不读取任何字节并返回。否则，尝试读取至少一个字节。如果因为流位于文件末尾而没有可用的字节，则返回值 -1；否则，至少读取一个字节并将其存储在 b 中。

（8）reset() 方法

定义：public void reset( ) throws IOException

功能：将此流重新定位到最后一次调用 mark 方法的位置。

（9）skip() 方法

定义：public long skip(long n) throws IOException

功能：跳过和丢弃此输入流中数据的 n 个字节。

说明：参数 n 表示要跳过的字节数；返回值为跳过的实际字节数。

以上各方法，如果发生 I/O 错误，会抛出 IOException 异常。

2．OutputStream 类

图 7-5 为 OutputStream 类的继承结构图。

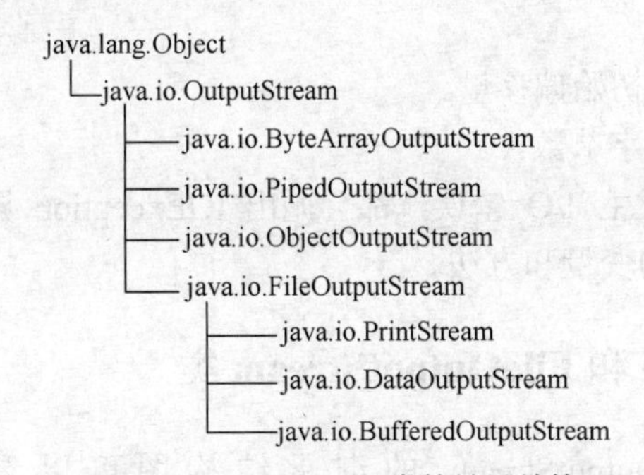

图 7-5　OutputStream 类的继承结构

OutputStream 类常用方法如表 7-4 所示。

表 7-4　OutputStream 类部分常用函数

方　法	说　明
void close()	关闭流
void flush()	强制输出流中的字节到指定的输出装置
void write(byte[ ] b)	将指定数组中的字节写入输出流中
void write(int b)	将指定的字节写入到输出流中
void write(byte[ ] b, int off, int len)	写入指定数组中的字节到流中，off 为数组索引；len 为写入的字节数

（1）close()方法

定义：public void close( ) throws IOException

功能：关闭此输出流并释放与此流有关的所有系统资源。关闭的流不能执行输出操作，也不能重新打开。

说明：该方法执行过程中如果发生 I/O 错误，会抛出 IOException 异常。

（2）flush()方法

定义：public void flush( ) throws IOException

功能：强制输出流中缓冲的字节到指定的输出设备。

（3）write(byte[ ] b) 方法

定义：public abstract void write(int b) throws IOException

功能：将指定的字节 b 写入输出流。

说明：该方法在 OutputStream 中没有实现，OutputStream 的子类必须提供此方法的实现。

（4）write(byte[ ] b)方法

定义：public void write(byte[ ] b) throws IOException

功能：将指定数组 b 中的字节写入输出流中。

说明：该方法的执行效果与调用 write(b, 0, b.length)方法的效果完全相同。

参数 b 表示字节数组。

（5）write(byte[ ] b, int off, int len)

定义：public void write(byte[ ] b, int off, int len) throws IOException

功能：将指定 byte 数组中从偏移量 off 开始的 len 个字节写入此输出流。

说明：

参数 b 表示字节数组。

参数 off 表示数组中的初始偏移量。

参数 len 表示要写入的字节数。

以上各个方法，如果发生 I/O 错误，都会抛出 IOException 异常。通过继承关系，这两个类的子类都会拥有父类的变量和方法。

7.3.2 FileInputStream 和 FileOutputStream 类

从 InputStream 和 OutputStream 的继承结构图可以看出，FileInputStream 和 FileOutputStream 类是 InputStream 和 OutputStream 类的子类，因此也就拥有了父类的变量和方法；并重写或者实现了部分方法。这两个类主要以字节的形式对文件进行读/写，用于读取诸如图像数据之类的原始字节流。

1．FileInputStream 类

FileInputStream 类的构造方法如表 7-5 所示。

表 7-5 FileInputStream 的构造方法

构造方法	说明
FileInputStream(String name)	用某个文件名 name 创建一个字节输入流对象
FileInputStream(File file)	用 File 对象创建一个字节输入流对象

FileInputStream(String name)：通过打开一个到实际文件的连接来创建一个 FileInputStream，参数 name 指定该文件路径名。

FileInputStream(File file)：通过打开一个到实际文件的连接来创建一个 FileInputStream，参数 file 指定该 File 对象。

以上两个构造函数，当传递的参数出现以下两种情况：如果文件存在，但它是一个目录，而不是一个常规文件；抑或因其他某些原因而无法打开进行读取；都会抛出 FileNotFoundException 异常。

2．FileOutputStream 类

FileOutputStream 的构造方法如表 7-6 所示。

表 7-6　FileOutputStream 的构造方法

构造方法	说　明
FileOutputStream(String name)	用某个文件名 name 创建一个字节输出流对象
FileOutputStream(String name, boolean append)	用某个文件名 name 创建一个字节输出流对象，当 append 参数为 true 时，则将字节写入文件末尾处，而不是写入文件开始处
FileOutputStream (File file)	用 File 对象创建一个字节输出流对象
FileOutputStream(File file, boolean append)	用 File 对象创建一个字节输出流对象，当 append 参数为 true 时，则将字节写入文件末尾处，而不是写入文件开始处

FileOutputStream (String name)：根据文件名 name 创建一个字节输出流对象流 FileOutputStream，参数 name 指定该文件路径名。

FileOutputStream(String name,boolean append)：根据文件名 name 创建一个字节输出流对象流 FileOutputStream，参数 name 指定该文件路径名。当 append 参数为 true 时，则将字节写入文件末尾处，而不是写入文件开始处。

FileOutputStream (File file)：通过打开一个到实际文件的连接来创建一个 FileOutputStream，参数 file 指定该 File 对象。

FileOutputStream(File file,boolean append)：通过打开一个到实际文件的连接来创建一个 FileOutputStream，参数 file 指定该 File 对象。当 append 参数为 true 时，则将字节写入文件末尾处，而不是写入文件开始处。

以上四个构造方法，当传递的参数出现以下几种情况：如果文件存在，但它是一个目录，而不是一个常规文件；或者该文件不存在，但无法创建它；抑或因其他某些原因无法打开它，都会抛出 FileNotFoundException 异常。

例 7-2 显示如何使用 FileInputStream 类和 FileOutputStream 类进行图片复制功能。

【例 7-2】 使用 FileInputStream/FileOutputStream 复制图片文件。

```
import java.io.*;
public class TestFileInputStream {
    public static void main(String[ ] args) {            //设定字节数组的长度为 17*1024 字节，即 17KB
        byte[ ] b = new byte[17 * 1024];
        File inF = new File("d:\\dps.jpg");//创建 File 实例
        File outF = new File("d:\\dps_output.jpg");//创建 File 实例
        try {
            FileInputStream fis = new FileInputStream(inF); //创建 FileInputStream 实例 fis
```

```
            FileOutputStream fops = new FileOutputStream(outF); //创建 FileOutputStream 实例 fops
            fis.read(b); //从输入流 fis 中读取一定数量的字节并将其存储在缓冲区数组 b 中
            fops.write(b); //将 b.length 个字节从指定的字节数组 b 写入此输出流
            fis.close( );//关闭输入流
            fops.close( );//关闭输出流
        } catch (FileNotFoundException fnfe) {
            System.out.println("FileNotFoundException fnfe");
            fnfe.printStackTrace( );
        } catch (IOException ie) {
            System.out.println("IOException ie");
            ie.printStackTrace( );
        }
    }
}
```

运行结果如下：

```
您将会看到在 d:\中新创建了一个文件 dps_output.jpg。
```

例 7-3 显示如何使用这两个类进行文本文件的复制功能。

【例 7-3】 使用 FileInputStream/FileOutputStream 复制文本文件。

```
import java.io.*;
public class FileInputStreamOutputStreamDemo{
    public static void main(String[ ] args) {
        try{
            File file=new File("d:\\myfile.txt");// 创建文件对象
            FileInputStream fis=new FileInputStream(file); //创建输入流
            FileOutputStream fos=new FileOutputStream("d:\\myfile2.txt");//创建输出流
            int temp;//定义临时变量
            while((temp=fis.read( ))!=-1){ //循环读取文件的内容
                System.out.print((char)temp); //输出到控制台
                fos.write(temp); //同时写入到 myfile2.txt 文件
            }
            System.out.println("文件复制完毕");
            fis.close( );//关闭输入流
            fos.close( );//关闭输出流
        }catch(FileNotFoundException ex){
            ex.printStackTrace( );
        }catch(IOException ex){
            ex.printStackTrace( );
        }
    }
}
```

运行结果如下：

```
您将会看到在 d:\中新创建了一个文件 myfile2.txt。
```

7.4　使用字符流进行文件读/写

7.4.1　基类 Reader 类和 Writer 类

Reader 类和 Writer 类以 char 为对象进行输入与输出。在对字符、字符串或者文本文件进行输入、输出操作时，请尽量首先使用 Reader、Writer 类，因为 Reader、Writer 类是特别针对字符的 I/O 所设计的，并且归属于这一类的类提供了许多实用方法。

下面通过一个图例来描述它们在输入输出中的使用方式，如图 7-6 所示。

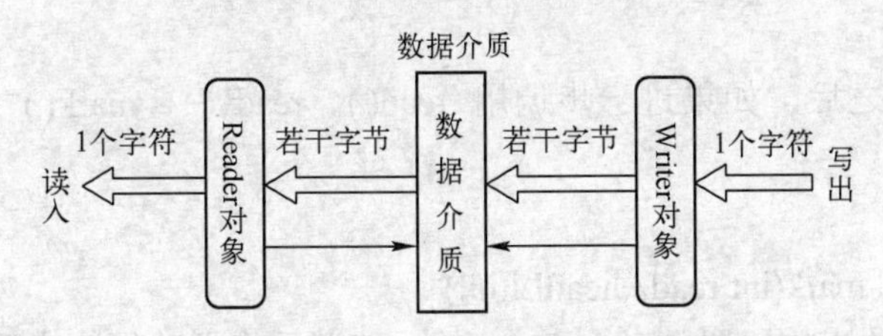

图 7-6　Reader 类和 Writer 类在输入输出中的转换

Reader 和 Writer 是抽象类，在进行文本文件的字符读写时，真正会使用的是其子类。下面对它们的继承结构和所提供的方法分别进行阐述。

1．Reader 类

图 7-7 所示为 Reader 类的继承结构图。

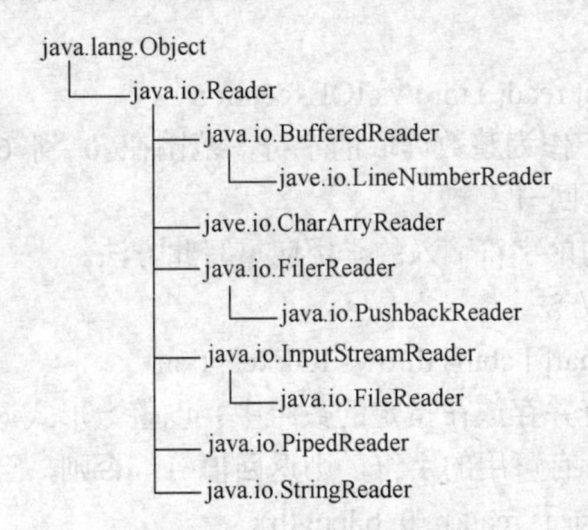

图 7-7　Reader 类的继承结构

Reader 类常用方法如表 7-7 所示。

表 7-7　Reader 类部分常用函数

方　法	说　明
void close()	关闭流
void mark(int readAheadLimit)	标记流中的当前位置
boolean markSupported()	判断此流是否支持 mark() 操作
int read()	读取单个字符

续表

方　法	说　明
int read(char[ ] cbuf)	从流中读取字符并存放在指定的数组中
int read(char[ ] cbuf, int off, int len)	从流中读取字符并存放在指定的数组中，off 为数组索引；len 为读取字符数
void reset()	将读取位置移至流标记处
boolean ready( )	测试流是否准备完成等待读取
long skip(long n)	于流中略过 n 个字符

（1）close( ) 方法

定义：public void close( ) throws IOException

功能：关闭该流。

说明：在关闭流之后，如果进一步调用 read( )、ready( )、mark( ) 或 reset( ) 将会抛出 IOException。

（2）mark( ) 方法

定义：public void mark(int readAheadLimit)

功能：标记流中的当前位置。对 reset( ) 的后续调用将尝试将该流重新定位到此点。

说明：参数 readAheadLimit 表示此输入流在标记位置失效之前允许读取的字符数。

（3）markSupported( ) 方法

定义：public boolean markSupported( )

功能：判断此流是否支持 mark( ) 操作。默认实现始终返回 false。子类应重写此方法。

说明：如果此输入流实例支持 mark 方法，则返回 true；否则返回 false。

（4）read( ) 方法

定义：public abstract int read( ) throws IOException

功能：读取单个字符，作为整数读取的字符，范围在 0 到 65535 之间 (0x00-0xffff)，如果已到达流的末尾，则返回-1。

说明：用于支持高效的单字符输入的子类应重写此方法。

（5）read(char[ ] cbuf) 方法

定义：public int read(char[ ] cbuf) throws IOException

功能：从流中读取字符并存放在指定的数组中。以整数形式返回实际读取的字符数。如果因为流位于文件末尾而没有可用的字符，则返回值-1；否则，至少可以读取一个字符并将其存储在 b 中。此方法等同于 read(b, 0, b.length)。

说明：参数 cbuf 表示存储读入数据的缓冲区。

（6）read(char[ ] cbuf, int off, int len) 方法

定义：public int read(char[ ] cbuf, int off, int len) throws IOException

功能：从流中读取字符并存放在指定的数组中，off 为数组索引；len 为读取字符。

说明：返回值为以整数形式返回实际读取的字符数。如果由于已到达流末尾而不再有数据，则返回-1。

参数 cbuf 表示读入数据的缓冲区。

参数 off 表示数组 cbuf 中将写入数据的初始偏移量。

参数 len 表示要读取的最大字符数。

（7）reset() 方法

定义：public void reset( ) throws IOException

功能：将此流重新定位到最后一次调用 mark 方法的位置。

（8）skip() 方法

定义：public long skip(long n) throws IOException

功能：跳过和丢弃此输入流中数据的 n 个字符。

说明：返回值为跳过的实际字符数。

参数 n 表示要跳过的字符数。

以上各方法，如果发生 I/O 错误，则会抛出 IOException 异常。

2．Writer 类

图 7-8 所示为 Writer 类的继承结构图

Writer 类常用方法如表 7-8 所示。

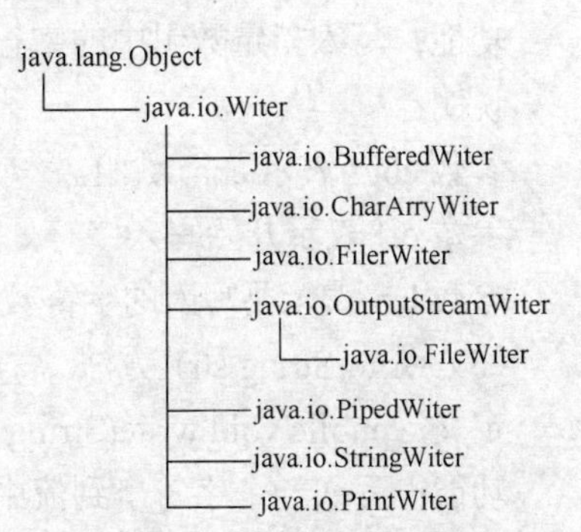

图 7-8　Writer 类的继承结构

表 7-8　Writer 类部分常用函数

方　法	说　明
void close( )	关闭流
void flush( )	刷新此流
void write(char[ ] b)	将指定数组中的字符写入输出流中
void write(int b)	写入单个字符
void write(char[ ] cbuf, int off, int len)	写入指定数组中的字符到流中，off 为数组索引；len 为写入的字符数
void write(String str)	写入一个字符串到流中
void write(String str, int off, int len)	写入字符串的某一部分。off 为字符串起始位置；len 为写入字符数

（1）close( )方法

定义：public void close( ) throws IOException

功能：关闭流，关闭前要先刷新它。

说明：在关闭流之后，如果再调用 write( )或 flush( )则将导致抛出 IOException。

（2）flush( )方法

定义：public void flush( ) throws IOException

功能：刷新流。如果此流已保存缓冲区中各种 write( )方法的任何字符，则立即将它们写入预期目标。

（3）write(int b)方法

定义：public abstract void write(int b) throws IOException

功能：写入单个字符。用于支持高效单字符输出的子类应重写此方法。

（4）write(char[ ] cbuf)方法

定义：public void write(char[ ] cbuf) throws IOException

功能：将指定数组中的字符写入输出流中。与调用 write(b, 0, b.length) 的效果完全相同。

说明：参数 cbuf - 数组

（5）write(char[ ] cbuf, int off, int len) 方法

定义：public void write(char[ ] cbuf, int off, int len) throws IOException

功能：写入指定数组中的字符到流中，off 为数组索引；len 为写入的字符数。

说明：

参数 cbuf 表示 char 数组。

参数 off 表示开始写入字符处的偏移量。

参数 len 表示要写入的字符数。

（6）write(String str) 方法

定义：public void write(String str) throws IOException

功能：写入一个字符串到流中。

（7）write(String str,int off, int len) 方法

定义：public void write(String str,int off, int len) throws IOException

功能：写入字符串的某一部分。off 为字符串起始位置；len 为写入字符数。

以上各方法，如果发生 I/O 错误，会抛出IOException异常。通过继承关系，这两个类的子类都会拥有父类的属性和方法。

7.4.2 FileReader 类和 FileWriter 类

FileReader 类和 FileWriter 类分别继承自 InputStreamReader/OutputStreamWriter，集成结构图参见 7.4.1 节所示。FileReader、FileWriter 是用来读取字符文件的便捷类，提供了一些字符流的处理方法。

如果要存取的是一个文本文件，就可以考虑直接使用 java.io.FileReader 类和 java.io.FileWriter 类，使用它们现有的方法来对文本文件进行读/写操作。

下面对它们的方法分别进行阐述，并在后面给出一个实例来介绍它们的使用方法。

1．FileReader 类

用于读取文件字符数据，其构造方法如表 7-9 所示。

表 7-9 FileReader 类构造方法

构 造 方 法	说 明
FileReader(File file)	使用指定的文件对象创建一个 FileReader 对象
FileReader(String fileName)	使用指定的文件名创建一个 FileReader 对象

该类没有自己独特的成员方法，它的成员方法都直接继承自父类的。

它继承了 InputStreamReader 的close( ), getEncoding( ), read( ), ready( )等方法；同时还集成了 Reader 的mark( ), markSupported( ), read( ), reset( ), skip( )等方法。

2．FileWriter 类

用于向文件写入字符数据，其构造方法如表 7-10 所示。

表 7-10　**FileWriter 类构造方法**

构 造 方 法	说　　明
FileWriter(String fileName)	使用指定的文件名创建一个 FileWriter 对象
FileWriter(String fileName, boolean append)	使用指定的文件名创建一个 FileWriter 对象，并指示是否把字符追加到文件末尾
FileWriter(File file)	使用指定的文件对象创建一个 FileWriter 对象
FileWriter(File file, boolean append)	使用指定的文件对象创建一个 FileWriter 对象，并指示是否把字符追加到文件末尾

FileWriter(String fileName, boolean append)：使用指定的文件名创建一个 FileWriter 对象，并指示是否把字符追加到文件末尾。append 如果为 true，则将字节写入文件末尾处，而不是写入文件开始处。

FileWriter(File file, boolean append)：使用指定的文件对象创建一个 FileWriter 对象，并指示是否把字符追加到文件末尾。append 如果为 true，则将字节写入文件末尾处，而不是写入文件开始处。

该类没有自己独特的成员方法，它的成员方法都直接继承自父类的。

下面通过例 7-4 分析如何使用 FileReader 类和 FileWriter 类进行文件的复制。

【例 7-4】 使用 FileReader 和 FileWriter 类复制文件。

```
import java.io.*;
public class FileReaderWriterTest {
    public static void main(String[ ] args) {
        try {
            FileReader fileReader = new FileReader("d:\\fileTest.txt");   // 构造 FileReader
            FileWriter fileWriter = new FileWriter("d:\\fileTestCopy.txt");// 构造 FileWriter
            int in = 0;
            char[ ] wlnChar = { '\r', '\n' };
            while ((in = fileReader.read( )) != -1) {
                if (in == '\n') {
                    fileWriter.write(wlnChar); // 写入"\r\n"
                } else {
                    fileWriter.write(in);
                }
            }
            fileReader.close( );
            fileWriter.close( );
            System.out.println("copy 文件完成");
        } catch (FileNotFoundException e) {
            System.out.println("请指定文件");
        } catch (IOException e) {
            e.printStackTrace( );
        }
    }
}
```

运行结果如下：

您将会看到在 d:\中新创建了一个文件 fileTestCopy.txt

7.4.3 InputStreamReader 类和 OutputStreamWriter 类

在 IO 包中，除了字节流和字符流这两个流之外，还存在一组字节流与字符流进行转换的类：InputStreamReader 类和 OutputStreamWriter 类。

InputStreamReader 是 Reader 的子类，是输入的字节流通向字符流的桥梁，它按照一定的字符集（charset）读取字节并将其解码为字符，从而将字节流转换为字符流；即将一个字节流的输入对象变为字符流的输入对象。

OutputStreamWriter 是 Writer 的子类，是输出的字符流通向字节流的桥梁，它将字符流转换为字节流，即将一个字符流的输出对象变为字节流输出对象。

以文件操作为例，在保存文件时，需要把内存中的字符数据通过 OutputStreamWriter 变为字节流才能保存；相反，读取文件时，则需要将读入的字节流通过 InputStreamReader 变为字符流。如图 7-9 所示，不管如何操作，最终全部是以字节的形式保存在文件中。

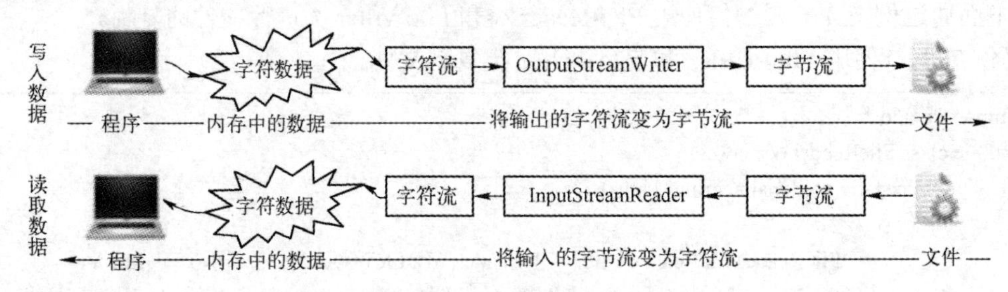

图 7-9　字节流和字符流的转换

1. InputStreamReader 类

InputStreamReader 类构造方法如表 7-11 所示。

表 7-11　InputStreamReader 类构造方法

构造方法	说　明
InputStreamReader(InputStream in)	创建一个使用默认字符集的 InputStreamReader
InputStreamReader(InputStream in, String charsetName)	创建使用指定字符集的 InputStreamReader， in 表示 InputStream charsetName 表示受支持的 charset 的名称
InputStreamReader(InputStream in, Charset cs)	创建使用给定字符集的 InputStreamReader in 表示 InputStream cs - 字符集

InputStreamReader 类提供的常用方法如表 7-12 所示。

表 7-12　InputStreamReader 类常用方法

方　法	说　明
void close()	关闭流
String getEncoding()	返回此流使用的字符编码的名称
int read()	读取单个字符

续表

方　法	说　明
int read(char[ ] cbuf, int off, int len)	从流中读取字符并存放在指定的数组中，off 为数组索引；len 为读取字符数
boolean ready( )	测试流是否准备完成等待读取

2．OutputStreamWriter 类

OutputStreamWriter 类构造方法如表 7-13 所示。

表 7-13　OutputStreamWriter 类构造方法

构 造 方 法	说　明
OutputStreamWriter(OutputStream out)	创建一个使用默认字符集的 OutputStreamWriter
OutputStreamWriter(OutputStream out, String charsetName)	创建使用指定字符集的 OutputStreamWriter out 表示OutputStream charsetName 表示受支持的 charset 的名称
OutputStreamWriter(OutputStream out, Charset cs)	创建使用给定字符集的 OutputStreamWriter out 表示OutputStream cs 表示字符集

OutputStreamWriter 类提供的常用方法如表 7-14 所示。

表 7-14　OutputStreamWriter 类常用方法

方　法	说　明
void close( )	关闭流
void flush( )	刷新此流的缓冲
String getEncoding( )	返回此流使用的字符编码的名称
void write(int b)	写入单个字符
void write(char[ ] cbuf, int off, int len)	写入指定数组中的字符到流中，off 为数组索引；len 为写入的字符数
void write(String str, int off, int len)	写入字符串的某一部分。off 为字符串起始位置；len 为写入字符数

例 7-5 说明如何通过 InputStreamReader 类和 OutputStreamWriter 类来进行文本文件的读取操作，并完成文件复制。

【例 7-5】 使用 InputStreamReader 和 OutputStreamWriter 复制文件。

```
import java.io.*;
public class StreamReaderWriterTest {
    public static void main(String[ ] args) {
        try {
            //使用相对路径文件名
            String fileName = "fileTest.txt";
            //构造 FileInputStream
            FileInputStream fileInputStream = new FileInputStream(fileName);
            //为 FileInputStream 加上字符处理功能
            InputStreamReader inputStreamReader = new InputStreamReader(fileInputStream);
            //构造 FileOutputStream
            FileOutputStream fileOutputStream = new FileOutputStream("backup_" + fileName);
            //为 FileOutputStream 加上字符处理功能
```

```
            OutputStreamWriter outputStreamWriter = new OutputStreamWriter(fileOutputStream);
            int ch = 0;
            //以字符方式显示文件内容
            while ((ch = inputStreamReader.read( )) != -1) {
                System.out.print((char) ch);
                outputStreamWriter.write(ch);
            }
            System.out.println("文件复制完毕");
            inputStreamReader.close( );
            outputStreamWriter.close( );
        } catch (FileNotFoundException e) {
            System.out.println("没有指定文件");
        } catch (IOException e) {
            e.printStackTrace( );
        }
    }
}
```

运行结果如下：

```
您将会看到在当前的目录下新创建了一个文件 backup_fileTest.txt；同时文件的内容会打印显示出来。
```

在这里使用 FileInputStream、FileOutputStream、InputStreamReader、OutputStreamWriter 可以分别以任何 InputStream、OutputStream 子类的实例作为构建对象时的变量。

7.4.4 BufferedReader 类和 BufferedWriter 类

在进行 IO 操作时，除了考虑需要实现的基本功能以外，程序的执行效率也是必须要关注和考虑的重要问题。前面讲解的一些基本的 IO 类，主要注重的是功能的实现，比如将特定的数据源转换为流对象；而没有过多的关注读/写的效率问题，而实际在进行项目开发时，读写效率也是必须要考虑的问题。

java.io 包里提供了一类缓冲流，该类流的作用就是提高流的读写效率，这组缓冲流包含 BufferedInputStream/BufferedOutputStream（后面章节讲述）和 BufferedReader/BufferedWriter。本节主要讲解 BufferedReader/BufferedWriter 类。

BufferedReader 与 BufferedWriter 类分别由 Reader/Writer 类扩展而来，提供通用的缓冲方式文本读写，它们各拥有 8192 字符的缓冲区。

当 BufferedReader 在读取文本文件时，会先尽量从文件中读入字符数据并置入缓冲区，而之后若使用 read()方法，会先从缓冲区中进行读取。如果缓冲区数据不足，才会再从文件中读取；如果没有缓冲，则每次调用 read()或 readLine()都会导致从文件中读取字节，并将其转换为字符后返回，而这是极其低效的。

使用 BufferedWriter 时，写入的数据并不会先输出至目的地，而是先存储至缓冲区中。如果缓冲区中的数据满了，才会一次对目的地进行写出。

下面对它们的方法分别进行阐述，并通过一个实例来介绍方法的使用。

1．BufferedReader 类

BufferedReader 类构造方法如表 7-15 所示。

表 7-15 BufferedReader 类构造方法

构造方法	说明
BufferedReader(Reader in)	创建一个使用默认大小输入缓冲区的缓冲字符输入流
BufferedReader(Reader in, int sz)	创建一个指定了输入缓冲区范围的缓冲字符输入流 sz 表示输入缓冲区的大小

BufferedReader 类提供的常用方法如表 7-16。

表 7-16 BufferedReader 类常用方法

方法	说明
void close()	关闭流
void mark(int readAheadLimit)	标记流中的当前位置
boolean markSupported()	判断此流是否支持 mark() 操作
int read()	读取单个字符
int read(char[] cbuf, int off, int len)	从流中读取字符并存放在指定的数组中，off 为数组索引；len 为读取字符数
String readLine()	读取一个文本行 通过下列字符之一即可认为某行已终止：换行 ('\n')、回车 ('\r') 或回车后直接跟着换行
void reset()	将读取位置移至流标记处
boolean ready()	测试流是否准备完成等待读取
long skip(long n)	于流中略过 n 个字符

2. BufferedWriter 类

BufferedWriter 类构造方法如表 7-17 所示。

表 7-17 BufferedWriter 类构造方法

构造方法	说明
BufferedWriter(Writer out)	创建一个使用默认大小输出缓冲区的缓冲字符输出流
BufferedWriter(Writer out, int sz)	创建一个使用指定大小输出缓冲区的新缓冲字符输出流 sz 表示输出缓冲区的大小

BufferedWriter 类提供的常用方法如表 7-18：

表 7-18 BufferedWriter 类常用方法

方法	说明
void close()	关闭流
void flush()	刷新此流
void newLine()	写入一个行分隔符
void write(int b)	写入单个字符
void write(char[] cbuf, int off, int len)	写入指定数组中的字符到流中，off 为数组索引；len 为写入的字符数
void write(String str, int off, int len)	写入字符串的某一部分。off 为字符串起始位置；len 为写入字符数

例 7-6 说明如何通过 BufferedReader 类和 BufferedWriter 类来进行文本文件的读取操作并完成文件的复制。

【例 7-6】 使用 BufferedReader 类和 BufferedWriter 类复制文件。

```
import java.io.*;
public class BufferedReaderWriterTest {
    public static void main(String[ ] args) {
        try {
            String str;
            String fileName = "fileTest.txt";// 使用相对路径文件名
            FileReader fr = new FileReader(fileName); //构造 FileReader
            BufferedReader br = new BufferedReader(fr); //构造 BufferedReader
            FileWriter fw = new FileWriter("backup_" + fileName); //构造 FileWriter
            BufferedWriter bw = new BufferedWriter(fw); //构造 BufferedWriter
            while ((str = br.readLine( )) != null) {//按行读取文件
                System.out.println(str);
                bw.write(str);
            }
            br.close( );
            bw.close( );
            System.out.println("文件复制完毕");
        } catch (IOException e) {
            System.out.println(e);
        }
    }
}
```

运行结果如下：

```
您将会看到在当前文件夹中新创建了一个文件 backup_fileTest.txt；同时文件的内容会打印显示出来。
```

7.4.5 PrintWriter 类

PrintWriter 类因其简单易用、灵活而强大的格式化输出能力从而在字符流输出方面得到了越来越多的使用，它提供了 print()、pringln( )、format( )等一系列方法，来格式化输出字符流。PrintWriter 类的构造方法如表 7-19 所示。

表 7-19 PrintWriter 类构造方法

构 造 方 法	说 明
PrintWriter(File file)	使用指定文件创建不具有自动行刷新的新 PrintWriter
PrintWriter(File file, String csn)	创建具有指定文件和字符集且不带自动刷行新的新 PrintWriter
PrintWriter(OutputStream out)	根据现有的 OutputStream 创建不带自动行刷新的新 PrintWriter
PrintWriter(OutputStream out, boolean autoFlush)	通过现有的 OutputStream 创建新的 PrintWriter
PrintWriter(String fileName)	创建具有指定文件名称且不带自动行刷新的新 PrintWriter
PrintWriter(String fileName, String csn)	创建具有指定文件名称和字符集且不带自动行刷新的新 PrintWriter
PrintWriter(Writer out)	创建不带自动行刷新的新 PrintWriter
PrintWriter(Writer out, boolean autoFlush)	创建新 PrintWriter

PrintWriter 类提供的常用方法如表 7-20 所示。

表 7-20　PrintWriter 类常用方法

方　法	说　明
void flush()	刷新该流的缓冲
void close()	关闭该流
boolean checkError()	如果流没有关闭，则刷新流且检查其错误状态。错误是累积的；一旦流遇到错误，此例程将对所有后续调用返回 true
void setError()	指示已发生错误
void print(boolean b)	打印 boolean
void print(char c)	打印字符
void print(int i)	打印整数
void print(long l)	打印 long 整数
void print(float f)	打印一个浮点数
void print(double d)	打印 double 精度浮点数
void print(char[] s)	打印字符数组
void print(String s)	打印字符串。如果参数为 null，则打印字符串 "null
void print(Object obj)	打印对象
void println(boolean x)	打印 boolean 值，然后终止该行
PrintWriter printf(String format, Object... args)	使用指定格式字符串和参数将格式化的字符串写入此 writer 的便捷方法。如果启用自动刷新，则调用此方法将刷新输出缓冲区 format 表示在格式字符串的语法中描述的格式字符串 args 表示格式字符串中的格式说明符引用的参数
PrintWriter format(String format, Object... args)	使用指定格式字符串和参数将一个格式化字符串写入此 writer 中。如果启用自动刷新，则调用此方法将刷新输出缓冲区 format 表示在格式字符串的语法中描述的格式字符串 args 表示格式字符串中的格式说明符引用的参数

例 7-7 演示了 PrintWriter 类进行写文件的基本使用方法。

【例 7-7】 PrintWriter 类完成对文件的数据写入操作。

```
import java.io.*;
public class PrintWriterTest {
    public static void main(String[] args) {
        try { // PrintWriter()中可以是文件路径及文件名，也可以是 File，也可以是 OutputStream 对象
            PrintWriter pw = new PrintWriter("d:\\1\\1.txt");//根据文件创建 PrintWriter 实例 pw
            pw.write("Hello world, welcome to our school.\r\n");//使用 write 方法写数据并换行
            pw.write("欢迎你来到软件工程专业");//使用 write 方法写数据，不换行
            pw.println("Hello world, welcome to our school.");//使用 println 方法写数据，自动带换行
            pw.println("欢迎你来到软件工程专业");
            int n=200;
            float f=3.1415926f;
            pw.printf("%d\r\n", n);//使用 printf 方法格式化写整数
            pw.printf("%.2f\r\n", f);//使用 printf 方法格式化写 float 类型数据
            String name="hello world";
            pw.format("This is a %s program with %d ", name, 100);//使用 format 方法格式化写数据
            pw.write(65);//写 ascii 码数据
```

```
                pw.close( );
                System.out.println("数据输出完毕");
            } catch (FileNotFoundException e) {
                e.printStackTrace( );
            }
        }
}
```

运行结果如下：

```
您将会看到相应的输出内容会保存在 d:\1\1.txt 文件中，文件内容如下：
Hello world, welcome to our school.
欢迎你来到软件工程专业 Hello world, welcome to our school.
欢迎你来到软件工程专业
200
3.14
This is a hello world program with 100 A
```

7.5 过滤流

在需要向文件中写入或读取文件内容中的各种数据类型时，一般是先将其他类型的数据转换为字节数组写入文件，或者将文件独有的字节数组置换为其他类型。现在需要构造一个中间类，这个中间类提供了读/写各种数据类型的方法，字节数组与其他类型数据的转换在这个中间类的内部方法中实现，然后调用底层的节点流类将这个字节数组写入目标设备，这个中间类就叫作过滤流类或包装流类。

过滤流必须建立在基本的字节流之上，对其中的数据进行某些加工、处理，并提供一些友好的方法供用户进行输入、输出操作及流控制。

例如，BufferedInputStream 可以对任何种类的输入流进行带缓冲区的封装以达到性能的改善（可减少程序 I/O 操作次数，提高程序执行效率）。

Java 利用过滤流可以在读/写数据的同时对数据进行处理。使用过滤流时要注意：必须将过滤流和某个输入流或输出流连接。

7.5.1 FilterInputStream 类和 FilterOutputStream 类

FilterInputStream 和 FilterOutputStream 类是从 InputStream 和 OutputStream 中继承下来的，它仅仅是底层提供扩展功能的输入/输出流的包装；典型的扩展是缓冲、字符转换和原始数据转换。在实际的开发中，一般是使用该类的派生类，如 BufferedInputStream 等。

FilterInputStream/FilterOutputStream 类的构造方法如表 7-21 所示。

表 7-21 FilterInputStream/FilterOutputStream 类构造方法

构造方法	说明
FilterInputStream(InputStream in)	在指定基础输入流之上创建输入流过滤器
FilterOutputStream(OutputStream out)	在指定基础输出流之上创建输出流过滤器

这两个类提供的方法和 InputStream 和 OutputStream 类的方法相同。

7.5.2　DataInputStream 类和 DataOutputStream 类

在前面给出的一些示例中，可以注意到，当向流中写入的数据时，首先必须要将数据转换为 byte 数组（字节流）或 char 数组（字符流）；如果数据比较少、比较简单，则向流中写入数据还不麻烦；但是当写入数据比较多时，这种转换就会比较麻烦。

Java 语言在 IO 包中专门设计了两个类：DataInputStream 和 DataOutputStream 类来简化流数据的读写；程序员使用这两个类，可以实现以增强型的读写方法来读/写数据，使得读写流的数据变得比较简单，从而可以从繁杂的数据格式中解脱出来。

在实际使用中必须要把这两个类匹配起来，即如果使用 DataOutputStream 流格式写入数据，那么在读取时必须要使用 DataInputStream 进行读取。这是因为 DataOutputStream 在向流中写入数据时，除了写入实际的数据内容以外，还写入了特定的数据格式，因此需要使用 DataInputStream 读取，读取时的顺序和类型要与写入时的顺序和类型保持一致。

1．DataInputStream 类

DataInputStream 是从 FilterInputStream 继承下来的，并实现了 DataInput 接口；它除了具有父类的方法之外，还实现了接口的一些方法，因此 DataInputStream 具体的方法最多，如：readShort、readBoolean、readByte、readUnsignedByte、readShort 等。这些方法的都是 read 方法的扩展，使用方法也相似。

DataInputStream 类的构造方法如表 7-22 所示。

表 7-22　DataInputStream 类构造方法

构造方法	说　明
DataInputStream(InputStream in)	使用指定的 InputStream 创建一个 DataInputStream 对象

DataInputStream 类提供的常用方法如表 7-23 所示。

表 7-23　DataInputStream 类常用方法

方　法	说　明
int readInt()	从输入流中读取整数
float readFloat()	从输入流中读取小数
String readUTF()	读入一个 UTF-8 格式编码的字符串
char readChar()	从输入流中读取一个字符
String readLine()	从输入流中读取下一文本行

2．DataOutputStream 类

DataOutputStream 与 DataInputStream 相对应，在继承 OutputStream 的同时，实现了 DataOutput 接口；因此它除了具有父类的特性之外，还具有 DataOutput 接口中所规定的方法，这些方法与 DataInput 所规定的方法相反。

DataOutputStream 类的构造方法如表 7-24 所示。

表 7-24 DataOutputStream 类构造方法

构 造 方 法	说 明
DataOutputStream(OutputStream out)	使用指定的OutputStream 创建一个 DataOutputStream对象

DataOutputStream 类提供的常用方法如表 7-25 所示。

表 7-25 DataOutputStream 类常用方法

方 法	说 明
void writeInt(int v)	将一个 int 值以 4 byte 值形式写入基础输出流中
void writeDouble(double v)	写入一个 double 类型，该值以 8 byte 值形式写入基础输出流中
void writeChars(String s)	将一个字符串写入到输出流中
void writeChar(int v)	将一个字符写入到输出流中
void writeUTF(String str)	使用 UTF-8 编码将一个字符串写入基础输出流中

在 DataInputStream 类中，提供了一系列 readXXX 的方法，如 readInt、readUTF、readBoolean，等等；而在 DataOutputStream 类中，也提供了一系列 writeXXX 的方法，如 writeInt、writeUTF、writeBoolean，等等，使得对于数据的读写更加方便、容易。

【例 7-8】 DataInputStream/DataOutputStream 类读/写文件的基本使用方法。

```
//建立一个类 TestData，该类中保存 4 种类型的数据，用来模拟需要存储到文件中的数据
import java.io.*
public class TestData {
    boolean b;
    int n;
    String s;
    short sh[ ];
    public TestData( ) {
    }
    public TestData(boolean b, int n, String s, short sh[ ]) {
        this.b = b;
        this.n = n;
        this.s = s;
        this.sh = sh;
    }
}
//建立一个测试类，将 TestData 对象内部保存的数据按照一定的格式存储到文件中，然后读出并打印出来。
public class DataOutputInputStreamTest {
    public static void main(String[ ] args) {
        short sh[ ] = { 1, 5, 123, 12 };
        TestData data = new TestData(true, 100, "Java 语言", sh);
        writeFile(data); // 写入文件
        readFile( );// 读取文件并打印
    }
```

```
public static void writeFile(TestData data) {//将 MyData 对象按照一定格式写入文件中
    FileOutputStream fos = null;
    DataOutputStream dos = null;
    try {
        fos = new FileOutputStream("test.dat");// 建立文件流
        dos = new DataOutputStream(fos); // 建立数据输出流，流的嵌套
        dos.writeBoolean(data.b); // 写入数据
        dos.writeInt(data.n); // 写入数据
        dos.writeUTF(data.s); // 写入数据
        int len = data.sh.length; // 写入数组
        dos.writeInt(len); // 数组长度
        for (int i = 0; i < len; i++) {// 依次写入每个数组元素
            dos.writeShort(data.sh[i]);
        }
    } catch (Exception e) {
        e.printStackTrace( );
    } finally {
        try {
            dos.close( );
            fos.close( );
        } catch (Exception e2) {
            e2.printStackTrace( );
        }
    }
}
//使用 DataInputStream,从文件 test.dat 中读取数据，并使用读取到的数据初始化 data 对象并打印
public static void readFile( ) {
    TestData data = new TestData( );
    FileInputStream fis = null;
    DataInputStream dis = null;
    try {
        fis = new FileInputStream("test.dat");// 建立文件流
        dis = new DataInputStream(fis); // 建立数据输入流，流的嵌套
        data.b = dis.readBoolean( );// 依次读取数据，并赋值给 data 对象
        data.n = dis.readInt( );
        data.s = dis.readUTF( );
        int len = dis.readInt( );
        data.sh = new short[len];
        for (int i = 0; i < len; i++) {
            data.sh[i] = dis.readShort( );
        }
        System.out.println(data.b);
        System.out.println(data.n);
        System.out.println(data.s);
        int len1 = data.sh.length;
```

```
                for(int i = 0; i < len1; i++ ){
                    System.out.println(data.sh[i]);
                }
            } catch (Exception e) {
                e.printStackTrace( );
            } finally {
                try {
                    dis.close( );
                    fis.close( );
                } catch (Exception e) {
                    e.printStackTrace( );
                }
            }
        }
    }
```

运行结果如下：

```
true
100
Java 语言
1
5
123
12
```

打印出来的内容和 TestData 的实例中的内容完全一致；同时，可以看到在当前的文件夹下新建了一个 TestData.dat 文件。

使用 DataInputStream 类和 DataOutputStream 类也可以很容易完成二进制文件的读写操作。

【例 7-9】 DataInputStream/DataOutputStream 类完成二进制文件的读写操作。

```
//建立一个类 TestData，该类中保存 4 种类型的数据，用来模拟需要存储到文件中的数据
import java.io.*
public class DataInputOutputStreamDemo {
    public static void main(String[ ] args) {
        try{
            FileInputStream fis=new FileInputStream(".\\file\\main.jpg");//使用相对路径创建输入流
            DataInputStream dis=new DataInputStream(fis);//创建 DataInputStream 实例
            FileOutputStream fos=new FileOutputStream(".\\file\\main2.jpg");//创建输出流
            DataOutputStream dos=new DataOutputStream(fos); //创建 DataOutputStream 实例
            int temp;//定义临时变量
            //按照字节读取二进制文件；如果到达流的末端读取不到数据，则返回-1
            while((temp=dis.read( ))!=-1){
                dos.write(temp); //按照字节写入到二进制文件
            }
```

```
                dos.close( );//关闭 DataOutputStream 流
                fos.close( );//关闭 FileOutputStream 流
                dis.close( );//关闭 DataInputStream 流
                fis.close( );//关闭 FileInputStream 流
                System.out.println("文件复制成功!");
            }catch(FileNotFoundException ex){
                ex.printStackTrace( );
            }catch(IOException ex){
                ex.printStackTrace( );
            }
    }
}
```

运行结果如下：

```
您将会看到在相对路径\file 文件夹中新创建了一个文件 main2.jpg;
```

7.5.3 BufferedInputStream 和 BufferedOutputStream

缓冲流是通过把内存缓冲器连到输入/输出流扩展的过滤流类。因为可以使用缓冲器，因此它可以跳过、标记和重新设置流。该流的主要用途是提高性能。

1．BufferedInputStream

BufferedInputStream 是从 FilterInputStream 继承下来的；它可以对任何的 InputStream 流进行带缓冲的封装以达到性能的改善。该类是在已定义的输入流上再定义一个具有缓冲的输入流，可以从此流中成批地读取字符，而不会每次都直接对数据源的读操作。数据输入时，首先被放入缓冲区，随后的读操作就是对缓冲区中的内容进行访问。

BufferedInputStream 类的构造方法如表 7-26 所示。

表 7-26　BufferedInputStream 类构造方法

构造方法	说　明
BufferedInputStream(InputStream in)	为输入流 in 创建一个新的缓冲流，创建的缓冲大小为默认值（32 字节）
BufferedInputStream(InputStream in,int size)	为输入流 in 创建一个新的缓冲流，用户可以指定缓冲区大小； 在性能优化时，通常都把 size 的值设定为内存页大小或 I/O 块大小的整数倍

在 I/O 量不大时，该类所起作用不是很明显；但当程序 I/O 量很大，且对程序效率要求很高时，使用该类就能大大提高程序的效率。

BufferInputStream 除了提供 InputStream 中常用的 read()和 skip()方法之外，还支持 mark()和 reset()方法。

2．BufferedOutputStream

BufferedOutputStream 从 FilterOutputStream 中继承下来，它与 BufferedInputStream 相对应，作用也相类似，它主要为输出流做缓冲，目的也是为了提高性能，可以调用 flush()方法生成缓冲器中待写的数据。

BufferedOutputStream 类的构造方法如表 7-27 所示。

表 7-27 **BufferedOutputStream 类构造方法**

构 造 方 法	说 明
BufferedOutputStream(OutputStream out)	创建一个新的缓冲输出流，以将数据写入指定的基础输出流，创建的缓冲大小为默认值（512 字节）
BufferedOutputStream(OutputStream out,int size)	创建一个新的缓冲输出流，以将数据写入指定的基础输出流，用户可以指定缓冲区大小；在性能优化时，通常都把 size 的值设定为内存页大小或 I/O 块大小的整数倍

BufferedOutputStream 的两种构造方法的用法与 BufferedInputStream 的两种构造方法的用法类似。由于 BufferedOutputStream 是缓冲数据的，所以必要时，需要使用 flush 方法强制将缓冲中的数据真正写入输出流中。

【例 7-10】 使用 BufferedReader/BufferedWriter 复制文件。

```
import java.io.*;
public class BufferedInputOutputStreamTest {//使用BufferedReader/BufferedWriter来进行文本文件的读取
    public static void main(String[ ] args) {
        String fileName = "fileTest.txt";//使用相对路径文件名
        try { //直接从文件路径创建文件输入流
            FileInputStream in = new FileInputStream(fileName);
            BufferedInputStream bufin = new BufferedInputStream(in); //创建缓冲输入流
            FileOutputStream out = new FileOutputStream("backup_" + fileName); //创建文件输出流
            BufferedOutputStream bufout = new BufferedOutputStream(out); //缓冲输出流
            byte[ ] buffer = new byte[1024]; //创建存放输入流的缓冲
            int num = -1; //读入的字节数
            while (true) {
                num = bufin.read(buffer); //读入到缓冲区
                if (num == -1) {//已经读完
                    bufout.flush( );
                    break;
                }
                bufout.flush( );
                bufout.write(buffer, 0, num);
            }
            bufout.close( );
            bufin.close( );
        } catch (IOException e) {//异常处理
            e.printStackTrace( );
        }
    }
}
```

运行结果如下：

```
您将会看到在当前的文件夹中新创建了一个文件 backup_fileTest.txt。
```

7.6　序列化和反序列化基本概念

Java 所有的 I/O 机制都是基于数据流的，并提供了一系列的类来完成 I/O 操作。这些数据流只能以字符或字节进行数据的读写，可以处理字符串或基本数据类型，但是却无法处理对象类型。那么是否可以以对象为单位进行数据的存储和传输呢？答案是肯定的，可以通过对象序列化和反序列化来实现对象的存储和传输。

概念和定义：

1. 序列化（serialization）：将对象的状态数据以字节流的形式进行处理，在文件中长久保存。

2. 反序列化（deserialization）：在需要时从文件中获取该对象的信息以重新获得一个完全的对象，称为反序列化。

Java 语言提供了一系列支持序列化的接口和类。对象所属的类必须实现 Serializable 或是 Externalizable 接口才能被序列化。对实现了 Serializable 接口的类，其序列化与反序列化采用默认的序列化方式。Externalizable 接口是继承了 Serializable 接口的接口，是对 Serializable 的扩展，实现了 Externalizable 接口的类完全自己控制序列化与反序列化行为。

7.6.1　Serializable 接口

类只有实现 java.io.Serializable 接口才可以被序列化工具存储和恢复，未实现此接口的类将无法序列化或反序列化。如果一个类可序列化，那么它所有子类都是可序列化的。Serializable 接口没有方法或字段，仅仅用于标识一个类可以序列化。

在反序列化过程中，将使用该类的公用或受保护的无参数构造方法初始化不可序列化类的字段。可序列化的子类必须能够访问无参数构造方法。可序列化子类的字段将从该流中恢复。

序列化时，类的所有数据成员应可序列化除了声明为 transient 或 static 的成员。将数据成员声明为 transient 后，序列化过程就无法将其加进对象字节流中。后面数据反序列化时，要重建数据成员（因为它是类定义的一部分），但不包含任何数据，因为这个数据成员不向流中写入任何数据。

注意：声明成 transient、static 的数据成员不被序列化工具存储。

7.6.2　Externalizable 接口

利用 Java 的序列化和反序列化工具，很多存储和恢复对象的工作都可以自动完成。但是，在某种情况下，序列化和反序列化的进程可能需要进行人为控制。比如，在需要使用压缩和加密技术，Externalizable 接口继承和扩展了 Serializable 接口，并提供了一些方法，可以对这种情况进行人为控制。如果一个类实现了 Externalizable 接口，那么将完全由这个类控制自身的序列化行为。Externalizable 接口定义的两个主要方法如表 7-28 所示。

表 7-28 Externalizable 接口的两个主要方法

方 法	说 明
readExternal(ObjectInput in)	对象实现 readExternal 方法来恢复其内容，它通过调用 DataInput 的方法来恢复其基础类型，调用 readObject 来恢复对象、字符串和数组
writeExternal(ObjectOutput out)	该对象可实现 writeExternal 方法来保存其内容，它可以通过调用 DataOutput 的方法来保存其基本值，或调用 ObjectOutput 的 writeObject 方法来保存对象、字符串和数组

在这两个方法中，in 是对象被读取的字节流，out 是对象被写入的字节流。

Externalizable 接口定义了两个方法：writerExternal( )方法在序列化时被调用，可以在该方法中控制序列化内容；readExternal( )方法在反序列时被调用，可以在该方法中控制反序列的内容，比如，通过这两个方法可以指定哪些属性序列化，哪些属性不序列化。

在对实现了 Externalizable 接口的类的对象进行反序列化时，会先调用该类的不带参数的构造方法，这是有别于默认反序列方式的。如果把类的不带参数的构造方法删除，或者把该构造方法的访问权限设置为 private、默认或 protected 级别，会抛出 java.io.InvalidException: no valid constructor 异常。

另外需要注意一点，如果声明类实现 Externalizable 接口会有重大的安全风险。因为 writeExternal( )与 readExternal( )方法声明为 public，因此恶意类可以用这些方法读取和写入对象数据。如果序列化对象包含敏感信息，则更要格外小心。

7.7 对象的序列化

序列化实现步骤如下。

步骤：

1. 导入 java.io 包；
2. 需要序列化的对象所属的类必须实现 Serializable 接口；
3. 构造 FileOutputStream 对象；
4. 构造 ObjectOutputStream 对象；
5. 使用 ObjectOutputStream 对象的 writeObject( )方法进行序列化；
6. 关闭 ObjectOutputStream 对象；
7. 关闭 FileOutputStream 对象；
8. 对序列化全程捕获 IOException 异常。

在实际进行对象的序列化操作过程中，可以参考上述步骤逐一进行。具体使用方式参考例 7-11 序列化案例中序列化对象的操作过程。

【例 7-11】 序列化案例。

```
//建立一个类 Customer，该类实现 Serializable 接口
import java.io.*
class Customer implements Serializable {//创建序列化对象
        private static final long serialVersionUID = 1L;
        private String name;
        private int age;
        public String getName() {
                return name;
```

```
        }
        public int getAge( ) {
            return age;
        }
        public Customer(String name, int age) {
            this.name = name;
            this.age = age;
        }
        public String toString( ) {
            return "name=" + name + ", age=" + age;
        }
}
//建立一个测试类 SersTest，将 Customer 对象内部保存的数据序列化操作，保存到指定文件中
public class SersTest {
        public static void main(String[ ] args) {
            try {
                FileOutputStream f = new FileOutputStream("C:\\customer.txt"); //构造 FileOutputStream 对象
                ObjectOutputStream out = new ObjectOutputStream(f); //构造 ObjectOutputStream 对象
                Customer customer = new Customer("China Bill", 21);
                out.writeObject(customer); //使用 ObjectOutputStream 对象的 writeObject( )方法进行序列化
                out.close( ); //关闭 ObjectOutputStream 对象
                f.close( ); //关闭 FileOutputStream 对象
            } catch (IOException e) { // 捕获 IOException 异常
                e.printStackTrace( );
            }
        }
}
```

运行结果如下：

```
在 C 盘根目录下会创建一个 customer.txt 文件，在该文件中，保存了序列化信息。
```

7.8　对象的反序列化

反序列化实现步骤如下。

步骤：

1. 导入 java.io 包；
2. 需要反序列化的对象所属的类必须实现 Serializable 接口；
3. 构造 FileInputStream 对象；
4. 构造 ObjectInputStream 对象；
5. 使用 ObjectInputStream 对象的 readObject( )方法进行反序列化；
6. 关闭 ObjectInputStream 对象；
7. 关闭 FileInputStream 对象；
8. 对反序列化全程捕获 ClassNotFoundException 和 IOException 异常。

在实际进行对象的反序列化操作过程中，可以参考上述步骤逐一进行。具体使用方法，

参考例 7-12 反序列化案例中反序列化对象的操作过程。

【例 7-12】 反序列化案例。

```
import java.io.*;
public class DesersTest {
    public static void main(String[ ] args) {
        try {
            FileInputStream f = new FileInputStream("C:\\customer.txt");// 构造 FileInputStream 对象
            ObjectInputStream in = new ObjectInputStream(f); // 构造 ObjectInputStream 对象
            // 使用 ObjectInputStream 对象的 readObject( )方法进行反序列化
            Customer cst = (Customer) in.readObject( );
            System.out.println(cst.getName( ));
            System.out.println(cst.getAge( ));
            in.close( );// 关闭 ObjectInputStream 对象
            f.close( );// 关闭 FileInputStream 对象
        } catch (ClassNotFoundException e) {// 捕获 ClassNotFoundException 异常
            e.printStackTrace( );
        } catch (IOException e) {// 捕获 IOException 异常
            e.printStackTrace( );
        }
    }
}
```

运行结果如下：

```
China Bill
21
```

通过 7.7 节和 7.8 节的讲述，对象序列化和反序列化的使用规则简单地整理如下：

规则：

1. 不是所有引用对象都可以序列化，只有实现了 Serializable 接口的类的对象才可以。
2. 不仅对象可以序列化和反序列化，对象的数组也可以序列化和反序列化。
3. 如果一个父类实现了 Serializable 接口，其所有子类均实现 Serializable 接口。
4. 实现 Serializable 接口的类应提供无参的构造方法。
5. static 的属性和方法是不可以序列化的，因为 static 的属性和成员与对象无关。而序列化和反序列化均针对对象而言的。
6. 对于不希望被序列化的非 static 属性(实例变量)，可以在该属性声明时使用 transient 关键字进行标明。
7. 如果一个序列化子类的父类是非序列化的，那么该子类的实例成员均被正确的序列化，但是从父类继承的变量将回到其默认的初始值而不被序列化。

7.9 序列化和反序列化实例操作

7.9.1 实现 Serializable 接口对象

实现 Serializable 接口对象的序列化和反序列化的操作（见例 7-13）。

【例 7-13】 实现 Serializable 接口对象的序列化使用案例。

```
//首先建立一个类 Customer，该类实现 Serializable 接口
import java.io.*;
class Customer implements Serializable {//创建序列化对象
    private static final long serialVersionUID = 1L;
    private String name;
    private int age;
    public String getName( ) {
        return name;
    }
    public int getAge( ) {
        return age;
    }
    public Customer(String name, int age) {
        this.name = name;
        this.age = age;
    }
    public String toString( ) {
        return "name=" + name + ", age=" + age;
    }
}
//建立一个测试类 testSers，将 Customer 对象内部保存的数据序列化操作，保存到指定文件中
//然后在反序列化，读出并打印相关信息
public class testSers {
    public static void main(String[ ] args) {
        serialize("D:\\customer.txt");
        System.out.println("序列化完毕");
        deserialize("D:\\customer.txt");
        System.out.println("反序列化完毕");
    }
    public static void serialize(String fileName) {//序列化对象到文件
        try {
            FileOutputStream f = new FileOutputStream(fileName); //构造 FileOutputStream 对象
            ObjectOutputStream out = new ObjectOutputStream(f); //构造 ObjectOutputStream 对象
            Customer customer = new Customer("中国人", 23);
            //使用 ObjectOutputStream 对象的 writeObject( )方法进行序列化
            out.writeObject("你好!");
            out.writeObject(new Date( ));
            out.writeObject(customer);
            out.close( );//关闭 ObjectOutputStream 对象
            f.close( );//关闭 FileOutputStream 对象
        } catch (IOException e) {//捕获 IOException 异常
            e.printStackTrace( );
        }
    }
    public static void deserialize(String fileName) {//从文件反序列化到对象
```

```
        try {
            FileInputStream f = new FileInputStream(fileName); //构造 FileInputStream 对象
            ObjectInputStream in = new ObjectInputStream(f); //构造 ObjectInputStream 对象
            //使用 ObjectInputStream 对象的 readObject( )方法进行反序列化
            System.out.println("obj1= " + (String) in.readObject( ));
            System.out.println("obj2= " + (Date) in.readObject( ));
            Customer cst = (Customer) in.readObject( );
            System.out.println(cst.getName( ));
            System.out.println(cst.getAge( ));
            in.close( );//关闭 ObjectInputStream 对象
            f.close( );//关闭 FileInputStream 对象
        } catch (ClassNotFoundException e) {//捕获 ClassNotFoundException 异常
            e.printStackTrace( );
        } catch (IOException e) {//捕获 IOException 异常
            e.printStackTrace( );
        }
    }
}
```

运行结果如下：

```
序列化完毕
obj1= 你好!
obj2= Wed Nov 10 12:30:45 CST 2010
中国人
23
反序列化完毕
```

7.9.2 实现 Externalizable 接口的对象

实现 Externalizable 接口对象的序列化和反序列化的操作（见例 7-14）。

【例 7-14】 实现 Externalizable 接口对象的序列化与反序列化使用案例。

```
public class UserInfo implements Externalizable {
    public String userName;
    public String userPass;
    public int userAge;
    public UserInfo( ) {
    }
    public UserInfo(String username, String userpass, int userage) {
        this.userName = username;
        this.userPass = userpass;
        this.userAge = userage;
    }
    public void writeExternal(ObjectOutput out) throws IOException {
        System.out.println("现在执行序列化方法");
```

```
        Date d = new Date( );//可以在序列化时写非自身的变量
        out.writeObject(d);
        //只序列化 userName,userPass 变量
        out.writeObject(userName);
        out.writeObject(userPass);
        out.writeObject(userAge);
    }
    public void readExternal(ObjectInput in) throws IOException,ClassNotFoundException {
        System.out.println("现在执行反序列化方法");
        Date d = (Date) in.readObject( );
        System.out.println(d);
        this.userName = (String) in.readObject( );
        this.userPass = (String) in.readObject( );
        this.userAge = (Integer) in.readObject( );
    }
    public String toString( ) {
        return "用户名: " + this.userName + ";密码： " + this.userPass + ";年龄： " + this.userAge;
    }
}
public class test {
    public static void main(String[ ] args) {
        serialize("D:\\userinfo.txt");
        System.out.println("序列化完毕");
        deserialize("D:\\userinfo.txt");
        System.out.println("反序列化完毕");
    }
    public static void serialize(String fileName) {//序列化对象到文件
        try {
            FileOutputStream f = new FileOutputStream(fileName); //构造 FileOutputStream 对象
            ObjectOutputStream out = new ObjectOutputStream(f); //构造 ObjectOutputStream 对象
            UserInfo user = new UserInfo("andywei", "888888", 20);
            out.writeObject(user); //使用 ObjectOutputStream 对象的 writeObject( )方法进行序列化
            out.close( );//关闭 ObjectOutputStream 对象
            f.close( );//关闭 FileOutputStream 对象
        } catch (IOException e) {//捕获 IOException 异常
            e.printStackTrace( );
        }
    }
    public static void deserialize(String fileName) {//从文件反序列化到对象
        try {
            FileInputStream f = new FileInputStream(fileName); //构造 FileInputStream 对象
            ObjectInputStream in = new ObjectInputStream(f); //构造 ObjectInputStream 对象
            //使用 ObjectInputStream 对象的 readObject( )方法进行反序列化
            UserInfo user = (UserInfo) (in.readObject( ));
            System.out.println(user.toString( ));
```

```
                in.close( );//关闭 ObjectInputStream 对象
                f.close( );//关闭 FileInputStream 对象
            } catch (ClassNotFoundException e) {//捕获 ClassNotFoundException 异常
                e.printStackTrace( );
            } catch (IOException e) {//捕获 IOException 异常
                e.printStackTrace( );
            }
        }
}
```

运行结果如下：

```
现在执行序列化方法
序列化完毕
现在执行反序列化方法
Wed Nov 10 12:36:23 CST 2010
用户名: andywei;密码：888888;年龄：20
反序列化完毕
```

7.10 类的不同版本序列化时的兼容性问题

凡是实现 Serializable 接口的类都有一个表示序列化版本标识符的静态变量：

```
private static final long serialVersionUID;
```

该变量 serialVersionUID 的取值是 Java 运行时环境根据类的内部细节自动生成的。如果对类的源代码作了修改，再重新编译，新生成的类文件的 serialVersionUID 的取值有可能也会发生变化。

类的 serialVersionUID 的默认值完全依赖于 Java 编译器的实现。对于同一个类，用不同的 Java 编译器编译，有可能会导致不同的 serialVersionUID 也有可能相同。为了提高 serialVersionUID 的独立性和确定性，强烈建议在一个可序列化类中显示的定义 serialVersionUID，为它赋予明确的值。

显式地定义 serialVersionUID 有以下两种用途：

① 在某些场合，希望类的不同版本对序列化兼容，因此需要确保类的不同版本具有相同的 serialVersionUID；

② 在某些场合，不希望类的不同版本对序列化兼容，因此需要确保类的不同版本具有不同的 serialVersionUID。

总结

通过本章的学习，了解到可以通过 File 类来如何获取文件或目录的信息；了解到什么是流、字节流、字符流的概念，以及如何使用 java.io 包提供的 InputStream 和 OutputStream 及它们的子类，来处理字节流的输入与输出。而对于字符流，我们通常使用 Reader、Writer 及其子类进行输入输出的处理操作。同时，java.io 包里也提供了一些过滤流（包装流）来简化用户对输入、输出操作及流控制。

还可以了解到对象序列化和反序列化的基本概念，以及相关的类和接口的基本知识；本章通过实例讲解了如何对实现了 Serializable 接口和 Externalizable 接口的对象，进行序列化和反序列化的基本操作步骤；同时对可序列化类的不同版本的序列化兼容性做了探讨。如何进行对象的序列化和反序列化是本章的难点，希望读者多花些时间和精力。

第 8 章　GUI 图形用户界面

本章要点：

- ☑ GUI 图形用户界面简介
- ☑ Eclipse 可视化设计
- ☑ 创建图形用户界面应用程序
- ☑ AWT 和 Swing 简介
- ☑ 常用 Swing 组件
- ☑ 布局管理器
- ☑ 事件处理机制

本书到目前为止介绍的都是字符型界面的 Java 应用程序，即都是在控制台上运行的字符型界面应用程序。本章将介绍 Java 语言中的图形用户界面编程，包括用于图形用户界面设计的 AWT 和 Swing 组件、事件、布局管理器等。

8.1　GUI 图形用户界面简介

GUI 是英文 graphical user interface（图形用户界面）的缩写。微软的 Windows 操作系统就是一种图形用户界面的操作系统，给用户提供了最直观、快捷、方便的操作感受，因此图形用户界面的 Windows 操作系统比传统的字符型界面的 DOS 操作系统更加深受广大用户的欢迎。

Sun 公司推出的 Java 语言也提供了用于 GUI 图形用户界面设计的一套完整的组件。图形用户界面的应用程序最好在可视化的开发环境中进行设计与开发。本章将介绍 Eclipse 中 Java 可视化程序的设计和开发。

8.2　Eclipse 可视化设计

Eclipse 添加 WindowBuilder 可视化插件后即可设计和开发图形用户界面的程序。直接从官网上下载的 Eclipse 是不带插件的。进行可视化开发首先需要给 Eclipse 添加 WindowBuilder 可视化插件。打开 Eclipse，单击菜单 Help→Eclipse Marketplace，打开 Eclipse Marketplace 窗口，如图 8-1 所示。

在 Find 文本框里输入“WindowBuilder”，可以查询到可以安装的 WindowBuilder 插件。单击 Install 按钮安装 WindowBuilder 插件。安装完毕，Eclipse 会提醒已经安装了新插件，需要重启 Eclipse。重新启动 Eclipse，单击菜单 Help→Eclipse Marketplace，再次打开 Eclipse Marketplace 窗口，单击 Installed 选项卡，出现可以更新的 WindowBuilder 插件版本，单击 Update 按钮更新 WindowBuilder 插件。更新完毕，再次重启 Eclipse，更新插件生效，如图 8-2 所示。

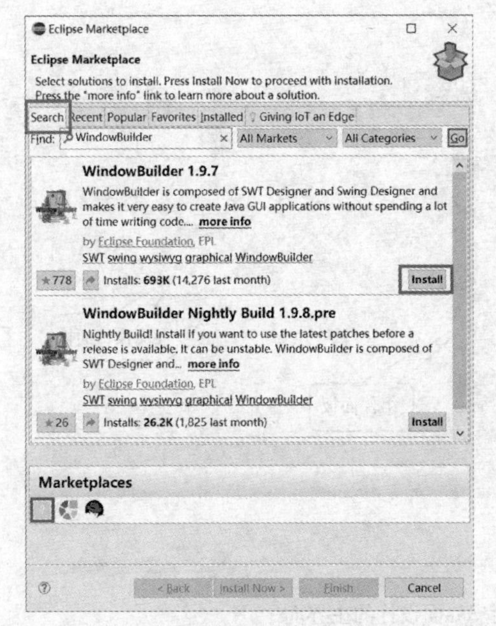

图 8-1　Eclipse Marketplace 窗口

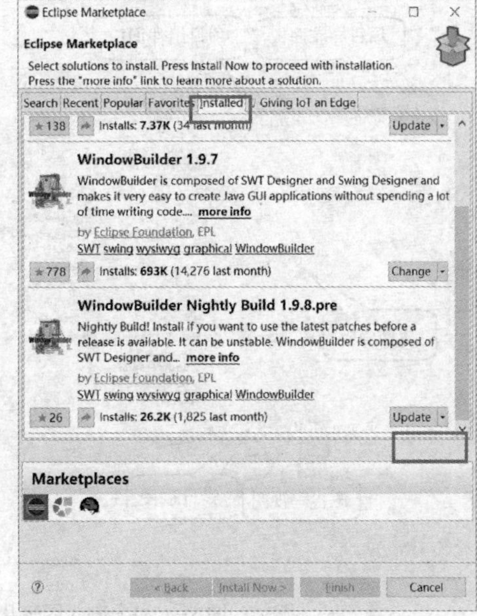

图 8-2　更新 WindowBuilder 插件

8.3　创建图形用户界面应用程序

新建一个 Java 项目，在新建项目的 src 目录上，单击鼠标右键，在弹出的快捷菜单中选择 New→Other 打开 Select a wizard 窗口，单击窗口最下面的 WindowBuilder→Swing Designer→JFrame 新建一个的图形用户界面的 JFrame 窗口组件，如图 8-3 和图 8-4 所示。

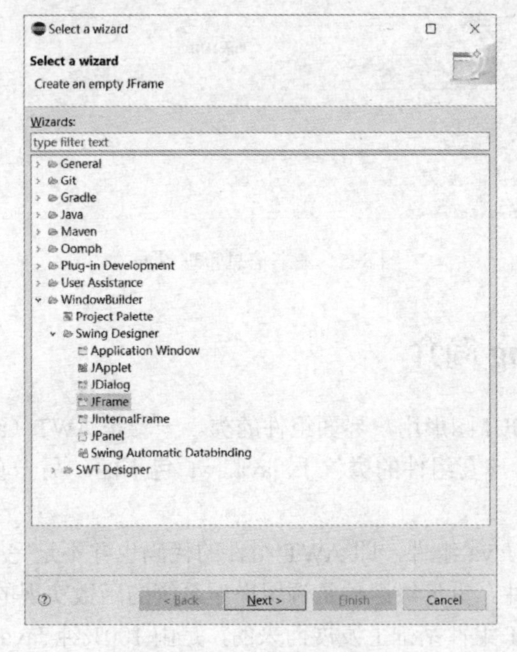

图 8-3　Select a wizard 窗口

项目导航面板
项目组件面板
属性面板
界面设计面板
组件面板
源代码视图
设计视图

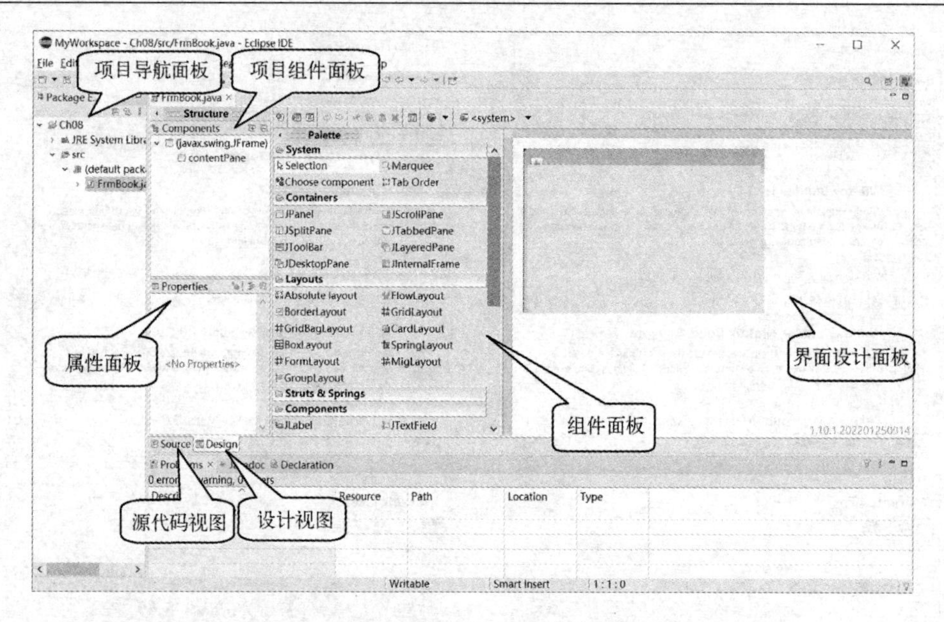

图 8-4　Eclipse 图形用户界面设计的主界面

现在就可以在新建好的窗体里，通过拖拽右边组件面板里组件的方式设计一个如图 8-5 所示的图书信息管理界面了。

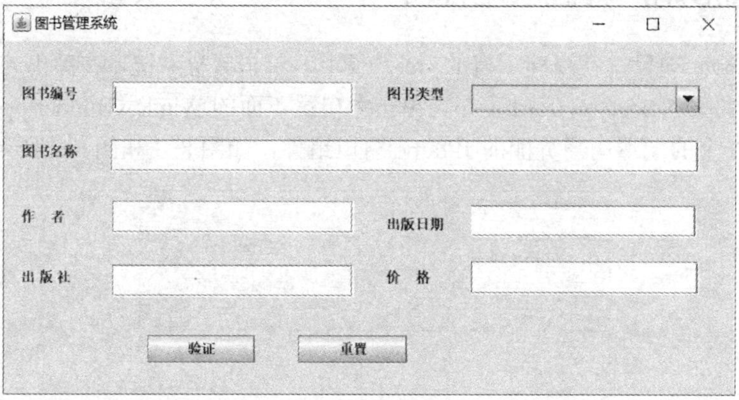

图书管理系统
图书编号
图书类型
图书名称
作　者
出版日期
出 版 社
价　格
验证
重置

图 8-5　图书信息管理界面

8.4　AWT 和 Swing 简介

Java 中提供了两套 GUI 图形用户界面组件的类。一套是 AWT（abstract window toolkit，抽象窗口工具包）组件，该套组件的类位于 java.awt 包下面；另一套是 Swing 组件，位于 javax.swing 包中。

AWT 组件并不是纯 Java 组件，即 AWT 组件的代码也并不是完全用 Java 语言编写的。AWT 还被称为重量级组件。重量级组件是调用操作系统的函数实现的组件，可移植性差。

Swing 组件是在 AWT 组件基础上发展而来的，是由 100%纯 Java 实现的轻量级组件，没有本地代码，不依赖操作系统的支持，这是它与 AWT 组件的最大区别。由于 AWT 组件通过与具体平台相关的对等类（Peer）实现，因此 Swing 比 AWT 组件具有更强的实用性。Swing 在不同的平台上表现一致，并且有能力提供本地窗口系统不支持的其他特性。Swing 体系结构的主要根类是 JComponent 类，此类继承 AWT 容器类 java.awt.Container。Swing 组件都在 javax.swing 包中。因此使用 Swing 组件，必须导入该包。

一般来说，在图形用户界面设计时尽量采用轻量级的组件，这样的程序移植性很好。因此接下来将主要介绍 Swing 组件。Swing 有三种常用的容器：JFrame（窗口）、JPanel（面板）、JScrollPane（带滚动条面板）。JFrame 是 Swing 组件的顶级容器，包含标题栏、最大化/最小化按钮和关闭按钮。Swing 组件不能直接放在顶级容器 JFrame 里，而是要先将组件放置在中级容器面板里，然后再将面板放置在顶级容器 JFrame 里，如图 8-6 所示。

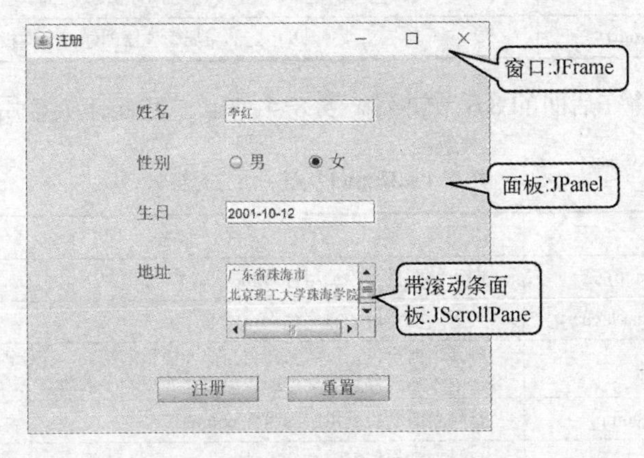

图 8-6　Swing 的三种容器

8.4.1　JFrame

JFrame 类（窗口）是顶级容器。表 8-1 列出了 JFrame 类常用的构造方法。

表 8-1　JFrame 类常用的构造方法

构造方法	说　明
JFrame()	创建一个初始时不可见的新窗体
JFrame(String title)	创建一个新的、初始不可见的、具有指定标题的 JFrame

表 8-2 列出了 JFrame 类常用的方法。

表 8-2　JFrame 类常用的方法

方　法	说　明
void pack()	调整窗口大小，以等于或大于其首选大小显示窗口的内容
void setSize(int width,int height)	将窗口大小调整为指定的宽度和高度
Dimension getSize()	获取当前窗口的大小，并返回保存窗口大小的 Dimension 类型的对象
void setTitle(String title)	将窗口标题栏上的标题设为 title
void setVisible(boolean b)	设置当前窗口是否可见。当 b 为 true 时，窗口可见，当 b 为 false 是窗口不可见
void dispose()	关闭当前窗口

8.4.2 JPanel

JPanel 类（面板）是中级容器。与窗口 JFrame 的最大区别是面板没有标题栏，没有最小化/最大化按钮，没有关闭按钮，也不能单独弹出来显示，必须要放在顶级容器 JFrame 里才可以显示。表 8-3 列出了 JPanel 类常用的构造方法。

表 8-3 JPanel 类常用的构造方法

构造方法	说明
JPanel()	以面板的默认布局（FlowLayout 流式布局）创建一个面板
JPanel(LayoutManager layout)	以指定的布局管理器创建一个面板

关于布局管理器将在后面的 8.6 节讲解。表 8-4 列出了 JPanel 类常用的方法。

表 8-4 JPanel 类常用的方法

方法	说明
void add(Conponent comp)	向当前面板上添加组件 comp
void setLayout(LayoutManager layout)	设置当前窗口的布局为指定的 layout
void validate()	刷新当前窗口，以重新布置当前面板里的组件，在修改此容器里组件的时候（在容器中添加或移除组件，或者更改与布局相关的信息），应该调用该方法
void remove(Component comp)	移除当前面板上指定的组件 comp
void removeAll()	移除当前面板上所有的组件

8.4.3 JScrollPane

JScrollPane 类（带滚动条的面板）也是中级容器。由于大部分 Swing 组件都不带滚动条，如 JTextArea（多行文本域）和 JTable（表格）。因此，只要将这些组件放进 JScrollPane 才可以显示滚动条。表 8-5 列出了 JScrollPane 类常用的构造方法。

表 8-5 JScrollPane 类常用的构造方法

构造方法	说明
JScrollPane()	创建一个空的（无视口的视图）JScrollPane，需要时水平和垂直滚动条都可显示
JScrollPane(Component view)	创建一个显示指定组件内容的 JScrollPane，只要组件的内容超过视图大小就会显示水平和垂直滚动条

表 8-6 列出了 JScrollPane 类常用的方法。

表 8-6 JScrollPane 类常用的方法

方法	说明
void getViewport().add(Component comp);	向当前带滚动条面板上添加需要显示滚动条的组件 comp
void setVerticalScrollBarPolicy (int policy)	确定垂直滚动条显示在带滚动条的面板上的策略，选项有： ScrollPaneConstants.VERTICAL_SCROLLBAR_AS_NEEDED ScrollPaneConstants.VERTICAL_SCROLLBAR_NEVER ScrollPaneConstants.VERTICAL_SCROLLBAR_ALWAYS 均为常量整数值

续表

方　法	说　明
void setHorizontalScrollBarPolicy (int policy)	确定横向滚动条显示在带滚动条的面板上的策略，选项有： ScrollPaneConstants.HORIZONTAL_SCROLLBAR_AS_NEEDED ScrollPaneConstants.HORIZONTAL_SCROLLBAR_NEVER ScrollPaneConstants.HORIZONTAL_SCROLLBAR_ALWAYS 均为常量整数值

8.5　常用 Swing 组件

Swing 组件包含了标签 JLabel、文本框 JTextField、按钮 JButton、多行文本域 JTextArea、单选按钮 JRadioButton、复选框 JCheckBox、组件框 JComboBox（下拉式列表）、菜单 JMenu 等组件。图 8-7 展示了一个图书信息录入界面，界面上包含了这些常用的 Swing 组件。接下来将会逐一详细介绍这些组件的构造方法和常用方法。

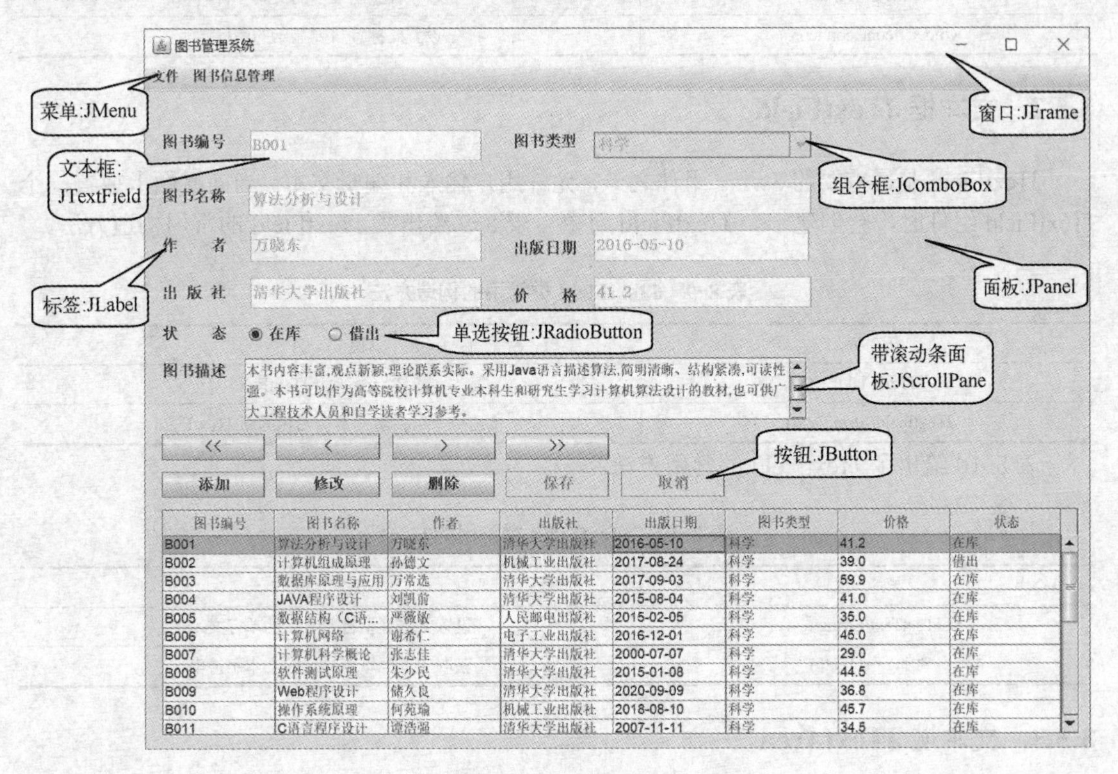

图 8-7　Swing 各种组件

8.5.1　标签 JLabel

JLabel 是最简单的 Swing 的组件之一，用于在界面上显示标签。JLabel 组件既可以显示文字，也可以显示图片和图像。但是，标签是不可以交互的，即不能用于任何输入，也无法获取键盘的焦点。当向界面上放置一个 JLabel 组件时，会创建一个 JLabel 对象。表 8-7 给出了 JLabel 的常用构造方法。

表 8-7 JLabel 类常用的构造方法

构造方法	说　明
JLabel()	创建无图像并且其标题为空字符串的 JLabel
JLabel(String text)	创建具有指定文本的 JLabel 实例
JLabel (Icon image)	创建具有指定图像的 JLabel 实例

表 8-8 给出了 JLabel 的常用方法。

表 8-8 JLabel 类常用的方法

方　法	说　明
void setText(String text)	设置标签上将要显示的单行文本
String getText()	获取该标签所显示的文本字符串
void setIcon(Icon icon)	设置此标签将要显示的图标

8.5.2 文本框 JTextField

JTextField 是最重要的 Swing 组件之一，允许用户输入和编辑文本。当向界面上放置一个 JTextField 组件时，会创建一个 JTextField 对象。表 8-9 给出了 JTextField 的常用构造方法。

表 8-9 JTextField 类常用的构造方法

构造方法	说　明
JTextField()	构造一个新的 JTextField
JTextField(String text)	构造一个用指定文本初始化的新 JTextField

表 8-10 给出了 JTextField 的常用方法。

表 8-10 JTextField 类常用的方法

方　法	说　明
void setText(String text)	设置文本框里将要显示的单行文本
String getText()	获取文本框里所显示的文本字符串

8.5.3 文本域 JTextArea

JTextArea 组件允许用户输入和编辑多行文本。当向界面上放置一个 JTextArea 组件时，会创建一个 JTextArea 对象。表 8-11 给出了 JTextArea 的常用构造方法。

表 8-11 JTextArea 类常用的构造方法

构造方法	说　明
JTextArea()	构造一个新的 JTextArea 对象
JTextArea(String text)	构造一个用指定文本初始化的新 JTextArea 对象

表 8-12 给出了 JTextArea 的常用方法。

表 8-12　JTextArea 类常用的方法

方　法	说　明
void setText(String text)	设置文本框里将要显示的单行文本
String getText()	获取文本框里所显示的文本字符串

8.5.4　按钮 JButton

JButton 用来在界面上创建一个按钮。当向界面上放置一个 JButton 组件时，会创建一个 JButton 对象。表 8-13 给出了 JButton 的常用构造方法。

表 8-13　JButton 类常用的构造方法

构造方法	说　明
JButton()	构造一个新的不带文本和图标的 JButton 按钮对象
JButton (String text)	构造一个新的带文本但不带图标的 JButton 按钮对象
JButton (Icon icon)	构造一个新的带图标但不带文本的 JButton 按钮对象
JButton (String text,Icon icon)	构造一个新的即带文本又带图标的 JButton 按钮对象

表 8-14 给出了 JButton 的常用方法。

表 8-14　JButton 类常用的方法

方　法	说　明
void setRolloverEnabled(boolean b)	设置该按钮是否允许翻转，b 为 true 允许翻转，为 false 不允许翻转
void setRolloverIcon(Icon rolloverIcon)	当鼠标经过按钮上方时，显示指定的图标
void setSelectedIcon(Icon selectedIcon)	当单击按钮时，显示指定的图标

8.5.5　组合框 JComboBox

组合框 JComboBox 组件（也称为下拉式列表框）允许用户在该组件的下拉式列表选取需要的选项。当向界面上放置一个 JComboBox 组件时，会创建一个 JComboBox 对象。表 8-15 给出了 JComboBox 的常用构造方法。

表 8-15　JComboBox 类常用的构造方法

构造方法	说　明
JComboBox()	构造一个新的 JComboBox 对象

表 8-16 给出 JComboBox 的常用方法。

表 8-16　JComboBox 类常用的方法

方　法	说　明
void addItem (Object anObject)	为下拉式列表项添加新项 anObject
Object getItemAt(int index)	返回该下拉式列表指定索引处的列表项

续表

方　法	说　明
int getItemCount(int index)	返回该下拉式列表的最大数目
Object getSelectedItem ()	返回该下拉式列表中所选的项
Object getSelectedIndex ()	返回下拉式列表中与给定项匹配的第一个选项
void setSelectedIndex(int anIndex)	选择下拉式列表中指定索引 anIndex 处的项
setSelectedItem(Object anObject)	将下拉式列表框的项目中的 anObject 设置为所选项

可以直接在可视化界面上设置组合框列表里项目的内容。在设计视图里选择图书类型这个组合框组件，然后在左边下面的属性面板里选择 model 属性，如图 8-8 所示。单击 model 属性旁的小按钮打开 model 属性编辑框，可以编辑组合框下拉式列表项内容，如图 8-9 所示。可以在 Source 代码视图里看到以下对应的、自动生成的代码。

```
cboBookType.setModel(new DefaultComboBoxModel(new String[] {"","文学","科幻","哲学","科学","医学"}));
```

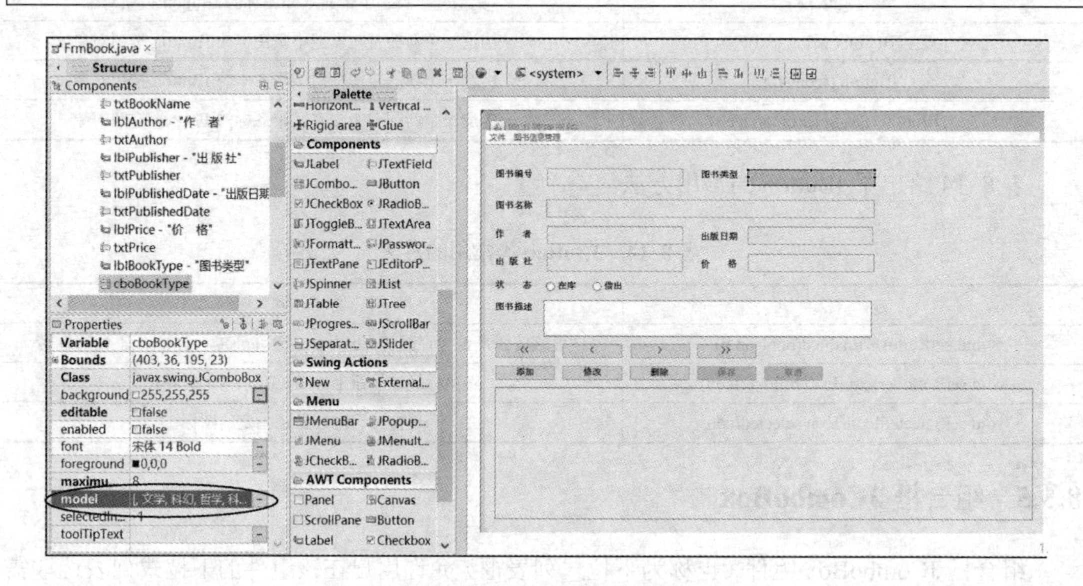

图 8-8　组合框属性设置图

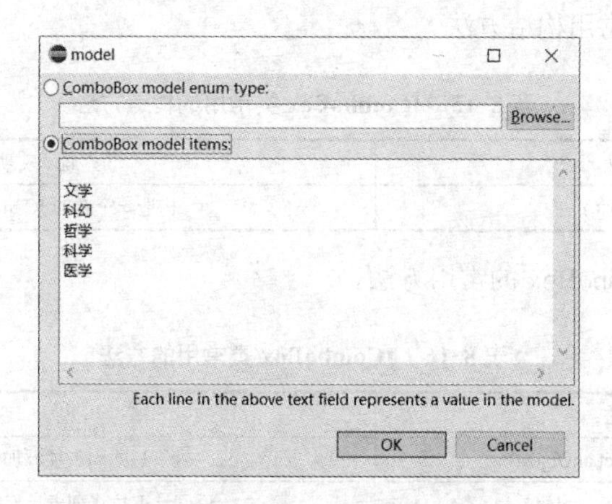

图 8-9　组合框 model 属性设置图

8.5.6　复选框 JCheckBox

JCheckBox 组件允许用户在多个选项中进行多项选择。当向界面上放置一个 JCheckBox 组件时，会创建一个 JCheckBox 对象。表 8-17 给出了 JCheckBox 的常用构造方法。

表 8-17　JCheckBox 类常用的构造方法

构造方法	说　明
JCheckBox( )	创建一个没有文本、没有图标并且最初未被选定的复选框
JCheckBox(Icon icon)	创建有一个有图标、无文本、最初未被选定的复选框
JCheckBox(String text)	创建一个带文本的、无图标、最初未被选定的复选框
JCheckBox(String text,Icon icon)	创建带有指定文本和图标的、最初未选定的复选框
JCheckBox(String text,boolean selected)	创建一个带文本的复选框，并指定其最初是否处于选定状态

8.5.7　单选按钮 JRadioButton

JRadioButton 组件允许用户在多个选项中进行单项选择。当向界面上放置一个 JRadioButton 组件时，会创建一个 JRadioButton 对象。表 8-18 给出了 JRadioButton 的常用构造方法。

表 8-18　JRadioButton 类常用的构造方法

构造方法	说　明
JRadioButton( )	创建一个没有文本、没有图标并且最初未被选定的单选按钮
JRadioButton (Icon icon)	创建有一个有图标、无文本、最初未被选定的单选按钮
JRadioButton (String text)	创建一个带文本的、无图标、最初未被选定的单选按钮
JRadioButton (String text, Icon icon)	创建带有指定文本和图标的、最初未选定的单选按钮
JRadioButton (String text, boolean selected)	创建一个带文本的单选按钮，并指定其最初是否处于选定状态

Swing 的 JRadioButton 组件并没有单选的效果，因此如果需要实现单选按钮的单选效果，必须把单选按钮加入到一个 ButtonGroup 按钮组里。具体做法是：首先，在程序的前面使用 import javax.swing.ButtonGroup 导入 ButtonGroup 类；然后，再在程序中添加以下代码就可以实现单选效果了。

```
ButtonGroup btngrp=new ButtonGroup( );
btngrp.add(radInLib);
btngrp.add(radBorrowed);
```

8.5.8　菜单 JMenu

菜单是图形用户界面中最重要的组件之一。菜单通常会显示一列菜单项，指明用户可以执行的各项操作。单击某个菜单就会打开另一列菜单或子菜单，如图 8-10 所示。

Swing 菜单包含 JMenuBar、JMenuItem 和 JMenu 3 个类。JMenuBar 类表示菜单栏，即标

题栏下面显示主菜单的长条。JMenuItem 类表示其下没有子菜单的菜单项。JMenu 类表示之下还有子菜单的菜单项。JMenuBar 是放置 JMenu 的容器。JPopupMenu 类表示鼠标右键弹出式菜单，JSeparator 类表示菜单之间的分隔条。图 8-11 显示了 Swing 菜单类的层次结构。

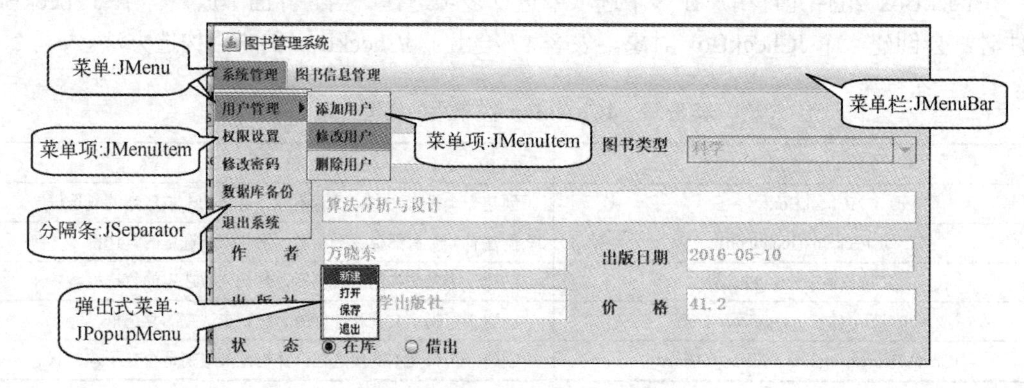

图 8-10 菜单和子菜单

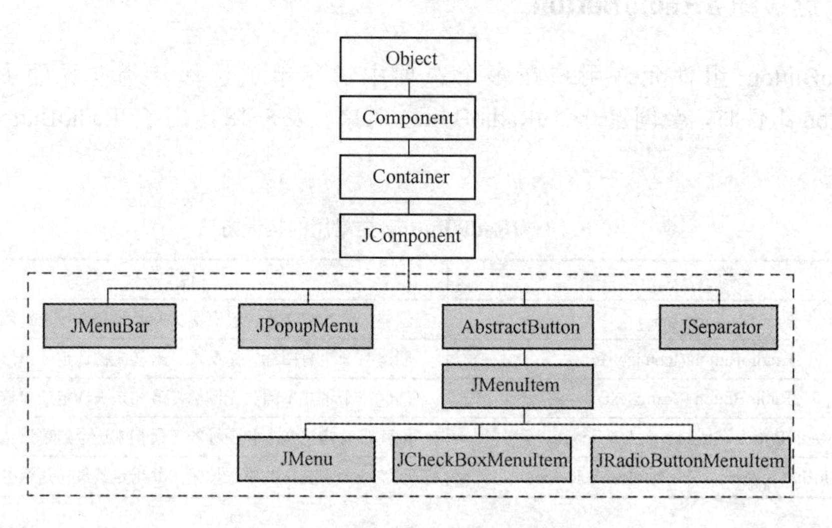

图 8-11 Swing 菜单类的层次结构

JMenuItem 是 AbstractButton 的直接子类，它本身又有 3 个子类：JMenu、JCheckBoxMenuItem（复选菜单项）、JRadioButtonMenuItem（单选按钮菜单项）。要想在图形用户界面上显示菜单，首先要在窗口添加一个 JMenuBar 类的实例，然后再在 JMenuBar 菜单栏上添加 JMenu 菜单、JMenuItem 菜单项，JMenu 菜单上还可以再在添加 JMenuItem 菜单项。

图 8-10 所示的菜单可在 Design 设计视图里通过操作添加，之后在 Source 源代码视图里会自动生成如下源代码：

```
JMenuBar menuBar = new JMenuBar( );
setJMenuBar(menuBar);
JMenu mnuSystem = new JMenu("系统管理");
menuBar.add(mnuSystem);
mnuUsers = new JMenu("用户管理");
mnuSystem.add(mnuUsers);
```

```
mnuAddUser = new JMenuItem("添加用户");
mnuUsers.add(mnuAddUser);
mnuUpdateUser = new JMenuItem("修改用户");
mnuUsers.add(mnuUpdateUser);
mnuDeleteUser = new JMenuItem("删除用户");
mnuUsers.add(mnuDeleteUser);
mnuPower = new JMenuItem("权限设置");
mnuSystem.add(mnuPower);
mnuUpdatePwd = new JMenuItem("修改密码");
mnuSystem.add(mnuUpdatePwd);
mnuBackupDatabase = new JMenuItem("数据库备份");
mnuSystem.add(mnuBackupDatabase);
JSeparator separator = new JSeparator( );
mnuSystem.add(separator);
mnuExit = new JMenuItem("退出系统");
mnuSystem.add(mnuExit);
JMenu mnuBook = new JMenu("图书信息管理");
menuBar.add(mnuBook);
JMenuItem mnuBookMgt = new JMenuItem("图书信息维护");
mnuBook.add(mnuBookMgt);
JMenuItem mnuBookQuery = new JMenuItem("图书信息查询");
mnuBook.add(mnuBookQuery);
```

8.5.9　表格 JTable

表格比较适合于维护大量的数据，尤其从数据库里读出的数据以表格形式来显示更加方便、直观。Swing 组件中的表格 JTable 继承 JComponent 类，用于创建表格。但是它不包含数据也不存储数据，只是提供了数据呈现的方式。JTable 类的表格可以编辑表，也可以调整列的边界，还可以拖至新的位置。

表 8-19 给出了 JTable 常用的构造方法。

表 8-19　JTable 类常用的构造方法

构造方法	说　明
JTable( )	构造一个默认的 JTable，使用默认的数据模型、默认的列模型和默认的选择模型对其进行初始化
JTable (int numRows, int numColumns)	使用 DefaultTableModel 构造具有 numRows 行和 numColumns 列个空单元格的 JTable
JTable (Object[ ] [ ] rowData, Object[ ] columnNames)	构造一个 JTable 来显示二维数组 rowData 中的值，其列名称为 columnNames
JTable (TableModel dm)	构造一个 JTable，使用数据模型 dm、默认的列模型和默认的选择模型对其进行初始化
JTable(Vector rowData, Vector columnNames)	构造一个 JTable 来显示 Vector 所组成的 Vector rowData 中的值，其列名称为 columnNames

若想呈现一个如图 8-12 所示的表格数据，首先从组件面板拖拽一个 JTable 组件到 JFrame 窗口里，调整好位置和大小，然后单击该 JTable 组件，在左下角的属性面板里找到 model 属性，单击 model 属性右边的小按钮打开 JTable 的 model 属性编辑框，并按照如图 8-13 所示编

辑该表的数据和列名。

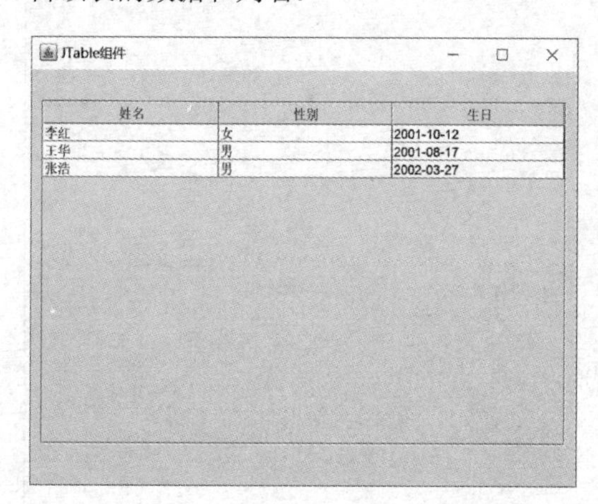

图 8-12　JTable 组件呈现静态表格数据

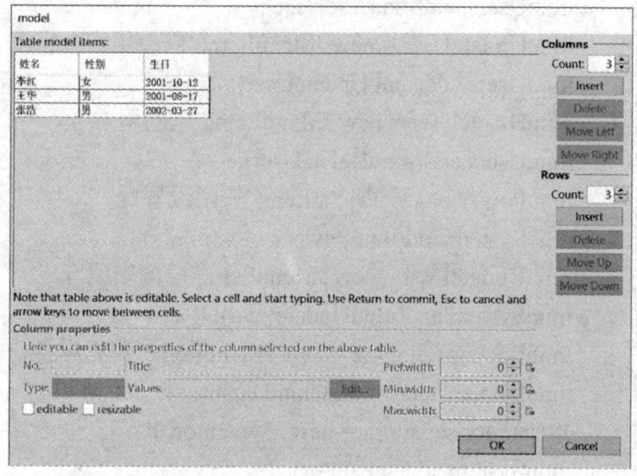

图 8-13　编辑 JTable 的 model 属性

若想在运行时显示 JTable 的表头（即列名），需要在该表格上单击鼠标右键，在弹出的快捷菜单中选择 Surround with→javax.swing.JScrollPane，给该表格添加 JScrollPane 带滚动条的面板。之后，即可以显示表头，如图 8-14 所示。

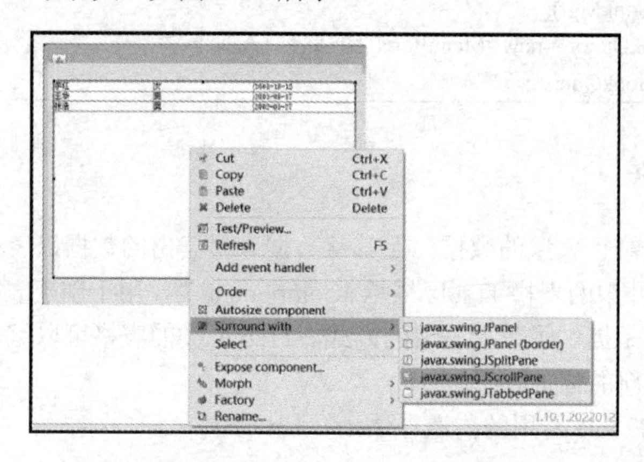

图 8-14　给 JTable 添加 JScrollPane

以上在 Design 设计视图里的操作，会在 Source 源代码视图里自动生成如下源代码：

```
JScrollPane scrollPane = new JScrollPane( );
scrollPane.setBounds(10, 28, 491, 309);
contentPane.add(scrollPane);
JTable table = new JTable( );
scrollPane.setViewportView(table);
table.setModel(new DefaultTableModel(
        new Object[ ] [ ] {
                {"李红", "女", "2001-10-12"},
                {"王华", "男", "2001-08-17"},
                {"张浩", "男", "2002-03-27"},
        },
```

```
        new String[] {
            "姓名", "性别", "生日"
        }
));
table.setBounds(10, 28, 491, 309);
contentPane.add(table);
```

8.5.10　树 JTree

JTree 可以用树状结构呈现数据。图 8-15 就是在界面上拖放一个 JTree 组件的最初始状态。树是由根节点、枝节点、叶节点组成。单击枝节点可以展开枝节点看到其叶节点。

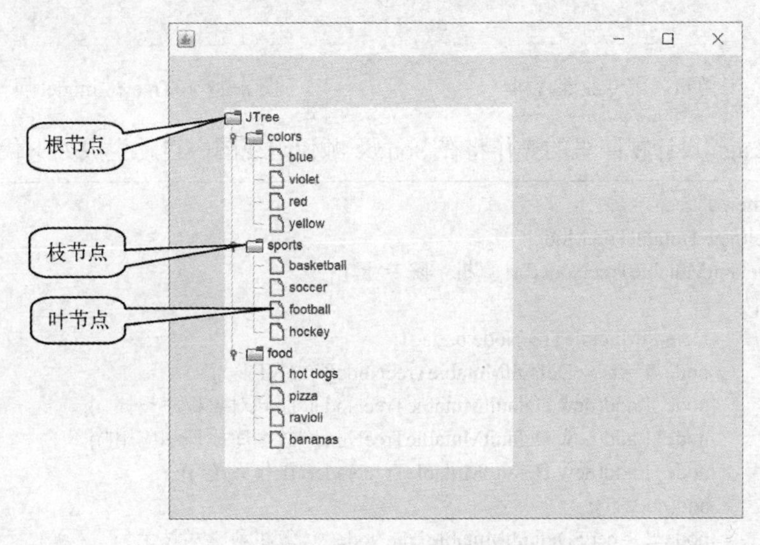

图 8-15　JTree 组件以树状结构呈现数据

Jtree 类常用的方法如表 8-20 所示。

表 8-20　JTree 类常用的构造方法

构造方法	说　明
JTree()	返回带有示例模型的 JTree。树使用的默认模型可以将叶节点定义为不带子节点的任何节点
JTree (Hashtable<?,?> value)	返回从 Hashtable 创建的 JTree，它不显示根
JTree(Object[] value)	返回 JTree，指定数组的每个元素作为不被显示的新根节点的子节点
JTree (TreeModel newModel)	返回 JTree 的一个实例，它显示根节点 - 使用指定的数据模型创建树
JTree (TreeNode root)	返回 JTree，指定的 TreeNode 作为其根，它显示根节点
JTree(Vector<?> value)	返回 JTree，指定 Vector 的每个元素作为不被显示的新根节点的子节点

如果想生成如图 8-16 所示的计算机学院专业课程树，需要单击属性窗口中 JTree 的 model 属性，打开如图 8-17 所示的属性编辑窗口，在窗口里左边的编辑框里进行编辑，右边则是效果预览框，单击 Ok 按钮完成编辑。

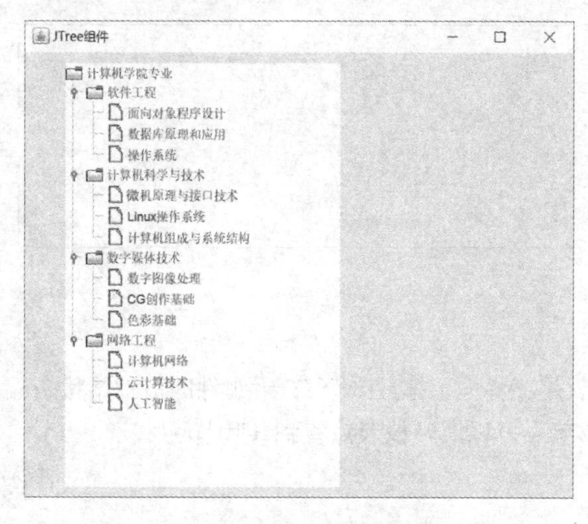

图 8-16　计算机学院专业课程树

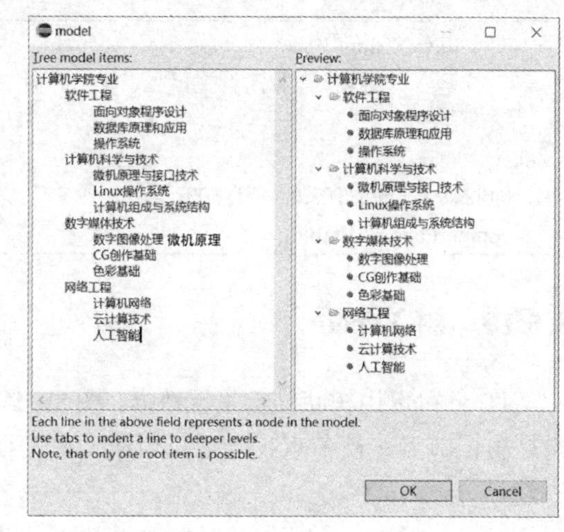

图 8-17　JTree 树 model 属性编辑框

以上在 Design 设计视图里的操作将在 Source 源代码视图中自动生成如下代码：

```
JTree tree = new JTree( );
tree.setModel(new DefaultTreeModel(
        new DefaultMutableTreeNode("计算机学院专业") {
                {
                        DefaultMutableTreeNode node_1;
                        node_1 = new DefaultMutableTreeNode("软件工程");
                        node_1.add(new DefaultMutableTreeNode("面向对象程序设计"));
                        node_1.add(new DefaultMutableTreeNode("数据库原理和应用"));
                        node_1.add(new DefaultMutableTreeNode("操作系统"));
                        add(node_1);
                        node_1 = new DefaultMutableTreeNode("计算机科学与技术");
                        node_1.add(new DefaultMutableTreeNode("微机原理与接口技术"));
                        node_1.add(new DefaultMutableTreeNode("Linux 操作系统"));
                        node_1.add(new DefaultMutableTreeNode("计算机组成与系统结构"));
                        add(node_1);
                        node_1 = new DefaultMutableTreeNode("数字媒体技术");
                        node_1.add(new DefaultMutableTreeNode("数字图像处理"));
                        node_1.add(new DefaultMutableTreeNode("CG 创作基础"));
                        node_1.add(new DefaultMutableTreeNode("色彩基础"));
                        add(node_1);
                        node_1 = new DefaultMutableTreeNode("网络工程");
                        node_1.add(new DefaultMutableTreeNode("计算机网络"));
                        node_1.add(new DefaultMutableTreeNode("云计算技术"));
                        node_1.add(new DefaultMutableTreeNode("人工智能"));
                        add(node_1);
                }
        }
));
tree.setBounds(51, 46, 269, 327);
contentPane.add(tree);
```

8.6　布局管理器

图形用户界面组件放置在界面上可以以不同的方式排列，这需要布局管理器来实现。布局管理器是一组实现 java.awt 包中 LayoutManager 接口的类，可以对容器中的组件进行布局，使得组件在容器中可以自动定位。Java 中常用的布局管理器有以下四种。

① AbsoluteLayout：绝对布局，组件按照组件默认初始的大小在容器中任意放置。

② BorderLayout：边式布局，容器中最多只能放置五个组件，这些组件将以东南西北中的布局方式放置。

③ FlowLayout：流式布局，容器中的组件将从左到右，从上到下排列。

④ GridLayout：网格布局，容器中的组件将以行和列的方式排列。

8.6.1　绝对布局 AbsoluteLayout

AbsoluteLayout 绝对布局是指组件可以按照初始的大小在容器里的任意位置随意放置和拖拽，如图 8-18 所示。

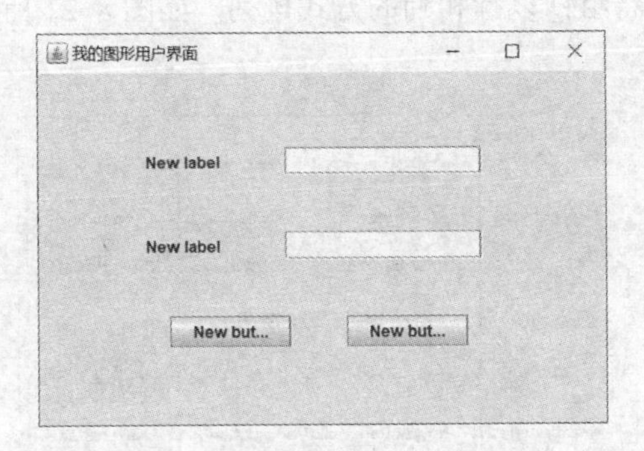

图 8-18　AbsoluteLayout 绝对布局

8.6.2　边式布局 BorderLayout

BorderLayout 边式布局是顶级容器窗口的默认布局管理器。此布局最多只能放置五个组件，且以东、南、西、北、中的方式进行排列，如图 8-19 所示。

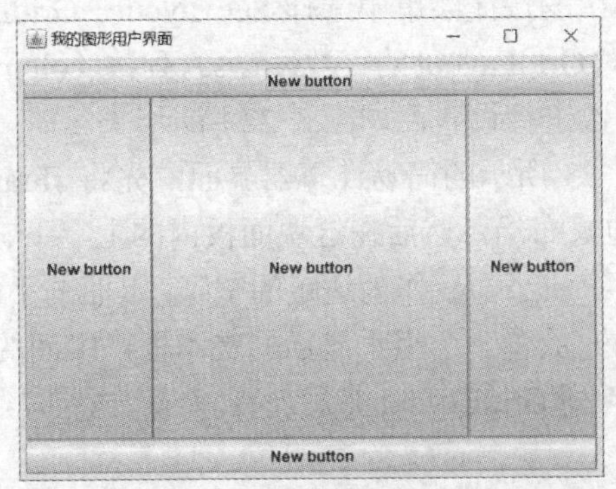

图 8-19　BorderLayout 边式布局

8.6.3 流式布局 FlowLayout

FlowLayout 流式布局是中级容器面板的默认布局管理器。此布局将组件以从左到右，从上到下的方式进行排列，如图 8-20 所示。

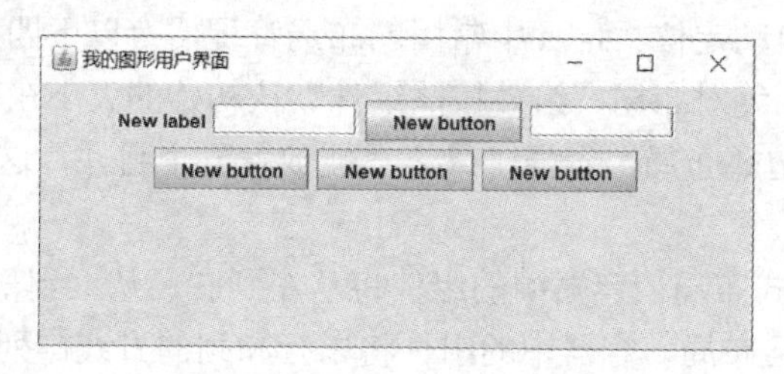

图 8-20 FlowLayout 流式布局

8.6.4 网格布局 GridLayout

GridLayout 网格布局将组件以行和列的方式排列，如图 8-21 所示，与 Excel 电子表格十分相似。

图 8-21 GridLayout 网格布局

例如：如果想设置该面板的网格布局是 4 行 4 列，首先鼠标在组件面板里该 contentPane 组件上单击鼠标右键，在弹出的快捷菜单中选择 Set layout→GridLayout，然后在属性面板中展开 Constructor 属性，可以对 GridLayout 的行数（rows）、列数（columns）、列之间的间隙（vgap）、行之间的间隙（hgap）等参数进行设置，如图 8-22 所示。

如果要设计一个如图 8-23 所示的简易计算器界面，先将 JFrame 窗口 cotentPane 面板的布局设置为 BorderLayout 边式布局，然后在这块面板内的上、下、左、右、中的位置再分别放置 5 块小面板。左、右、下三块小面板作为边距的空隙；上面的小面板设置为 Absolute layout（绝对布局，即 null 空布局）放置一个用于显示的文本框，中间的小面板设置为 GridLayout 放置 20 个按钮，采用 5 行 4 列 GridLayout 布局。

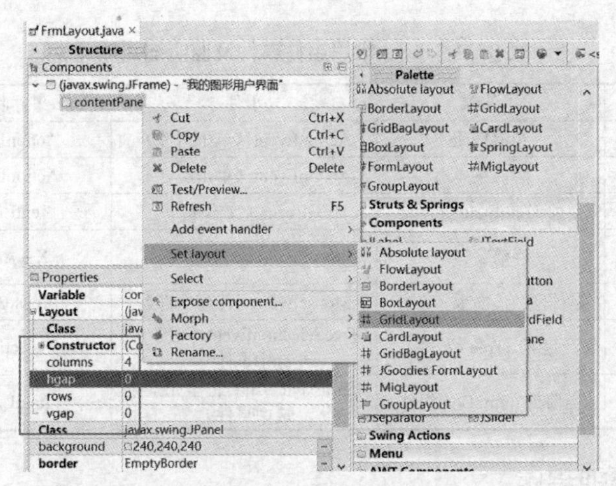

图 8-22 设置 GridLayout 网格布局的属性

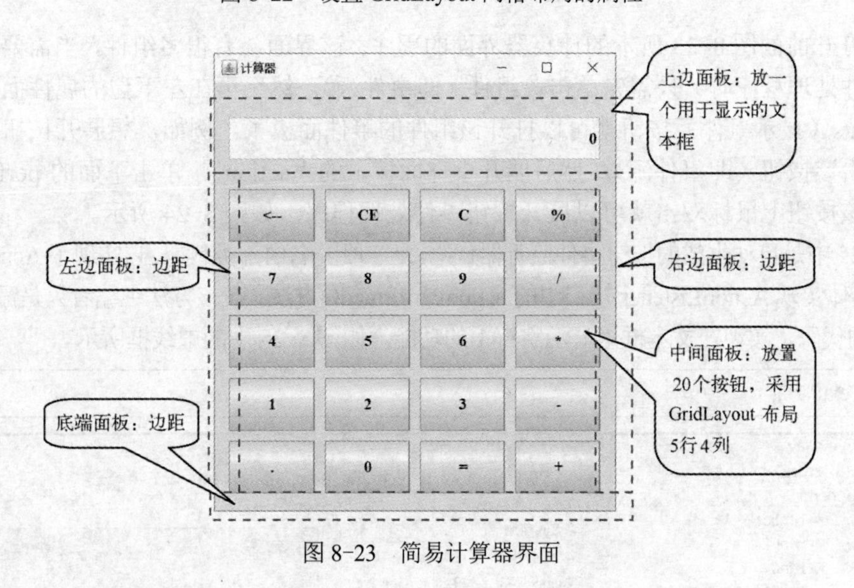

图 8-23 简易计算器界面

8.7 事件处理机制

之前已经介绍了 Swing 组件及布局，读者已经可以开发自己的图形用户界面应用程序了。但是，界面上的这些组件对用户的鼠标和键盘是没有任何响应的。即鼠标单击按钮和菜单都没反应，鼠标的移动也没任何响应。这样的图形用户界面是无法和用户进行交互的。要想让这些组件能够和用户进行交互，就必须使用 Java 的事件处理机制。

Java 的事件处理机制也称为授权事件处理机制，是组件授权给事件监听器来监听事件。一旦有某个事件产生，相应的事件监听器就会监听到，并将该事件从源对象传播到监听器对象中相应的事件处理方法。

Java 的事件处理机制包含有三个重要的元素：事件源、事件、事件监听器。事件源是能够产生或响应事件的组件。事件是用户对组件的一个操作，如按钮被鼠标单击、文本框正在被键盘输入文本。鼠标正在面板上移进或移出，等等。事件监听器或是一个监听器接口，或是一个适配器类，专门用于监听产生的事件。Java 常用组件事件及监听器说明如表 8-21 所示。

表 8-21 Java 常用组件事件及监听器说明

用户操作	事件源	事件	事件监听器	说明
鼠标单击按钮	当前按钮	ActionEvent（单击组件）	ActionListener	监听器接口
鼠标单击菜单	当前菜单	ActionEvent（单击组件）	ActionListener	监听器接口
在文本框里输入文本	当前 JTextField 文本框	TextEvent（文本事件）	TextListener	监听器接口
在没有任何组件聚焦情况下，按键盘上的键	当前窗口	KeyEvent（键盘事件）	KeyAdapter	适配器类
鼠标在面板上移进移出	当前面板	MouseEvent（鼠标事件）	MouseAdapter	适配器类
鼠标单击 JTree 树的叶节点	当前 JTree 组件	TreeSelectionEvent（树节点选中事件）	TreeSelectionListener	监听器接口
在组合框里选择选项	当前 JComboBox 组件	ItemEvent（组合框里元素被选中事件）	ItemListener	监听器接口

8.7.1 按钮事件处理程序

仍然打开前面图 8-23 所示的计算器界面的程序。该界面上有很多组件，当需要打开某个组件的事件处理程序时，只需先单击该组件（即事件源），然后再在左下边的属性面板里单击 Show events（显示事件）按钮就可以打开该组件的事件面板了。例如，想展开按钮事件处理程序。单击该按钮（即事件源），然后展开事件面板里的“action”，单击下面的 performed 或者直接在该按钮上鼠标双击就可以展开按钮事件处理程序，如图 8-24 所示。

图 8-25 中是自动生成的按钮事件监听器代码，是一段匿名内部类代码，它实现了 ActionListener 接口，并具体实现 ActionListener 接口中的 actionPerformed()方法。在该方法中编者只是添加了一行虚线框里的代码，实现在文本框里显示字符 1 的功能，如图 8-25 中的虚线框所示。

```
txt.setText("1");
```

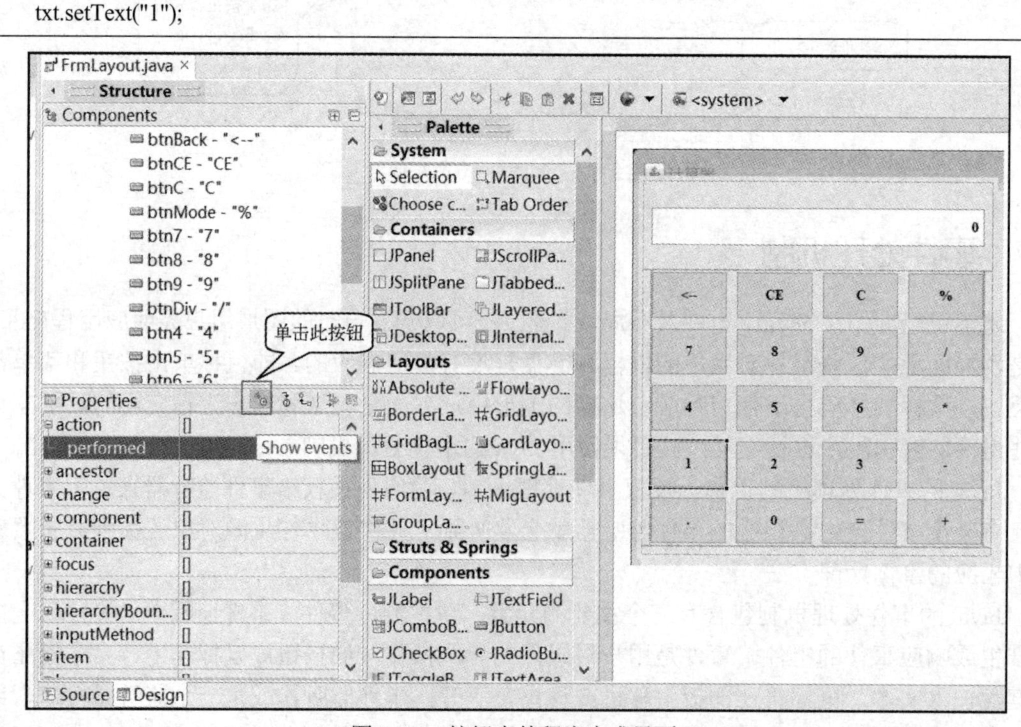

图 8-24 按钮事件程序生成界面

```
//按钮事件监听器和事件处理方法
JButton btn1 = new JButton("1");
btn1.addActionListener(new ActionListener() {
    public void actionPerformed(ActionEvent e) {
        txt.setText("1");
    }
});
```

图 8-25　按钮事件程序

8.7.2　键盘事件处理程序

假设主界面的正中间有一个正方形,用户想通过按键盘上的方向键“←”“↑”“→”“↓”来使这个正方形能够上、下、左、右移动。要想实现该功能，首先要生成该键盘的事件处理程序：单击事件源（即该项目的 JFrame），然后在左下边的属性窗口单击 Show events 显示事件按钮，单击 key 节点下面的 pressed 展开键盘事件处理程序，如图 8-26 所示。

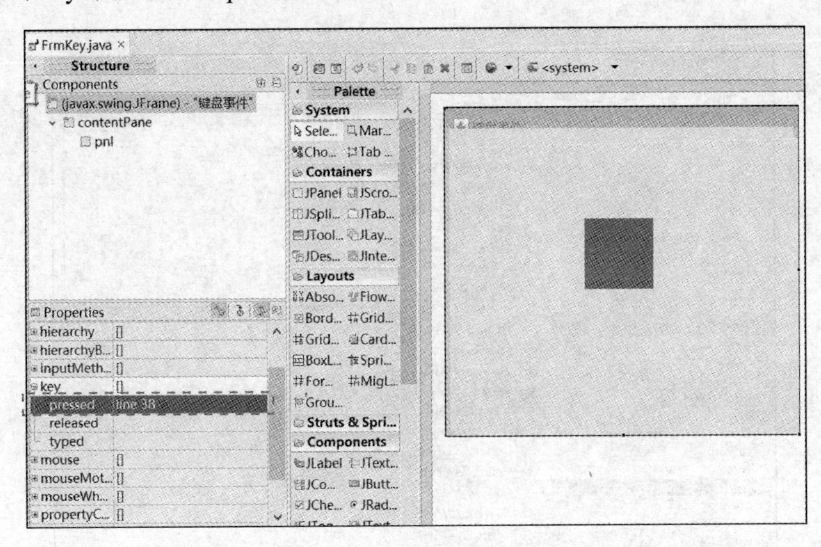

图 8-26　键盘事件程序生成界面

图 8-27 中是自动生成的键盘事件监听器代码，是一段匿名内部类代码，它继承了 KeyAdapter 类，并具体实现 KeyAdapter 类中的 keyPressed()方法。键盘上的键都有各自的键编号，“←”“↑”“→”“↓”的键编号分别是 37、38、39、40。比如，想按“→”键可以让正方形往右边移动，只需在 keyPressed()方法里添加如图 8-26 所示的虚线框内的代码就可以了。

8.7.3　鼠标事件处理程序

假设有一个主界面，想当鼠标移进界面时，界面的背景颜色变成蓝色，而当鼠标移出界面时,界面的背景颜色变成红色,就要使用鼠标的事件处理程序。单击事件源(即 contentPane)，在左下边的属性窗口里，单击 Show events 显示事件按钮，展开 mouse 节点，分别在 entered

和 exited 子节点处单击展开鼠标进入和鼠标离开的事件处理程序，如图 8-28 所示。

```
addKeyListener(new KeyAdapter() {
    public void keyPressed(KeyEvent e) {
        if(e.getKeyCode()==37) {
            if(pnl.getX()>0) {
                pnl.setLocation(pnl.getX()-1,pnl.getY());
            }
        }
    }
});
```

图 8-27　展开的键盘事件程序

图 8-29 中是自动生成的鼠标事件监听器代码，是一段匿名内部类代码，它继承了 MouseAdapter 类，里面的 mouseEntered()方法中加入如虚线框所示的使面板背景颜色变成蓝色的代码，而 mouseExited()方法加入如虚线框所示的使面板背景颜色变成红色的代码。

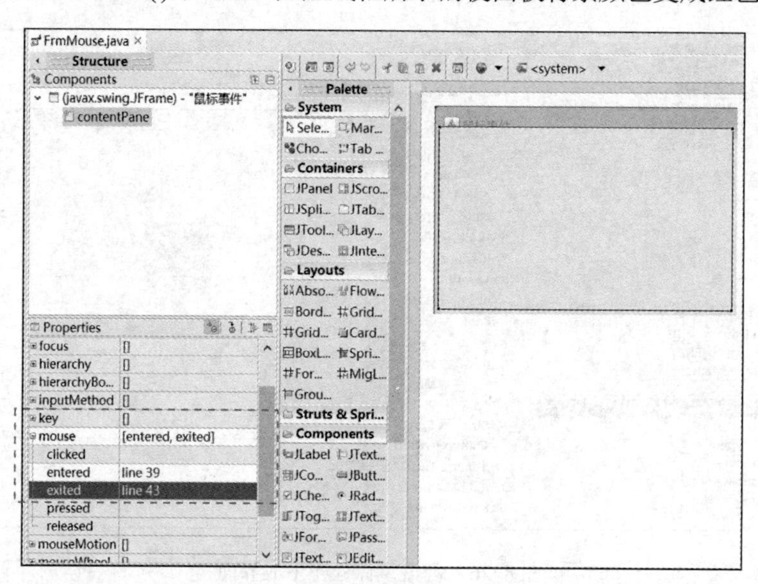

图 8-28　鼠标事件程序生成界面

```
contentPane.addMouseListener(new MouseAdapter() {
    public void mouseEntered(MouseEvent e) {
        contentPane.setBackground(Color.BLUE);
    }
    public void mouseExited(MouseEvent e) {
        contentPane.setBackground(Color.RED);
    }
});
```

图 8-29　鼠标事件程序

本节已经分别介绍了按钮、键盘、鼠标等常用事件，其他组件事件读者可以自行查阅 API 文档帮助。Java 的事件处理机制是较难理解的知识点，请读者多多思考和练习。

总结

本章主要介绍在 Eclipse 里 GUI 图形用户界面应用程序的集成开发的基本操作，以及常用图形用户界面设计的 Swing 容器组件、界面组件、布局管理器和 Java 的事件处理机制，以及图形用户界面设计的步骤和基本规则。

本章重点掌握常用的 Swing 组件的使用，以及布局管理器和 Java 的事件处理机制，其中布局管理器和事件处理机制是本章的难点，希望读者多花些时间和精力。

第 9 章　JDBC 数据库编程

本章要点：

- ☑ JDBC 简介
- ☑ 数据库连接的实现
- ☑ 数据访问的实现
- ☑ 使用预编译命令
- ☑ 数据库编程实例

简介

由于很多的应用程序都需要保存和访问数据，使用数据库保存数据是最常用的方法。因此，数据库连接技术也是开发人员必须掌握的技术。Java 访问数据库的技术有好几种，最常用的访问数据库技术之一就是 JDBC（Java database connectivity，Java 数据库连接）。本章将详细介绍 JDBC 技术中数据库连接、数据的增、删、改、查的方法，以及预编译语句和调用存储过程。

9.1　数据库访问技术简介

目前常用的数据库连接技术有 ODBC（open database connectivity，开放式数据库连接）和 JDBC 两种 API（application program interface，应用程序接口），如图 9-1 所示。ODBC 技术是由微软提供的访问数据库技术，可以使用 SQL（structured query language，结构化查询语言）语句访问各种数据库。JDBC 技术是 Sun 公司推出的一种专门访问数据库的 API。它是由一组用 Java 编程语言编写的类和接口组成，支持基本 SQL 语句，提供多样化的数据库连接方式，可连接不同的数据库。

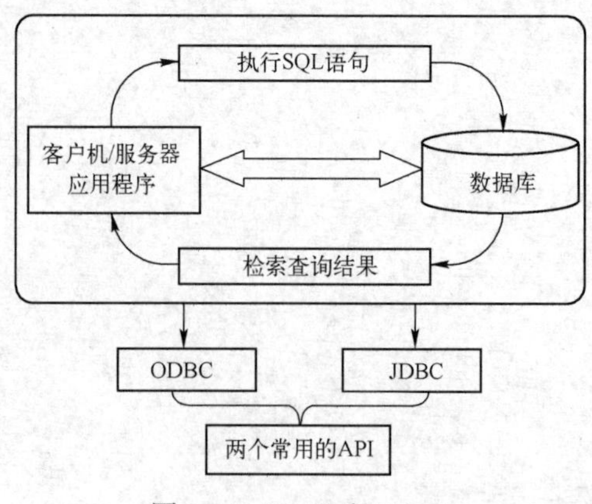

图 9-1　ODBC 和 JDBC

由于 ODBC 是用 C 语言编写的接口，而 Java 对本地 C 语言代码的调用在安全性、实现性、健壮性及可移植性方面存在很多的缺陷，加上 C 语言中含有复杂的数据类型（如，指针），从而束缚了 ODBC 技术在 Java 访问数据库中的应用。

JDBC 技术是一个用 Java 语言编写的用于访问数据库的标准接口。使用这样的 API 编写的应用程序无论从安全性、健壮性、可移植性都是具有优势的。由于微软的 SQL Server 是一种比较常用的数据库管理系统。因此本章主要讲述使用 JDBC 技术访问 SQL Server 数据库的步骤和方法。JDBC 访问数据库的示意图如图 9-2 所示。

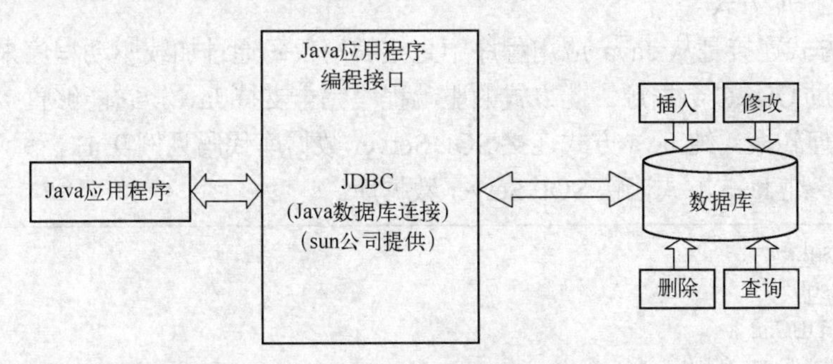

图 9-2　JDBC 访问数据库示意图

JDBC API 既支持数据库访问的两层模型，同时也支持三层模型。

在两层模型中，Java 应用程序将直接与数据库进行对话。这将通过一个 JDBC 驱动程序来与所访问的特定数据库管理系统进行通信。用户的 SQL 语句通过驱动程序被送往数据库服务器中，而其处理的结果将被送回给客户端用户。

在三层模型中，命令先是被发送到服务器的“中间层”，然后由它将 SQL 语句发送给数据库。数据库对 SQL 语句进行处理并将结果送回到中间层，中间层再将结果送回给用户。中间层的一个好处是可用来控制对数据的访问。中间层的另一个好处是，用户可以利用易于使用的高级 API，而中间层将把它转换为相应的低级调用。最后，在许多情况下三层结构还可提供一些性能上的好处。

JDK 的 java.sql 包中提供一组连接数据库和访问数据库的类，如表 9-1 所示。

表 9-1　java.sql 包中提供的类

接口/类名	说　明
Connection	此接口用于表示与数据库的连接
Statement	此接口用于执行 SQL 语句，若是查询的 SQL 语句则将数据检索到 ResultSet 中，若是更新的 SQL 语句则将处理之后所影响的表中的行数返回给客户端
ResultSet	此接口用于表示查询数据库的结果
PreparedStatement	此接口用于执行预编译的 SQL 语句
DriverManager	此类用于加载和卸载各种驱动程序并建立与数据库的连接

表 9-1 中的 Connection 是负责与数据库连接的一个接口，它的对象就是一个建立好的数据库连接。DriverManager（驱动管理器）提供的静态方法 getConnection()可以创建数据库连接，返回一个 Connection 接口的对象。Statement 接口对象的 executeQuery(String sql)方法执行

select 的 sql 查询语句，并返回一个 ResultSet 接口的对象。Statement 接口对象的 executeUpdate(String sql)方法可以执行 insert、update、delete 等更新的 SQL 语句，并返回表中受影响而更新的记录个数。这些接口和方法的使用将随后详细解释。

9.2 JDBC 连接数据库

要想对数据库里的数据进行增、删、改、查，先要连接数据库。本节将介绍最常用的 JDBC 纯 Java 连接数据库方式。

纯 Java 方式连接是从 Java 应用程序中直接编写代码通过加载驱动程序来创建数据库连接，而不是通过 ODBC 数据源。此方式的驱动程序完全支持 Java，它能够直接与数据库进行通信，无需任何转换。纯 Java 方式连接 SQL Server 数据库代码见例 9-1。

【例 9-1】 纯 Java 方式连接 SQL Server 数据库。

```
//导入 java.sql 包
import java.sql.*;
public class DBCon {
    public static Connection JavaCon() {
        try {
            //加载驱动程序
            Class.forName("com.microsoft.sqlserver.jdbc.SQLServerDriver");
            //创建数据库连接，连接 StudentDB 数据库
            String url="jdbc:sqlserver://localhost:1433;DatabaseName=StudentDB";
            Connection conn = DriverManager.getConnection(url,"sa", "");
            return conn;
        } catch (ClassNotFoundException ex1) {//捕获 ClassNotFoundException 异常
            ex1.printStackTrace( );
            return null;
        } catch (SQLException ex2) {//捕获 SQLException 异常
            ex2.printStackTrace( );
            return null;
        }
    }
}
```

仅仅写上如例 9-1 所示的代码还不能成功连接 SQL Server 数据库，还需要添加 SQL Server 数据库驱动程序。不同的数据库管理系统，甚至不同版本数据库管理系统，数据库驱动程序都不一样。在当前项目文件夹里新建一个名为 lib 文件夹，然后将 sqljdbc42.jar 驱动程序文件拷贝到 lib 文件夹里。鼠标单击左边项目导航窗口的项目文件名，再单击菜单 Project→Propertie 打开项目属性对话框，如图 9-3 所示，单击左边导航菜单 Java Build Path，在右边选择 Libraries 选项卡，单击 Modulepath，再单击 Add External JARs 按钮，打开 JAR Selection 对话框，如图 9-4 所示，浏览并选择 sqljdbc42.jar 文件，就将该数据库驱动程序成功添加到该项目里了。

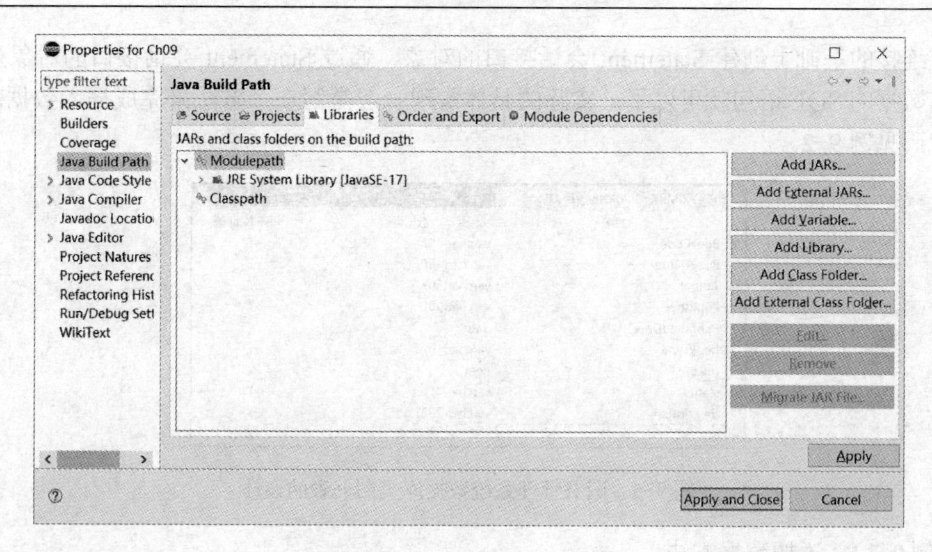

图 9-3　打开项目属性对话框

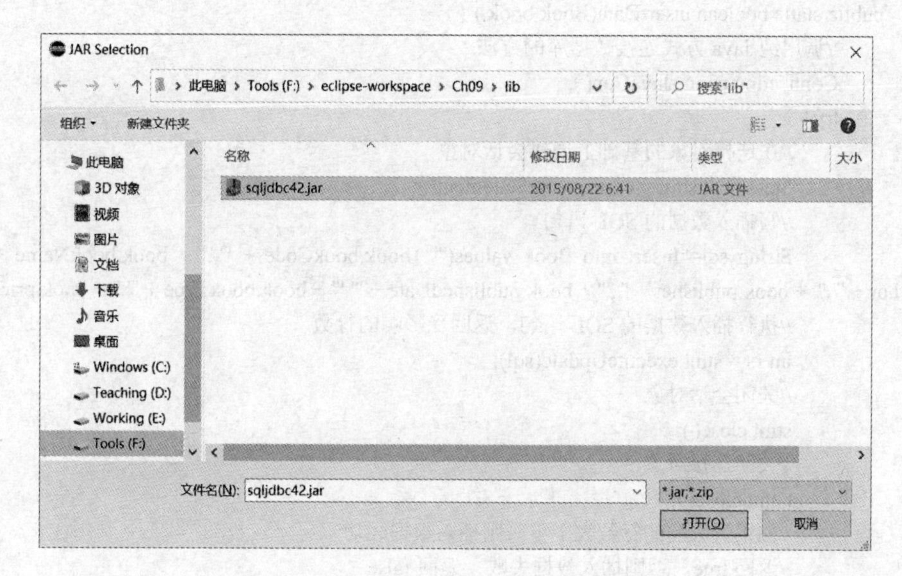

图 9-4　添加数据库驱动程序 jar 文件对话框

9.3　访问数据

应用程序对数据库里数据的访问包括增、删、改、查。在用户界面上显示数据其实就是一个查询数据和显示数据的过程。本节将以图书信息管理为例，按照添加数据、删除数据、修改数据、查询数据和显示数据的顺序来阐述。数据库里图书表的设计如图 9-5 所示。

9.3.1　添加数据

要想向数据库的表中添加一条数据，首先要建立数据库连接 Connection 接口的对象，然后在该连接的基础上创建 Statement 会话接口的对象，通过 Statement 会话接口的对象执行一条插入数据的 SQL 语句就可以了。实际的具体实现一般是写一个方法来完成插入数据功能。具体代码见例 9-2。

LAPTOP-2IMRKHT...okDB - dbo.Book ×

列名	数据类型	允许 Null 值
BookCode	varchar(10)	☐
BookName	varchar(100)	☐
Author	varchar(50)	☐
Publisher	varchar(50)	☐
PublishedDate	date	☐
bookType	varchar(10)	☐
price	float	☐
status	varchar(4)	☐
description	varchar(255)	☑
		☐

图 9-5　图书管理系统数据库里图书表的设计

【例 9-2】 添加数据方法。

```
1.  public static boolean insertData(Book book ) {
2.      //调用纯 Java 方式连接数据库的方法
3.      Connection conn=JavaCon( );
4.      try{
5.          //在连接对象的基础上创建会话对象
6.          Statement stmt = conn.createStatement( );
7.          //写插入数据的 SQL 语句
8.          String sql="Insert into Book values('" +book.bookCode + "','" + book.bookName + "','" + 
book.author + "','" + book.publisher + "','" + book.publishedDate + "','" + book.bookType + "'," + book.price + ")";
9.          //执行插入数据的 SQL 语句，返回受影响的行数
10.         int rs = stmt.executeUpdate(sql);
11.         //关闭会话对象
12.         stmt.close( );
13.         //关闭连接对象
14.         conn.close( );
15.         //如果受影响的行数大于零，则插入数据成功，
16.         //返回 true，否则插入数据失败，返回 false
17.         if(rs>0){
18.             return true;
19.         }else{
20.             return false;
21.         }
22.     }catch(SQLException ex){
23.         ex.printStackTrace( );
24.         return false;
25.     }
26. }
```

第 3 行代码是调用在 9.2 节中定义的纯 Java 方式连接数据库的方法 JavaCon( )来连接数据，得到一个 Connection 接口的对象 conn。第 6 行代码是用该连接对象 conn 创建一个 Statement 会话接口的对象 stmt。第 10 行代码是使用 Statement 会话接口对象的 executeUpdate(String sql)

方法执行第 8 行代码定义的插入数据的 SQL 语句，返回受影响的行数。第 12 和 14 行代码是关闭会话对象 stmt 和连接对象 conn。以上插入数据的代码还需捕获 SQLException 异常。

9.3.2　删除数据

要想在数据库的表中删除一条数据，首先要建立数据库连接 Connection 接口的对象，然后在该连接的基础上创建 Statement 会话接口的对象，通过 Statement 会话接口的对象执行一条删除数据的 SQL 语句就可以了。实际的具体实现一般是写一个方法来完成删除数据功能。具体代码见例 9-3。

【例 9-3】 删除数据方法。

```
1.  public static boolean deleteData(String bookCode) {
2.      //调用纯 Java 方式连接数据库的方法
3.      Connection conn=JavaCon( );
4.      try{
5.          //在连接对象的基础上创建会话对象
6.          Statement stmt = conn.createStatement( );
7.          //写删除数据的 SQL 语句
8.          String sql="delete from Book where bookCode='"+bookCode+"'";
9.          //执行删除数据的 SQL 语句，返回受影响的行数
10.         int rs = stmt.executeUpdate(sql);
11.         //关闭会话对象
12.         stmt.close( );
13.         //关闭连接对象
14.         conn.close( );
15.         //如果受影响的行数大于零，则删除数据成功，
16.         //返回 true，否则删除数据失败，返回 false
17.         if(rs>0){
18.             return true;
19.         }else{
20.             return false;
21.         }
22.     }catch(SQLException ex){
23.         ex.printStackTrace( );
24.         return false;
25.     }
26. }
```

第 3 行代码是调用在 9.2 节中定义的纯 Java 方式连接数据库的方法 JavaCon( )来连接数据，得到一个 Connection 接口的对象 conn。第 6 行代码是用该连接对象 conn 创建一个 Statement 会话接口的对象 stmt。第 10 行代码是使用 Statement 会话接口对象的 executeUpdate(String sql)方法执行第 8 行代码定义的删除数据的 SQL 语句，返回受影响的行数。第 12 和 14 行代码是关闭会话对象 stmt 和连接对象 conn。以上删除数据的代码还需捕获 SQLException 异常。

9.3.3 修改数据

要想在数据库的表中修改一条数据，首先要建立数据库连接 Connection 接口的对象，然后在该连接的基础上创建 Statement 会话接口的对象，通过 Statement 会话接口的对象执行一条修改数据的 SQL 语句就可以了。实际的具体实现一般是写一个方法来完成修改数据功能。具体代码见例 9-4。

【例 9-4】 修改数据方法。

```
1.  public static boolean modifyData(Book book) {
2.      //调用纯 Java 方式连接数据库的方法
3.      Connection conn=JavaCon( );
4.      try{
5.          //在连接对象的基础上创建会话对象
6.          Statement stmt = conn.createStatement( );
7.          //写修改数据的 SQL 语句
8.          String sql="update Book set bookName='"+book.bookName+"',author='"+book.author
                    +"',publisher='"+book.publisher+"',publishedDate='"+book.publishedDate
                    +"',bookType='"+book.bookType+"',price="+book.price
                    +" where bookCode='"+book.bookCode+"'";
9.          //执行修改数据的 SQL 语句，返回受影响的行数
10.         int rs = stmt.executeUpdate(sql);
11.         //关闭会话对象
12.         stmt.close( );
13.         //关闭连接对象
14.         conn.close( );
15.         //如果受影响的行数大于零，则修改数据成功，
16.         //返回 true，否则修改数据失败，返回 false
17.         if(rs>0){
18.             return true;
19.         }else{
20.             return false;
21.         }
22.     }catch(SQLException ex){
23.         ex.printStackTrace( );
24.         return false;
25.     }
26. }
```

第 3 行代码是调用在 9.2 节中定义的纯 Java 方式连接数据库的方法 JavaCon( )来连接数据，得到一个 Connection 接口的对象 conn。第 6 行代码是用该连接对象 conn 创建一个 Statement 会话接口的对象 stmt。第 10 行代码是使用 Statement 会话接口对象的 executeUpdate(String sql)方法执行第 8 行代码定义的修改数据的 SQL 语句，返回受影响的行数。第 12 和 14 行代码是关闭会话对象 stmt 和连接对象 conn。以上修改数据的代码还需捕获 SQLException 异常。

到此，细心的读者或许已经发现以上添加、删除、修改数据的三个方法代码非常一致，

唯一的区别就是 SQL 语句不同。因此，可以将这三段代码合成一个统一的更新数据方法，而把 SQL 语句作为方法的参数传进去进行处理就可以了。该更新数据方法的代码见例 9-5。

【例 9-5】 更新数据方法。

```
public static boolean updateData(String sql) {
    //调用纯 Java 方式连接数据库的方法
    Connection conn=JavaCon( );
    try{
        //在连接对象的基础上创建会话对象
        Statement stmt = conn.createStatement( );
        //执行参数传入进来的插入、删除或修改的 SQL 语句，返回受影响的行数
        int rs = stmt.executeUpdate(sql);
        //关闭会话对象
        stmt.close( );
        //关闭连接对象
        conn.close( );
        //如果受影响的行数大于零，则更新数据成功，
        //返回 true，否则更新数据失败，返回 false
        if(rs>0){
            return true;
        }else{
            return false;
        }
    }catch(SQLException ex){
        ex.printStackTrace( );
        return false;
    }
}
```

9.3.4　查询数据

要想查询数据库表中的数据，首先要建立数据库连接 Connection 接口的对象，然后在该连接的基础上创建 Statement 会话接口的对象，通过 Statement 会话接口的对象执行一条查询数据的 SQL 语句就可以了。实际的具体实现一般是写一个方法来完成查询数据功能。具体代码见例 9-6。

【例 9-6】 查询数据方法。

```
1.    public static Vector queryData(String sql){
2.        //调用纯 Java 方式连接数据库
3.        Connection conn=JavaCon( );
4.        //声明保存查询结果的 Vector 对象
5.        Vector data=new Vector( );
6.        try{
7.            //在连接对象的基础上创建会话对象
8.            Statement stmt = conn.createStatement( );
9.            //执行查询 SQL 语句，返回查询的结果集
```

```
10.         ResultSet rs = stmt.executeQuery(sql);
11.         //rs 结果集中还有下一条记录
12.         while(rs.next()){
13.             //声明保存查询结果集中每行数据的 Vector 对象
14.             Vector line=new Vector();
15.             //将查询结果集中的每行数据保存到 line 对象里
16.             for (int i = 1; i <= 9; i++) {
17.                 line.add(rs.getObject(i));
18.             }
19.             //将每行数据的 line 对象添加到 data 对象中
20.             data.add(line);
21.         }
22.         //关闭结果集
23.         rs.close();
24.         //关闭会话对象
25.         stmt.close();
26.         //关闭连接对象
27.         conn.close();
28.         return data;
29.     }catch(SQLException ex){
30.         ex.printStackTrace();
31.         return null;
32.     }
33. }
```

第 3 行代码也是先调用在 9.2 节中定义的纯 Java 方式连接数据库的方法 JavaCon()来连接数据，得到一个 Connection 接口的对象 conn。第 5 行代码是实例化一个 Vector 类的对象用于保存查询的结果。第 8 行代码是用连接对象 conn 创建一个 Statement 会话接口的对象 stmt。第 10 行代码是使用 Statement 会话接口的对象的 executeQuery()方法执行参数传进来的 SQL 语句，返回查询的结果是一个 ResultSet 结果集接口的对象 rs。

第 12 行到第 21 行使用嵌套循环将结果集里的数据转存到 Vector 类对象 data。该嵌套循环的外层 while 循环是循环读取 ResultSet 结果集接口的对象 rs 中的下一行数据。内层 for 循环是把结果集 rs 中每行数据的每个字段的值加入到 Vector 类对象 line 中，然后外层循环里又将 line 对象加入到 Vector 类对象 data 里。其中 ResultSet 结果集对象 rs 的 next()方法是判断结果集 rs 中是否还有下一条记录，若有，则跳转到结果集 rs 中的下一条记录，返回 true；否则，返回 false。结果集 rs 的 getObject(int i)方法可以获取当前行数据的索引为 i 的字段的值（索引从 1 开始）。

第 22 和 27 行代码是关闭结果集对象 rs、会话对象 stmt 和连接对象 conn。以上查询数据的代码同样也需捕获 SQLException 异常。

该查询数据的 queryData()方法最终返回一个装满了查询结果的 Vector 类对象 data，但是仅仅如此是无法在用户界面上显示数据的，还需要将 Vector 类对象 data 中数据显示到用户界面上。9.4 节将分别阐述如何在图形用户界面上的 JTable 和文本框中显示数据。

9.4　显示数据

从数据库里取出的数据最终要显示给用户。在 9.3.4 节中查询数据的 queryData( )方法里已将查询到的数据保存到一个 Vector 类的对象 data 中，并作为方法的返回值。因此，本节将介绍如何把保存在 Vector 类对象 data 中的数据显示在 GUI 图形用户界面上。

9.4.1　在 JTable 中显示数据

由于数据库表中的数据最好用 Excel 表格形式来显示，下面首先介绍在 Swing 组件 JTable 表格中用行、列的格式显示数据。图 9-6 所示的就是此方式显示数据的效果。

图书编号	图书名称	作者	出版社	出版日期	图书类型	价格	状态	图书描述
B001	算法分析与设计	万晓东	清华大学出版社	2016-05-10	科学	41.2	在库	本书内容丰富...
B002	计算机组成原理	孙德文	机械工业出版社	2017-08-24	科学	39.0	借出	
B003	数据库原理与...	万常选	清华大学出版社	2017-09-03	科学	59.9	在库	
B004	JAVA程序设计	刘凯前	清华大学出版社	2015-08-04	科学	41.0	在库	
B005	数据结构（C...	严薇敏	人民邮电出版社	2015-02-05	科学	35.0	在库	
B006	计算机网络	谢希仁	电子工业出版社	2016-12-01	科学	45.0	在库	
B007	计算机科学概论	张志佳	清华大学出版社	2000-07-07	科学	29.0	在库	
B008	软件测试原理	朱少民	清华大学出版社	2015-01-08	科学	44.5	在库	
B009	Web程序设计	储久良	清华大学出版社	2020-09-09	科学	36.8	在库	
B010	操作系统原理	何苑瑜	机械工业出版社	2018-08-10	科学	45.7	在库	
B011	C语言程序设计	谭浩强	清华大学出版社	2007-11-11	科学	34.5	在库	

图 9-6　JTable 表格中用行、列的格式显示数据

在 JTable 中显示数据的 JFrame 类 FrmBook 中的具体代码，见例 9-7。

【例 9-7】　在 JTable 中显示数据的方法。

```
//导入必要的包
import java.awt.*;
import javax.swing.*;
import java.awt.event.*;
import java.util.*;
import javax.swing.table.DefaultTableModel;
import javax.swing.table.JTableHeader;
public class FrmBook extends JFrame {
    Vector title=new Vector( );
    Vector data=new Vector( );
    DefaultTableModel dtm=new DefaultTableModel( );
    JTable tbl=new JTable(dtm);
    public FrmBook() {
        JScrollPane scp = new JScrollPane( );
        scp.setBounds(15, 363, 827, 197);
        contentPane.add(scp);
        tbl.addMouseListener(new MouseAdapter( ) {
            @Override
            public void mouseClicked(MouseEvent e) {
                row=tbl.getSelectedRow( );
                tbl.setRowSelectionInterval(row, row);
```

```
                showTextData(row);
            }
        });
        scp.setViewportView(tbl);
        //调用在表格中显示数据的方法
        showTableData();
    }
    public void showTableData(){
        //准备表头中的数据
        title=new Vector<String>();
        title.add("图书编号");
        title.add("图书名称");
        title.add("作者");
        title.add("出版社");
        title.add("出版日期");
        title.add("图书类型");
        title.add("价格");
        title.add("状态");
        title.add("图书描述");
        //调用查询方法获得数据
        data=DBCon.queryData("Select * from Book");
        //使用默认表格模式 dtm 在表格中显示数据
        dtm.setDataVector(data,title);
    }
    ...
}
```

以上这段代码的关键点在于调用在 9.3.4 节中查询数据的 queryData( )方法获得数据——Vector 类的对象 data，然后根据要显示的数据准备好表头 Vector 对象 title 和数据 Vector 对象 data，然后再使用默认表格模式 DefaultTableModel 类对象 dtm 的 setDataVector( )方法最终在 JTable 中显示数据。

9.4.2 在 JTextField 中显示数据

在图形用户界面的设计中，经常需要用一组文本框或单选按钮等组件来显示一条数据。图 9-7 所示的就是按此方式显示数据的效果。

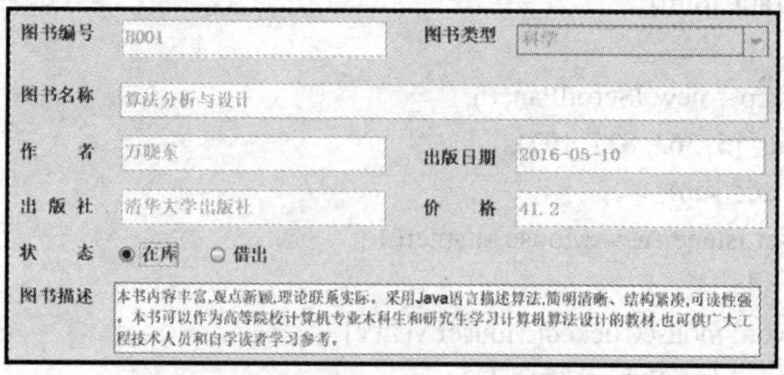

图 9-7 JTextField 中显示数据

该方式在显示数据的 JFrame 类中的具体代码，见例 9-8。

【例 9-8】 在 JTextField 中显示数据的方法。

```
import java.util.Vector;
import javax.swing.*;
public class FrmBook extends JFrame {
   Vector data=new Vector();
    int index=0;
    public FrmBook () {
          showTextFieldData(0);
    }
    public void showTextFieldData(int index){
          Vector<String> line=data.get(index);
          txtBookCode.setText(line.get(0));
          txtBookName.setText(line.get(1));
          txtAuthor.setText(line.get(2));
          txtPublisher.setText(line.get(3));
          txtPublishedDate.setText(line.get(4));
          cboBookType.setSelectedItem(line.get(5));
          txtPrice.setText(line.get(6));
          if(line.get(7).equals("在库")){
                radInLib.setSelected(true);
          } else {
                radBorrowed.setSelected(true);
          }
          txaDesp.setText(line.get(8));
    }
    …
}
```

FrmBook 类中的 data 是前面调用 queryData(String sql)方法获得二维的 Vector 数据，根据传进来的参数（数据的索引 index），从 data 中获取索引为 index 的这一行的 Vector 数据，然后再使用 JTextField 的 setText 方法将该行 Vector 数据中存储的每个字段的数据设置给相应的 JTextField 的 text 属性，就可以将值显示在文本框里了。

单选按钮里显示数据则与 JTextField 不同。例如，例 9-8 需要使用单选按钮来显示图书是在库还是借出，所以应首先判断。另外，需要注意的是，一组单选按钮要想实现单选的效果，必须要将该组单选按钮加入到同一个 ButtonGroup 按钮组类的对象里，如以下代码所示：

```
JRadioButton radInLib = new JRadioButton("在库");
JRadioButton radBorrowed= new JRadioButton("借出");
ButtonGroup btngrp=new ButtonGroup();
btngrp.add(radInLib);
btngrp.add(radBorrowed);
```

9.5 使用预编译语句

从 9.3 节和 9.4 节的阐述可知，使用 Statement 会话接口可以执行 SQL 对表中的数据进行增、删、改、查。但是每次执行不同的 SQL 语句，即使只有一点点不同，也要重写 SQL 语句，并且系统也要重新编译 SQL 语句。例如，第一次想执行“Select * from Book where status='在库'”这样的查询，第二次想执行为“Select * from Book where status='借出'”这样的查询，虽然只有查询条件的不同，但是系统都得重新编译这条 SQL 语句，在运行时是比较浪费时间的。

在 JDBC 技术中提供了一种 PreparedStatement 接口对象用于执行预编译的 SQL 语句。由于 PreparedStatement 接口对象对要执行的 SQL 进行编译了，所以其执行速度要快于 Statement 接口对象。因此，当需要多次执行 SQL 语句时，使用 PreparedStatement 接口对象可以提高应用程序和数据库的总体效率。

例如，9.3.1 节中的 insertData 添加数据的方法可以用 PreparedStatement 来实现，具体代码见例 9-9 的 Book 类和例 9-10 的代码：

【例 9-9】 Book 类。

```
public class Book {
    String bookCode; //图书编号
    String bookName; //图示名称
    String author;      //作者
    String publisher; //出版社
    String publishedDate;
    String bookType; //图书类型
    float price; //价格
    String status; //状态
    String desp; //描述

    Book(){

    }

    public Book(String bookCode, String bookName, String author, String publisher, String publishedDate,
            String bookType, float price, String status, String desp) {
        super();
        this.bookCode = bookCode;
        this.bookName = bookName;
        this.author = author;
        this.publisher = publisher;
        this.publishedDate = publishedDate;
        this.bookType = bookType;
        this.price = price;
        this.status = status;
        this.desp = desp;
```

```
    }

    public String getBookCode() {
        return bookCode;
    }

    public void setBookCode(String bookCode) {
        this.bookCode = bookCode;
    }

    public String getBookName() {
        return bookName;
    }

    public void setBookName(String bookName) {
        this.bookName = bookName;
    }

    public String getAuthor() {
        return author;
    }

    public void setAuthor(String author) {
        this.author = author;
    }

    public String getPublisher() {
        return publisher;
    }

    public void setPublisher(String publisher) {
        this.publisher = publisher;
    }

    public String getPublishedDate() {
        return publishedDate;
    }

    public void setPublishedDate(String publishedDate) {
        this.publishedDate = publishedDate;
    }

    public String getBookType() {
        return bookType;
    }
```

```
	public void setBookType(String bookType) {
		this.bookType = bookType;
	}

	public float getPrice() {
		return price;
	}

	public void setPrice(float price) {
		this.price = price;
	}

	public String getStatus() {
		return status;
	}

	public void setStatus(String status) {
		this.status = status;
	}

	public String getDesp() {
		return desp;
	}

	public void setDesp(String desp) {
		this.desp = desp;
	}
}
```

【例 9-10】 预编译语句添加数据。

```
public static Vector addDataByPrepared(Book book) {
	//调用纯 Java 方式连接数据库
	Connection conn = JavaCon();
	try{
		//声明保存查询结果的 Vector 对象
		PreparedStatement pstmt=conn.prepareStatement("Insert into Book values(?,?,?,?,?,?,?,?,?)");
		//设置预编译参数
		pstmt.setString(1, book.bookCode);
		pstmt.setString(2, book.bookName);
		pstmt.setString(3, book.author);
		pstmt.setString(4, book.publisher);
		pstmt.setString(5, book.publishedDate);
		pstmt.setString(6, book.bookType);
		pstmt.setFloat(7, book.price);
		pstmt.setString(8, book.status);
```

```
            pstmt.setString(9, book.desp);
            int r=pstmt.executeUpdate( );
            pstmt.close( );
            if(r>0){
                return true;
            }else{
                return false;
            }
        } catch (SQLException ex) {
            ex.printStackTrace( );
            return null;
        }
    }
```

在以上的代码中，首先使用 Connection 接口对象 conn 的 prepareStatement( )方法创建 PreparedStatement 接口的对象 pstmt。该方法的参数是 String 类的 SQL 语句“Insert into Book values(?,?,?,?,?,?,?,?,?)”。其中，? 代表未确定的值。在其后的 9 条语句是分别给这九个问号赋值。问号参数的索引从 1 开始。PreparedStatement 接口对象 pstmt 的 executeQuery( )方法将执行 SQL 语句，并返回和 Statement 执行 SQL 语句一样的结果集。

9.3.3 节中的 updateData(String sql)更新数据的方法也可以用 PreparedStatement 来实现，具体代码见例 9-11。

【例 9-11】 预编译语句更新数据。

```
public static boolean updateDataByPrepared(Book book) {
    //调用纯 Java 方式连接数据库
    Connection conn = JavaCon( );
    try{
            PreparedStatement pstmt=conn.prepareStatement("Insert into Book values(?,?,?,?,?,?,?,?,?)");
            //设置预编译参数
            pstmt.setString(1, book.bookCode);
            pstmt.setString(2, book.bookName);
            pstmt.setString(3, book.author);
            pstmt.setString(4, book.publisher);
            pstmt.setString(5, book.publishedDate);
            pstmt.setString(6, book.bookType);
            pstmt.setFloat(7, book.price);
            pstmt.setString(8, book.status);
            pstmt.setString(9, book.desp);
            int r=pstmt.executeUpdate( );
            pstmt.close( );
            if(r>0){
                return true;
            }else{
                return false;
            }
    }catch(SQLException ex){
```

```
            System.out.println("添加图书信息失败");
            ex.printStackTrace( );
            return false;
        }
    }
```

在以上代码中，首先使用 Connection 接口对象 conn 调用 prepareStatement( )方法创建 PreparedStatement 接口的对象 pstmt。该方法的参数是一条 SQL 语句“Insert into Book values(?,?,?,?,?,?,?,?,?)”。其中，9 个“?”是参数，其后的 9 条 pstmt 的 setString 和 setFloat 语句分别给这 9 个？赋值。问号的索引从 1 开始。PreparedStatement 接口对象 pstmt 再调用 executeUpdate( )方法执行 SQL 语句，返回受影响的行数。

从以上两个 PreparedStatement 的使用案例中可以看出，如果执行预处理的 SQL 语句中有尚未确定的值，使用“?”代替，这相当于方法声明中的形式参数，之后再使用 PreparedStatement 的 setXxx()方法给？具体赋值，相当于调用方法时的传参数。预处理语句也可以没有？（即无参数），此时直接调用 PreparedStatement 对象的 executeQuery( )和 executeUpdate( )等方法执行 SQL 语句即可。

9.6 调用存储过程

在程序中执行 SQL 语句来访问数据库表中数据的方式虽然能完成数据增、删、改、查的任务，但是当客户端用户数量多且频繁访问数据库的时候，客户端会向数据库服务器发送大量的 SQL 语句，这样势必会增加网络的负荷，造成网络堵塞。因此可以在数据库服务器上创建一些完成增、删、改、查功能的存储过程，然后在客户端的应用程序里只需要调用这些存储过程就可以了。由于存储过程是在数据库服务器上执行的，这样就大大地缓解了网络传输 SQL 语句的压力。

java.sql 包中的 CallableStatement 接口用于调用数据库服务器端的存储过程。该接口继承了 PreparedStatement 预编译接口。例如，在 BookDB 学生数据库里创建了一个如下的插入一条数据的存储过程：

```
create procedure insertData
    @bookCode varchar(10),
    @bookName varchar(100),
    @author varchar(50),
    @publisher varchar(50),
    @publishedDate varchar(50),
    @bookType varchar(10),
    @price float,
    @status varchar(4),
    @description varchar(255)
as
    insert into Book values(@bookCode,@bookName,@author,@publisher,
    @publishedDate,@bookType,@price,@status,@description)
```

然后，在程序中可以写一个如下的方法来执行该存储过程见例 9-12。

【例 9-12】 调用存储过程来添加数据。

```
1.  public static boolean callPrecedure(String stuID, String stuName, String sex,String birth) {
2.      //调用纯 Java 方式连接数据库
3.      Connection conn = JavaCon( );
4.      try{
5.          CallableStatement cstmt=conn.prepareCall("{call InsertData(?,?,?,?,?,?,?,?,?)}");
6.          //设置预编译参数
7.          cstmt.setString(1, book.bookCode);
8.          cstmt.setString(2, book.bookName);
9.          cstmt.setString(3, book.author);
10.         cstmt.setString(4, book.publisher);
11.         cstmt.setString(5, book.publishedDate);
12.         cstmt.setString(6, book.bookType);
13.         cstmt.setFloat(7, book.price);
14.         cstmt.setString(8, book.status);
15.         cstmt.setString(9, book.desp);
16.         int r=cstmt.executeUpdate( );
17.         cstmt.close( );
18.         if(r>0){
19.             return true;
20.         }else{
21.             return false;
22.         }
23.     }catch(SQLException ex){
24.         System.out.println("添加图书信息失败");
25.         ex.printStackTrace( );
26.         return false;
27.     }
28. }
```

在这段代码中，先是第 3 行仍然调用纯 Java 方式连接数据库，得到一个 Connection 接口的对象 conn。第 5 行 Connection 对象调用 prepareCall( )方法来调用存储过程先进行预处理，由于该存储过程有 9 个参数，因此在调用该存储过程时也给了 9 个“?”。第 7 行至 15 行对 9 个“?”参数分别赋值，并返回一个 CallableStatement 接口对象 cstmt。第 16 行调用 CallableStatement 接口的 executeUpdate( )执行存储过程，返回受影响的行数。如果受影响行数大于 0，则执行成功，反之，执行失败。该段代码也要捕获 SQLException 异常。

总结

本章介绍了 JDBC 技术常用的纯 Java 方式连接数据库，以及访问数据（即对数据增、删、改、查）的具体步骤和代码，包括在 JTable 和 JTextField 中显示数据的关键步骤和代码，使得数据库表中的数据最终在 GUI 图形用户界面上显示。本章还介绍了在 JDBC 技术中所提供的 PreparedStatement 接口对象，用于执行预编译的 SQL 语句以提高应用程序和数据库的总体效率，以及如何在数据库服务器上创建一些完成增、删、改、查功能的存储过程，然后在客户端的应用程序里只需要通过 CallableStatement 对象调用这些存储过程即可，这大大缓解了网络传输 SQL 语句的压力。

本章重点掌握 JDBC 连接和访问数据库的技术，这是进行 Java 应用程序开发必须掌握的。当然，本章的知识点也较难掌握，需要读者进行大量的实践练习。

第10章　多　线　程

本章要点：

☑ 线程的概念
☑ 线程的实现和常用方法
☑ 线程的生存期及状态控制
☑ 锁与线程同步、线程阻塞
☑ 线程优先级和线程调度

简介

在使用计算机时，可以一边听音乐，一边 QQ 聊天、一边使用 Word 做作业。一个 CPU 怎么可以同时做这么多件事呢?这就涉及操作系统提供给用户的一个解决方案——多进程（process）与多线程（thread）。

Java 支持多线程，这个特性是它的一大优点。多线程是相对单线程而言的，单线程是指任何时候只能有一个程序在运行，其他程序必须等待。有了多线程这个特性后，Java 可以支持多个程序并发执行。当需要写一个能同时执行多个功能的程序时，就需要用到 Java 的多线程功能。

线程这个概念本身并不属于 Java 编程语言独有。大多数程序设计语言并不提供这种并发机制。Java 语言是将操作系统的线程概念纳入程序设计语言中，编程人员可利用 Java 提供的多线程机制，使系统同时运行多个执行体，从而加快程序的响应时间，提高计算机资源的使用效率。

本章介绍 Java 的多线程机制，包括线程的概念；线程的实现和常用方法；线程的生存期和状态控制；锁与线程的同步、线程阻塞；线程的优先级和线程调度等内容。

10.1　线程的基本概念

多线程的应用范围很广。一般情况下，程序的某些特定事件与资源联系在一起。如果不想为这些操作而暂停程序其他部分的执行，就必须考虑创建一个线程，令其与那些事件或资源关联到一起，并让它独立于主程序运行。举例来说明：比如 Quit 或退出按钮，往往不希望在程序的每个部分代码中都轮询这个按钮，同时又希望该按钮能及时地做出响应，使程序看上去似乎经常都在轮询它。

那么，什么是线程呢？线程（thread），有时被称为轻量级进程（lightweight process，LWP），是程序执行流的最小单元。一个标准的线程由线程 ID，当前指令指针（PC），寄存器集合和堆栈组成。另外，线程是进程中的一个实体，是被系统独立调度和分派的基本单位，线程自己不拥有系统资源，只拥有一点在运行中必不可少的资源，但它可与同属一个进程的其他线程共享进程所拥有的全部资源。一个线程可以创建和撤销另一个线程，同一进程中的多个线程之间可以并发执行。由于线程之间的相互制约，致使线程在运行中呈现出间断性。于是，线程也有就绪、阻塞和运行三种基本状态。

线程是程序中一个单一的顺序控制流程。在单个程序中同时运行多个线程完成不同的工作，称为多线程。

那么，什么是进程呢？进程是表示资源分配的基本单位，又是调度运行的基本单位。例如，用户运行自己的程序，系统就创建一个进程，并为它分配资源，包括各种表格、内存空间、磁盘空间、I/O 设备等。然后，把该进程放入进程的就绪队列。进程调度程序选中它，为它分配 CPU 以及其他有关资源，该进程才真正运行。所以，进程是系统中的并发执行的单位。

线程是进程中执行运算的最小单位，即执行处理机调度的基本单位。如果把进程理解为在逻辑上操作系统所完成的任务，那么线程表示完成该任务的许多可能的子任务之一。通常在一个进程中可以包含若干个线程，它们可以利用进程所拥有的资源。在引入线程的操作系统中，通常都是把进程作为分配资源的基本单位，而把线程作为独立运行和独立调度的基本单位。由于线程比进程更小、更灵活，基本上不占有系统资源，故对它的调度所付出的开销就会小得多，能更高效地提高系统内多个程序间并发执行的程度，从而显著提高系统资源的利用率和吞吐量。因而近年来推出的通用操作系统都引入了线程，以便进一步提高系统的并发性，并把它视为现代操作系统的一个重要指标。

那么，Java 语言是如何提供线程机制的呢？首先，Java 线程机制是建立在宿主操作系统的线程基础上的。将宿主操作系统的线程机制包装为语言一级的机制提供给程序员使用。对上，为程序员提供简单一致、独立于平台的多线程编程接口；对下，为程序员屏蔽宿主操作系统线程机制的细节。从而使程序员尽可能地减少工作量。

将 Java 平台的线程机制映射到本地的线程库，从而实现 Java 语言的线程。Java 应用程序员不必关心如何映射到宿主操作系统的线程库，这一任务是由 JVM 完成的。

在 Java 语言中，利用对象可将一个程序分割成相互独立的区域。人们通常也需要将一个程序转换成多个独立运行的子任务，每个子任务可称为一个线程。编写程序时，程序员可将每个线程都理解为能够独立运行一个小程序。在这里，操作系统的一些机制会自动分割 CPU 的时间，进行线程的调度。程序员通常不必关心这些底层细节问题，因此多线程的代码编写是相当简便的。

从前面章节可知，Java 语言的跨平台特性是建立在虚拟机（JVM）上的。如果应用程序中仅有一个线程，程序员无需显式地处理线程。由 JVM 自动完成对单线程的管理。事实上，JVM 中总会存在一些守护线程（daemon thread，后文将重点介绍此概念），例如：垃圾收集线程、鼠标与键盘事件分派线程等等。所以，一个 JVM 可运行在多个轻量级进程之上，即一个 JVM 可同时支持多个线程。在实际应用程序中，每一个 JVM 有一个共享堆；每一个线程有一个共享栈，从而一个 JVM 中的所有线程可通过共享的栈交换信息。

10.2 Java 语言多线程的实现

如上文所述，编写 Java 的多线程程序是相对简单的，因为 Java 语言为我们封装了很多底层对 CPU 的操作，不用关注如何去分配 CPU 时间及具体的线程调度的问题。只需要掌握为数不多的几个类与接口即可。

在这里，最重要的就是使用接口 java.lang.Runnable 或类 java.lang.Thread。

可以通过 Java 的 API 帮助文档查到 Runnable 接口和 Thread 类的关系，其中 Thread 类的定义表示如下：

```
public class Thread extends Object implements Runnable
```

Thread 类直接继承了 Object 根类，并实现了 Runnable 接口，通过查阅 Runnable 接口的 API 可知，在 Runnable 接口中只有一个方法，即 run()方法。

Java 用提供的线程类 Thread 来创建多线程的程序。其实，创建线程与创建普通的类的对象的操作是一样的，而线程就是 Thread 类或其子类的实例对象。每个 Thread 对象描述了一个单独的线程。要产生一个线程，有两种方法：需要从 java.lang.Thread 类派生一个新的线程类，重载它的 run()方法；实现 Runnalbe 接口，重载 Runnalbe 接口中的 run()方法。

10.2.1　扩展 Thread 类创建线程

首先，需要通过创建一个新类来扩展 Thread 类，这个新类就成为 Thread 类的子类。接着在该子类中重写 Thread 类的 run()方法，此时方法体内的程序就是将来要在新建线程中执行的代码。

其格式如下所示。

```
[public] class SubThread extends Thread{
    …
    public void run() {
        // 新建线程所要完成的工作
    }
    …
}
```

接着要创建该子类的对象，此时一个新的线程就被创建了，创建新线程时会用到 Thread 类定义的两个构造方法：public Thread( )和 public Thread(String name)

其中，第一个构造方法是 Thread 类默认的构造方法，不指定参数；第二个构造方法可以为新建的线程指定一个名称，该名称就是字符串参数 name 的值。

建立了新的线程对象以后，它并不会自动运行，而是需要被调用了该对象的 start()方法后才运行起来，该方法在 Thread 类中定义，可以直接调用，也可以在 Thread 类的子类中重定义后调用，当然，重定义后的调用需要掌握多态性的原理。它的作用就是启动一个新的线程，并在该线程上运行子类对象中的 run()方法。

start()方法在 API 中的声明格式为：

```
public void start()
```

如上所示创建了 Thread 类的子类 SubThread 类之后，我们可以用如下代码启动子线程：

```
SubThread s = new SubThread();        // 创建 Thread 子类的对象
s.start();                            // 启动一个新的线程
```

当一个类继承 Thread 类时，它必须重定义 run()方法，这个方法是新线程的入口。如果 Thread 类的这个子类没有覆盖 run()方法，根据继承的原理，程序就会调用 Thread 类的 run()方法，只不过该 run()方法是一个空函数，什么也不会做。所以说，当一个新线程刚刚创建时，这个线程对程序来说是没有任何意义的。

下面举一个完整的例子来演示通过扩展 Thread 类创建线程的过程（见例 10-1）。

【例 10-1】 继承 Thread 类创建线程示例。

```
class NewThread extends Thread{                        // 通过继承 Thread 类来创建一个新的线程
    NewThread(){                                       // 构造方法
        super("Thread Demo");                          // 定义线程的名字
        System.out.println("New thread: " + getName());
    }
    public void run(){                                 // 覆写 run()方法，这是线程的入口
        // 由于线程往往和主程序同步执行，所以 run 中往往写一个循环
        while (true) {
            System.out.println(Thread.currentThread().getName() + "  is running");
        }
    }
}
public class ThreadDemo {
    public static void main(String[] args) {
        NewThread newThr = new NewThread();        // 创建一个新线程
        newThr.start();                            // 启动线程，调用 NewThread 类对象的 run()方法
    }
}
```

可以看到，新的线程是由实例化 NewThread 类的对象创建的，该 NewThread 类可以通过继承 java.lang.Thread 类来得到。其中，在 NewThread 类中，构造方法里调用了 super()方法。该方法将调用父类 Thread 下列形式的构造方法：

```
public Thread(String threadName)
```

这里，threadName 指定线程名称（当然也可以不指定线程的名称，而由系统自动为新建线程提供名称）。在 NewThread 类中通过覆写 run()方法来规定线程所要实现的内容。此外，需要注意的是，启动新线程执行时必须调用 start()方法。程序结果如下所示。

```
New thread: Thread Demo
Thread Demo is running
Thread Demo is running
Thread Demo is running
Thread Demo is running
Thread Demo is running
…
```

在上面的代码中，使用了 Thread 类的 currentThread()静态方法来获得当前程序执行时所对应的那个线程对象，又通过线程对象的 getName()方法，得到了当前线程的名字。这些方法都可以在 JDK 帮助文档中查到。因此，利用 JDK 帮助文档可以来获取有关类的更多信息，可

以方便程序的编写。

在上面代码的 run()方法中，由于循环条件始终为 true，因此，屏幕上会不断地输出 Thread Demo is running，新建的线程永远不会结束，这当然不是我们所希望的结果。我们所希望的是可以合理地设置循环条件来有效地控制线程的终止。所以，在 run()方法中使用到循环控制的时候一定要小心，否则局面难以控制。

针对前面的程序做一些改动，可以让这个程序实现一个非常有用的功能（见例 10-2）。

【例 10-2】 继承 Thread 类创建线程示例（改良后）。

```
// 继承 Thread 类创建线程示例。实现倒计时功能。
class NewThread2 extends Thread {          // 通过继承 Thread 类来创建一个新的线程
    NewThread2(String name) {              // 构造方法
        super(name);
    }
    public void run(){                     // 重写 run()方法，这是线程的入口
        for (int i = 10; i > 0; i--){      // 循环执行 10 次
            try {
                System.out.println("left time: " + i);
                Thread.sleep(1000);                    // 当前线程睡眠 1000 毫秒
            } catch (InterruptedException e) {         // 处理异常
                System.out.println(e.getMessage());
            }
        }
        System.out.println("game is over,bye!");
    }
}
public class ThreadDemo2 {
    public static void main(String[ ] args) {
        NewThread2 thd = new NewThread2("Thread Demo");    // 创建一个新的线程
        thd.start();                      // 启动线程，调用 NewThread 类对象的 run()方法
    }
}
```

运行结果如下：

```
left time: 10
left time: 9
left time: 8
left time: 7
left time: 6
left time: 5
left time: 4
left time: 3
left time: 2
left time: 1
game is over,bye!
```

例 10-2 的 run()方法体中实现了一个倒计时的功能。线程通过循环控制，每隔 1000 毫秒

输出一次剩余的时间，循环结束时输出“game is over,bye!”，线程也随之结束。在这个程序中新建的线程就不再是死循环，而是通过一些条件来对线程的起始进行了控制，从而实现了倒计时的功能。

在这个程序中用到了 try…catch 语句，它用来捕获程序中可能发生的异常，而产生异常的原因是程序中使用了 Thread.sleep( )这样的方法。通过查阅 JDK 的帮助文档，可以看到线程类的 sleep( )方法的完整格式如下：

```
public static void sleep(long millis) throws InterruptedException
```

看到这个 throws 关键字，想必读者就应知道为什么使用 try…catch 语句了。由于这个方法可能会抛出一个中断异常，表示线程有可能发生异常中断，因此，有必要在程序调用这个方法时对可能发生的异常进行处理。

另外，我们注意到这个方法是静态的，所以可以通过类名直接调用。sleep 方法也是多线程程序中特别常用的一个方法，请读者牢记。

10.2.2 实现 Runnable 接口创建线程

除了扩展 Thread 类可以创建线程之外，还可以通过定义一个实现了 Runnable 接口的类来创建线程。为了将来程序执行时可以进入线程，在这个类中必须实现 Runnable 接口中唯一提供的 run ()方法。

其格式如下所示。

```
class OneThread implements Runnable{
      …
      public void run( ){
            // 新建线程所要完成的工作
      }
      …
}
```

当定义好一个实现了 Runnable 接口的类以后，还不能直接去创建线程对象，要想真正去创建一个线程，还必须在类的内部实例化一个 Thread 类的对象。此时，会用到 Thread 类定义的两个构造方法：public Thread(Runnable target)和 public Thread(Runnable target,String name)。

在这两个构造方法中，参数 target 定义了一个实现了 Runnable 接口的类的对象引用。新建的线程将来就是要执行这个对象中的 run( )方法。而新建线程的名字可以通过第二个构造方法中的参数 name 来指定。可以采用如下代码进行实现：

```
OneThread oneThread = new OneThread( );
Thread newthread = new Thread(oneThread);
```

或者：

```
OneThread oneThread = new OneThread( );
Thread newthread = new Thread(oneThread， "ThreadName");
```

要想创建新的线程对象，这两条语句缺一不可。此后程序会在堆内存中实实在在地创建一个 oneThread 类的实例对象，该对象中包含了一个线程对象 newthread。

此时，新线程对象才被创建，如果想要执行该线程的 run( )方法，则仍然需要通过调用 start( )方法来实现。例如：

```
newthread.start( );
```

newthread 对象会通过调用 start( )方法来执行它自己的 run( )方法，这个用法与上节中直接定义一个继承 Thread 类的新线程类是类似的。随着 run( )方法的结束，线程对象 newthread 的生命也将结束，但是 oneThread 对象还会存在于堆内存当中。如果希望在实际编程当中一旦线程结束，即释放与线程有关的所有资源，可以使用创建匿名对象的方法来创建这个线程，格式如下所示。

```
new Thread(new OneThread( )).start( );
```

这样一来，该线程一旦运行结束，所有与该线程有关的资源都将成为垃圾，这样就可以在特定的时间内被 Java 的垃圾回收机制回收，释放所占用内存，提高程序的效率。

例 10-3 是通过实现 Runnable 接口来创建的线程，可以将它和前面的例子程序进行比较。

【例 10-3】 实现 Runnable 接口创建线程示例。

```
// 实现 Runnable 接口创建线程示例。功能与例 10-2 一样。
class NewThread3 implements Runnable{// 实现了 Runnable 接口
    public void run( ){ // 覆写 Runnable 接口中唯一的 run()方法，这是线程的入口
        for (int i = 10; i > 0; i--) {
            try {
                System.out.println("left time: " + i);
                Thread.sleep(1000);                // 当前线程睡眠 1000 毫秒
            } catch (InterruptedException e) {     // 处理异常
                System.out.println(e.getMessage( ));
            }
        }
        System.out.println("game is over,bye!");
    }
}
class ThreadDemo3 {
    public static void main(String[ ] args) {
        NewThread3 newthread = new NewThread3( );
        Thread thd = new Thread(newthread, "Thread Demo");
        thd.start( );                              // 启动线程，调用 run()方法
        // 将上面三句代码换成如下一句效果是一样的
       //! new Thread(new NewThread3( ), "Thread Demo").start( );
    }
}
```

编译并运行这个程序，可以看到程序执行的结果和例 10-2 的程序输出的结果是完全一样的。因此，读者可以在创建线程的时候选择任意一种方式来实现。

综上所述，将 Java 中实现多线程的方法总结一下，有以下 3 个步骤。

步骤：

1. 编写一个线程类要么实现 java.lang.Runnable 接口，要么继承 java.lang.Thread 类。根据实际需要重定义 Runnable 接口中的 run( )方法。

2. 创建线程类的一个对象实例。如果线程类实现 Runnable 接口，则首先创建该线程类的一个实例，然后再以上述实例为参数创建 Thread 的一个实例。如果线程类继承 Thread 类，则直接创建线程类的一个实例。

3. 调用对象实例的 start( )方法。该方法申请线程运行所需系统资源、调度线程、调用线程的 run( )方法。当该方法返回时，线程已开始运行并处于 Runnable 状态。

为什么 Java 要提供两种方法来创建线程呢？它们都有哪些区别呢？相比而言，哪一种方法更好呢？在 Java 中，类仅支持单继承，也就是说，当定义一个新的类时，它只能继承一个父类。这样，如果创建自定义线程类的时候是通过继承 Thread 类的方法来实现的，那么这个自定义类就不能再去继承其他的类，也就无法实现更加复杂的功能。因此，如果自定义类必须扩展其他的类，那么就可以使用实现 Runnable 接口的方法来定义该类为线程类，这样就可以避免 Java 单继承所带来的局限性。

10.2.3 主线程

如果程序当中没有显式地创建线程，那么是不是程序中就没有线程存在呢？其实，当 Java 程序启动时，有一个线程立刻就会运行，该线程是自动创建的，它就是程序的主线程（main thread），它在程序开始时就执行了。

主线程的特点如下：

- 当 Java 程序启动时，一个主线程自动地被创建并运行；
- 它是产生其他子线程的线程，可以看作是其他线程的父线程；
- 通常它必须最后完成执行，这样它可以执行各种关闭操作。

尽管主线程在程序启动时自动创建，但它也可以被一个 Thread 对象控制。可以通过在主类中调用 Thread 类的方法 currentThread( )来获得主线程的一个引用。一旦获得主线程对象实例后，其操作就会与其他线程无异。

在默认情况下，主线程名为 main，其优先级为 5（后文会详细讲解线程优先级的问题），属于非监控线程，见例 10-4 所示。

【例 10-4】 获取主线程并调用主线程的方法。

```
// 获取主线程并调用主线程的方法
public class MainThread {
    public static void main(String[ ] args) {
        Thread thread = Thread.currentThread( );
        //将调用 thread 的 toString( )方法将线程信息转成字符串
        System.out.println("Thread info: " + thread);
        System.out.println("Name: " + thread.getName( ));
        thread.setName("MyThread");
        System.out.println("New name: " + thread.getName( ));
        try {
            for (int index = 1; index <= 10; index++) {
```

```
                System.out.print(index);
                thread.sleep(1000);
            }
        } catch (InterruptedException exc) {
            System.out.println("main( ) is interrupted.");
        }
    }
}
```

运行结果如下：

```
Thread info: Thread[main,5,main]
Name: main
New name: MyThread
12345678910
```

例 10-4 的运行结果中，数字的显示效果是每秒从 1 到 10 依次出现一个。

10.3 线程的状态及生存期

在 10.2 节中，读者掌握了多线程的创建过程。但是，如果要深入理解多线程的详细用法，就必须继续深入掌握 Java 语言线程的生存期，以及线程存在各个阶段的状态。

如图 10-1 所示是 Java 线程的状态转换缩略图，图 10-2 所示是线程状态转换的详细图。在理解这两个状态转换图之前，需要重点掌握 Java 线程的各个状态及其含义。

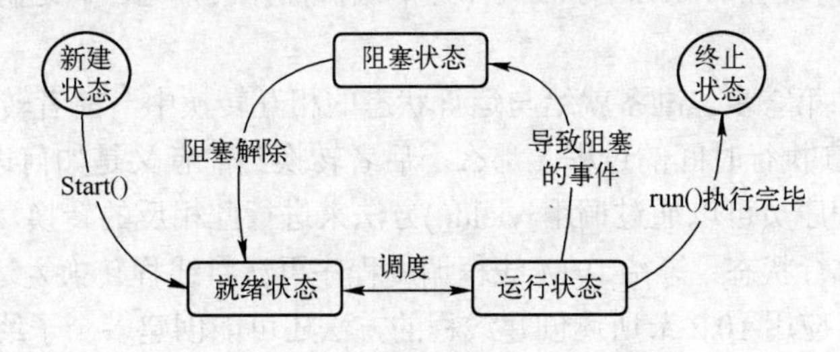

图 10-1 Java 线程的状态转换简略图

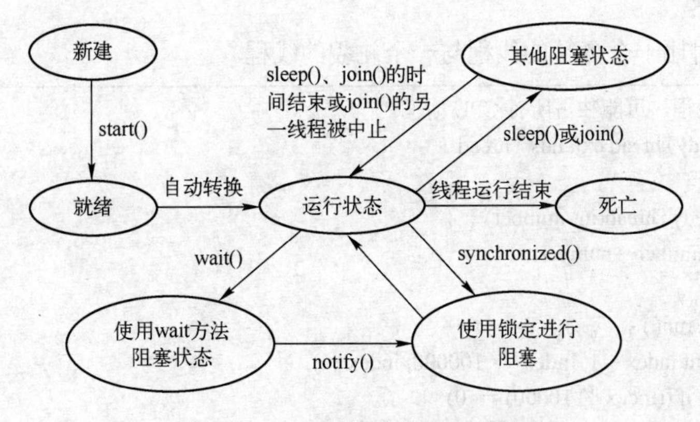

图 10-2 Java 线程的状态转换详图

线程的状态有以下五种。

New（新建）状态：线程对象实例已创建，但尚未调用该实例的 start()方法。此时线程尚未获取运行所需的任何系统资源。

Runnable（就绪）状态：线程已调用了 start()方法，可以被调度执行。此时线程已获得运行时所需的系统资源。需要注意此时线程并不是正在执行，仅是具备被调度执行的条件而已。

Running（运行）状态：线程被 JVM 的线程调度程序分配了 CPU 执行时间。线程正在执行，随时可能由 JVM 线程调度程序送回 Runnable 状态。

注意：从就绪状态到此运行状态的转换是由 JVM 自动调度的，程序员不能进行干预。

Dead（死亡/终止）状态：线程被 JVM 的线程调度程序收回了 CPU 执行时间。处于 Dead 状态的线程不会再被调度执行。

Blocked（阻塞）状态：正在运行的线程（Running 状态）因各种原因被中断并阻塞。例如：线程进入 synchronized 方法代码段时未能申请到想要的锁。又例如，线程调用 wait()等待另一线程同步。例如，线程调用 sleep()方法进入睡眠状态。例如，线程调用 join()方法等待另一线程执行完毕。所有情况的阻塞都有相应的事件使线程回到 Running 状态。

如图 10-2 所示，一个正常的线程的执行，是按照如下的过程进行的，此过程不包括各种线程阻塞的状态，即，不考虑任何一种意外因素。

① 新建→准备就绪：调用线程的 start()方法。这标志着一个线程的整个生存期的开始。

② 准备就绪→运行：由 JVM 的线程调度程序负责管理。在这里可以实现双向状态转换，主要由 JVM 内部的调度程序负责，而不是应用程序。

③ 运行→死亡：线程的 run()方法执行完毕或执行异常并返回。这标志着一个线程的整个生存期的结束。

在上述步骤中的第②步，准备就绪与运行状态的相互转换中，前者转换到后者是由 JVM 判断并自主分配 CPU 执行时间的过程。那么，后者转换到前者又是如何进行的呢？

一般情况下，程序员可以通过调用 yield()方法来进行此相反的转换。此时线程切换为由执行状态转换为可执行状态，等待 JVM 线程调度程序再次将线程转换为运行状态。一个程序中，除了主线程外，应用 10.2 节所述创建线程的方法还可能创建多个子线程。调用 yield()方法的作用是将当前线程的 CPU 时间让给同一程序中的其他线程。yield()方法属于 Thread 类。具体用法见例 10-5。

【例 10-5】 对比一个贪婪的线程与一个礼貌的线程。

```
// 一个贪婪的线程，可能独占所有 CPU 时间
public class GreedyThread extends Thread {
    int number;
    public GreedyThread(int number) {
        this.number = number;
    }
    public void run() {
        for (int index = 1; index <= 100000; index++)
            if ((index % 10000) == 0)
                System.out.println("Thread #" + number + ": " + index);
    }
```

```
        public static void main(String[ ] args) {
                new GreedyThread(1).start( );
                new GreedyThread(2).start( );
        }
}
// 一个礼貌的线程，经常将 CPU 机会让给其他线程
public class PoliteThread extends Thread {
        int number;
        public PoliteThread(int number) {
                this.number = number;
        }
        public void run( ) {
                for (int index = 1; index <= 100000; index++)
                        if ((index % 10000) == 0) {
                                System.out.println("Thread #" + number + ": " + index);
                                yield( );
                        }
                }
        public static void main(String[ ] args) {
                new PoliteThread(1).start( );
                new PoliteThread(2).start( );
        }
}
```

例 10-5 中第一段程序的执行结果如下：

```
Thread #1: 10000
Thread #1: 20000
Thread #1: 30000
Thread #1: 40000
Thread #1: 50000
Thread #1: 60000
Thread #1: 70000
Thread #1: 80000
Thread #1: 90000
Thread #1: 100000
Thread #2: 10000
Thread #2: 20000
Thread #2: 30000
Thread #2: 40000
Thread #2: 50000
Thread #2: 60000
Thread #2: 70000
Thread #2: 80000
Thread #2: 90000
Thread #2: 100000
```

可以看到，该例的两个线程先执行线程 1，执行完了才执行线程 2，这表示在线程的执行

过程中，线程 1 独占了 CPU 的时间，即线程 1 在进入到 Running 状态后，就再也没有回到 Runnable 状态。而线程 2 是在线程 1 结束后，才得到了 CPU 的时间，这在很多时候并不是我们想要的，我们可能更需要两个线程交替执行。

例 10-5 中第二段程序的执行结果如下：

```
Thread #1: 10000
Thread #1: 20000
Thread #2: 10000
Thread #1: 30000
Thread #2: 20000
Thread #1: 40000
Thread #2: 30000
Thread #1: 50000
Thread #2: 40000
Thread #1: 60000
Thread #2: 50000
Thread #1: 70000
Thread #2: 60000
Thread #1: 80000
Thread #2: 70000
Thread #1: 90000
Thread #2: 80000
Thread #1: 100000
Thread #2: 90000
Thread #2: 100000
```

在此，才真正能看到两个线程交替执行，并行的结果。究其原因，在于第二个例子的线程执行方法 run 中调用了 yield()方法，该方法将进入到 Running 状态的线程返回至 Runnable 状态，故而两个线程在执行一段后会礼貌地将 CPU 时间让出来，从而看上去是一种并行的结果。

综上所述，在多线程应用程序中，如果想随心所欲地控制线程，需要合理分配 CPU 时间和内存等相关系统资源，程序员需要掌握一系列方法去灵活地控制线程的状态。yield()方法提供了一种简单的控制方法。

10.4 线程的控制

10.4.1 锁与线程同步

锁的概念是基于共享资源的访问提出的，针对解决当两个线程对同一共享资源并发访问时可能带来问题，特别是当一个或多个线程对资源进行“写”操作时。事实上，多线程应用程序的复杂性主要体现在对共享资源访问的处理。

例 10-6 说明两个线程 ThreadA、ThreadB 都操作同一个对象 Foo 对象，并修改 Foo 对象上的数据。

【例 10-6】 两个线程同时操作一个对象。

```
// 一个用于产生被操作的对象的类
public class Foo {
    private int x = 100;
    public int getX( ) {
        return x;
    }
    public int fix(int y) {
        x = x - y;
        return x;
    }
}
// 产生 2 个线程用来操作 Foo 类的对象
public class MyRunnable implements Runnable {
    private Foo foo = new Foo( );
    public static void main(String[ ] args) {
        MyRunnable r = new MyRunnable( );
        Thread ta = new Thread(r, "Thread-A");
        Thread tb = new Thread(r, "Thread-B");
        ta.start( );
        tb.start( );
    }
    public void run( ) {
        for (int i = 0; i < 3; i++) {
            this.fix(30);
            try {
                Thread.sleep(1);
            } catch (InterruptedException e) {
                e.printStackTrace( );
            }
            System.out.println(Thread.currentThread( ).getName( )+":当前 foo 对象的 x 值= "+foo.getX( ));
        }
    }
    public int fix(int y) {
        return foo.fix(y);
    }
}
```

运行结果如下：

```
Thread-A : 当前 foo 对象的 x 值= 40
Thread-B : 当前 foo 对象的 x 值= 40
Thread-B : 当前 foo 对象的 x 值= -20
Thread-A : 当前 foo 对象的 x 值= -50
Thread-A : 当前 foo 对象的 x 值= -80
Thread-B : 当前 foo 对象的 x 值= -80
```

```
Process finished with exit code 0
```

例 10-6 的输出结果明显是不合理的。原因是两个线程不加控制地访问 Foo 对象并修改其数据所致。如果要保持结果的合理性，只需要达到一个目的，就是将对 Foo 的访问加以限制，每次只能有一个线程在访问。这样就能保证 Foo 对象中数据的合理性了。

在具体的 Java 代码中只需要完成以下两个操作：

① 把竞争访问的资源类 Foo 变量 x 标识为 private；

② 使用 synchronized 关键字同步那些修改变量的代码。

下面将着重介绍 Java 锁的应用，以及 synchronized 关键字在同步中的用法。

1．锁定和同步

Java 中每个对象都有一个内置锁（此概念可参照操作系统中锁的概念）。当程序运行到非静态的并采用 synchronized 关键字修饰的同步方法上时，将自动获得与正在执行代码类的当前实例（this 实例）有关的锁。获得一个对象的锁也称为获取锁、锁定对象、在对象上锁定或在对象上同步。当程序运行到 synchronized 同步方法或代码块时该对象锁才起作用。

一个 Java 对象只能有一个锁。所以，如果一个线程获得该锁，就没有其他线程可以获得锁，直到第一个线程释放（或返回）锁。这也意味着任何其他线程都不能进入该对象上的 synchronized 方法或代码块，直到该锁被释放。

所谓释放锁是指持锁线程退出了 synchronized 同步方法或代码块，如例 10-7 所示。

【例 10-7】 两种方法加锁示例。

```
// 此例描述一个堆栈，包含压栈和出栈两个方法，在访问时有可能造成共享数据不一致。
public class MyStack {
        int top = -1;
        char[ ] data = new char[128];
        public void push(char element) {
                top++;
                data[top] = element;
        }
        public char pop( ) {
                char element = data[top];
                top--;
                return element;
        }
}
// 修改后的堆栈类，在 push 和 pop 两个方法上用 synchronized(this)的方法加锁。
public class MyStack {
        int top = -1;
        char[ ] data = new char[128];
        public void push(char element) {
                // 线程试图执行 synchronized(this)时，若 this 对象未上锁，则执行后上锁
                synchronized(this) {
                        top++;
                        data[top] = element;
```

```
        }
    // synchronized 块执行完后解锁
    }
    public char pop() {
        // 线程试图执行 synchronized(this) 时，若 this 对象已上锁，则须等待解锁
        synchronized(this) {
            char element = data[top];
            top--;
            return element;
        }
    }
}
// 修改后的堆栈类，在 push 和 pop 两个方法上用 synchronized 关键字修饰方法加锁。
public class MyStack {
    int top = -1;
    char[ ] data = new char[128];
    public synchronized void push(char element) {
        top++;
        data[top] = element;
    }
    public synchronized char pop() {
        char element = data[top];
        top--;
        return element;
    }
}
```

例 10-7 展示了两种用 synchronized 给类方法加锁的方法。在实际运用中，两种方法等价，可以随便使用任何一种。

关于锁和同步，有以下几个要点需要注意。

- 只能同步方法，而不能同步变量和类。
- 每个对象只有一个锁；当提到同步时，应该清楚在什么上同步，也就是说，在哪个对象上同步。
- 不必同步类中所有的方法，类可以同时拥有同步和非同步方法。如例 10-7 所示，同步 push 或者 pop 两个方法中的任意一个即可。
- 如果两个线程要执行同一个类中的 synchronized 方法，并且两个线程使用相同的实例来调用方法，那么一次只能有一个线程能够执行方法，另一个需要等待，直到锁被释放。也就是说：如果一个线程在对象上获得一个锁，就没有任何其他线程可以进入（该对象的）类中的任何一个同步方法。
- 如果线程拥有同步和非同步方法，则非同步方法可以被多个线程自由访问而不受锁的限制。
- 线程睡眠（sleep）时，它所持的任何锁都不会释放。
- 线程可以获得多个锁。比如，在一个对象的同步方法里面调用另外一个对象的同步方法，则获取了两个对象的同步锁。

- 线程同步会损害程序的并发性，应该尽可能缩小同步范围。同步不但可以同步整个方法，还可以同步方法中一部分代码块，应该尽可能选择代码片段进行同步（如例 10-7 中的第二段程序所示）。
- 在使用同步代码块时候（如例 10-7 中的第二段程序所示），应该指定在哪个对象上同步，也就是说要获取哪个对象的锁。一般选择当前方法所在的类，所以往往使用 this 关键字。

例如：

```
public int foo(int y) {
    synchronized (this) {
        x = x - y;
    }
    return x;
}
```

- 同步方法可以改写为非同步方法，功能完全一样，即同步方法和同步代码块在功能上是一致的（如例 10-7 中的程序 2 和程序 3 所示）

又如下例：

```
public synchronized int getX() {
    return x++;
}
public int getX() {
    synchronized (this) {
        return x++;
    }
}
```

以上二者的效果是完全一样的。

2．静态方法同步

对于静态方法，其同步方法与普通方法是不同的。需要一个用于整个类对象的锁，这个对象以“类名.class”的形式表示。还可利用 synchronized 修饰该静态方法以实现对类变量的同步访问（见例 10-8）。

【例 10-8】 静态方法加锁示例。

```
public class Value {
    static int x;
    public static void increment() {
        synchronized(Value.class) {            // 此处以“类名.class”的形式表示
            x++;
        }
    }
    public static void decrement() {
        synchronized(Value.class) {            // 此处以“类名.class”的形式表示
            x--;
        }
```

```
        }
    }
    public class Value {
        static int x;
        public synchronized static void increment() {
            x++;
        }
        public synchronized static void decrement() {
            x--;
        }
    }
```

以上两种情况是等价的。

如果线程试图进入同步方法，而其锁已经被占用，则线程在该对象上被阻塞。实质上，线程进入该对象的一种池中，必须在那里等待，直到其锁被释放，该线程再次变为可运行或运行为止。

当考虑线程阻塞时，一定要注意是哪个对象正被用于锁定，具体情况如下：

- 调用同一个对象中非静态同步方法的线程将彼此阻塞。如果是不同对象，则每个线程有自己的对象的锁，线程间彼此互不干预。
- 调用同一个类中的静态同步方法的线程将彼此阻塞，它们都是锁定在相同的 Class 对象上。
- 静态同步方法和非静态同步方法将永远不会彼此阻塞，因为静态方法锁定在 Class 对象上，非静态方法锁定在该类的对象上。
- 对于同步代码块，要看清楚什么对象已经用于锁定（synchronized 后面括号的内容）。在同一个对象上进行同步的线程将彼此阻塞，在不同对象上锁定的线程将永远不会彼此阻塞。

在多个线程同时访问互斥（可交换）数据时，应该同步以保护数据，确保两个线程不会同时修改更改它。

当一个类已经很好地同步以保护它的数据时，这个类就称为“线程安全的类”。即使是线程安全类，也应该特别小心，因为操作的线程时间仍然不一定安全。比如，一个集合是线程安全的，有两个线程在操作同一个集合对象，当第一个线程查询集合非空后，删除集合中所有元素的时候。第二个线程也来执行与第一个线程相同的操作，也许在第一个线程查询后，第二个线程也查询出集合非空，但是当第一个执行清除后，第二个再执行删除显然是不对的，因为此时集合已经为空了（见例 10-9）。

【例 10-9】 两个线程操作同一个集合。

```
import java.util.*;
public class NameList {
    private List nameList = Collections.synchronizedList(new LinkedList());
    public void add(String name) {
        nameList.add(name);
    }
    public String removeFirst() {
```

```
            if (nameList.size( ) > 0) {
                return (String) nameList.remove(0);
            } else {
                return null;
            }
        }
    public static void main(String[ ] args) {
        final NameList nl = new NameList ( );
        nl.add("aaa");
        class NameDropper extends Thread {
            public void run( ) {
                String name = nl.removeFirst( );
                System.out.println(name);
            }
        }
        Thread t1 = new NameDropper( );
        Thread t2 = new NameDropper( );
        t1.start( );
        t2.start( );
    }
}
```

运行结果如下：

```
aaa
null
```

例 10-9 中，虽然集合对象 nameList 是同步的，但是程序还不是线程安全的。出现这种事件的原因是，例 10-9 中一个线程操作列表过程中无法阻止另外一个线程对列表的其他操作。解决该问题的办法是，在操作集合对象的 NameList 上面做一个同步。改写后的代码如下：

```
import java.util.*;
public class NameList {
    private List nameList = Collections.synchronizedList(new LinkedList( ));
    public synchronized void add(String name) {
        nameList.add(name);
    }
    public synchronized String removeFirst( ) {
        if (nameList.size( ) > 0) {
            return (String) nameList.remove(0);
        } else {
            return null;
        }
    }
}
```

这样，当一个线程访问其中一个同步方法时，其他线程就只有等待，对于共享数据来说，这才是真正的安全。

3. 线程死锁

死锁就是当两个线程被阻塞，每个线程都在等待另一个线程释放资源，这时就发生死锁。对 Java 程序来说，死锁是很复杂的，也是较难发现的一个问题。程序员应该注意从代码层面上尽可能避免死锁情况的发生。例 10-10 是一个比较直观的死锁例子。

【例 10-10】 线程死锁案例。

```
public class DeadlockRisk {
    private static class Resource {
        public int value;
    }
    private Resource resourceA = new Resource( );
    private Resource resourceB = new Resource( );
    public int read( ) {
        synchronized (resourceA) {
            synchronized (resourceB) {
                return resourceB.value + resourceA.value;
            }
        }
    }
    public void write(int a, int b) {
        synchronized (resourceB) {
            synchronized (resourceA) {
                resourceA.value = a;
                resourceB.value = b;
            }
        }
    }
}
```

假设 read( )方法由一个线程启动，write( )方法由另外一个线程启动。读线程将拥有 resourceA 锁，写线程将拥有 resourceB 锁，两者都坚持等待的话就出现死锁。实际上，这个例子发生死锁的概率很小。因为在代码内的某个时间点，CPU 必须从读线程切换到写线程，所以，死锁基本上不能发生。但是，无论代码中发生死锁的概率有多小，一旦发生死锁，程序就死掉了，这是尽量要避免的。有一些设计方法能帮助避免死锁，包括始终按照预定义的顺序获取锁这一策略，相对复杂，本书不再进行讨论。

死锁一旦发生，只能从操作系统层面来进行清除，在不同操作系统平台采用不同命令。如：在 Solaris 上采用“Ctrl+\”，在 Win32 上采用“Ctrl+C”，在 Mac 上使用 Debug 菜单。

10.4.2　线程阻塞

在掌握了 Java 线程的各种状态及生命周期之后，更重要的是在程序中控制各种状态的转换。这就涉及大量使用 Java 帮助文档中提供的方法来进行对线程的阻塞状态控制。线程的阻塞指的是暂停一个线程的执行以等待某个条件发生（如某资源就绪）。Java 提供了大量方法来支持阻塞。在表 10-1 中，介绍了该类关于线程状态控制的一系列方法及使用。

表 10-1 Thread 类中关于控制线程阻塞的常用方法

方法名	方法说明
start()	使线程开始执行，实际上这个方法会调用下面的 run 方法，如果这个线程已经开始执行，则会抛出 illegalThreadStateException 异常
sleep()	是指当前已经运行的线程休眠一段时间。如果当前线程已经被别的线程中断的话，将会扔出 InterruptedException，而且 interrupted 标志也会被清空。这个方法有两个版本，具体参看 JDK 文档
run()	线程执行的业务逻辑应该在这里实现
join()	等待另外一个线程死亡。如果当前线程已经被别的线程中断的话，将会抛出 InterruptedException，而且 interrupted 标志也会被清空
yield()	使当前线程临时中断执行，来允许其他线程可以执行，因为 Java 的线程模型实际上映射到操作系统的线程模型，所以对于不同的操作系统，这个方法就有不同的意义。对于非抢占式操作系统，这个方法使得其他线程得到运行的机会，但是对于抢占式的 OS，这个方法没有太多的意义。关于这个方法，后边还有更多的介绍
wait()	Wait()方法、notify()方法及 notifyAll()方法都来自 Object。这三个方法都是比较直接的和操作系统打交道的方法 Wait()方法的作用是让当前线程等待，直到被唤醒或者等待的时间结束。当前线程进入等待队列的时候，会放弃当前所有的资源，所以当前线程必须获得这些对象的 Monitor，否则会抛出 IllegalMonitorStateException
notify()	通知其他线程可以使用资源了。这个方法的使用要求当前线程获得被调用的 notify()方法的对象的 monitor
notifyAll()	除了通知所有的线程可以准备执行之外，跟上面的方法要求一样。但是只有一个线程会被选择然后执行，具体跟线程的优先级和线程的其他状态有关
interrupt()	中断线程
stop()	中止线程。不安全，不推荐使用
suspend()/resume()	不安全，不推荐使用

以上几个常用的关于阻塞的方法都非常重要。另外一些不常用的方法可以通过查看 JDK 的帮助文档。下面对其中常用的几个重点进行分析。

1．sleep()方法

该方法指定在某一段时间（以毫秒为单位）内线程处于阻塞状态。该方法控制的状态转换如下。

运行→阻塞：调用一个线程的 sleep()方法。

阻塞→运行：时间事件。即经过指定时间段后，线程又自动恢复为可执行状态。但是 JDK 只保证在指定时间之后唤醒该线程，而不保证准确的时间！

使用 sleep()方法需要注意以下两点：

- 如果在同步代码段中执行本方法，线程占有的锁不会释放。
- 使用 sleep()方法一定要与下述的 wait()方法区分开。

下面是 sleep()方法阻塞线程用法的代码示例片段：

```
public class SleepThread implements Runnable {
    public void run() {
        while (true) {
            // 执行线程本身要完成的任务
            ...
            // 给其他线程一个执行的机会
            try {
                Thread.sleep(100);
            } catch (InterruptedException exc) {
```

```
                    // 本线程的睡眠被另一线程中断，例如：
                    // 另一线程持有本线程的对象引用并调用 interrupt()方法
                    ...
                }
            }
        }
}
```

2．join()方法

该方法让线程进入阻塞状态，等待另一正在运行线程结束后恢复执行。其状态转换如下。

运行→阻塞：调用另一个线程的 join()方法。

阻塞→运行：取决于 join()方法的参数。其中一个带有表示时间的参数，一个是不带参数的。带时间参数的方法表示，有以下两个事件均会导致线程重返可执行状态：

① 另一线程执行完毕。

② 经过的时间已超过指定的时间长度（毫秒）。

无时间参数的 join()方法表示仅当上面第①种情况出现时线程才重返可执行状态（见例 10-11）。

【例 10-11】 join()方法案例。

```
class Sleeper extends Thread {
        public Sleeper(String name) {
                super(name); start( );
        }
        public void run( ) {
                try {
                        sleep(1000);
                } catch (InterruptedException e) {
                        System.out.println(getName( ) + "睡眠被中断。");
                        return;
                }
                System.out.println(getName( ) + "睡醒了！ ");
        }
}
public class Waiter extends Thread {
        private Sleeper sleeper;
        public Waiter(String name, Sleeper sleeper) {
                super(name);
                this.sleeper = sleeper;
                start( );
        }
        public void run( ) {
                try {
                        sleeper.join( );
                } catch (InterruptedException exc) {}
                        System.out.println(getName( ) + "完成联合。");
```

```
    }
    public static void main(String[ ] args) {
        Sleeper s1 = new Sleeper("S1");
        Sleeper s2 = new Sleeper("S2");
        Waiter j1 = new Waiter("J1", s1);
        Waiter j2 = new Waiter("J2", s2);
        s2.interrupt( );
    }
}
```

运行结果如下：

```
S2 睡眠被中断。
J2 完成联合。
S1 睡醒了！
J1 完成联合。
```

3．wait( )/notify( )方法

两个方法配合使用，使线程进入阻塞状态后又恢复为可执行状态。其状态转换关系如下。

运行→阻塞：调用线程占有的锁的 wait( )方法。

阻塞→运行：取决于 wait( )方法的参数。其中一个带有表示时间的参数，一个是不带参数的。带时间参数的 wait( )方法表示有以下两种事件发生时均会导致线程重返可执行状态：

① 对应锁的 nofity( )或 nofityAll( )方法被调用。

② 经过的时间已超过指定的时间长度（毫秒）。

而无时间参数的 wait( )方法表示仅当第①种情况出现时线程才重返可执行状态。

这两种方法的使用是实现线程间通信的主要手段。读者完全可参照操作系统中进程间通信的通信机制。在这里需要注意的是，wait( )/notify( )是 Object 类的方法，而上面的 sleep( )和 join( )都是 Thread 类的方法。

【例 10-12】 wait( )/notify( )方法示例。

```
public class SharedQueue {
    private Element head, tail;
    public boolean empty( ) {
        return (head == tail);
    }
    public synchronized Element get( ) {
        try {
            while (empty( ))
            wait( );            // 等待一个元素进队列
        } catch (InterruptedException exc) {
            return null;
        }
        Element p = head;
        head = head.next;
        if (head == null)
            tail == null;
```

```
        return p;
    }
    public synchronized void append(Element p) {
        if (tail == null)
            head = p;
        else
            tail.next = p;
        p.next = null;
        tail = p;
        notify();          // 通知一个等待者队列中已有新元素
    }
}
```

wait()和 notify()方法的上述特性决定了它们经常和 synchronized 方法或代码块一起使用，将它们和操作系统的进程间通信机制作一个比较就会发现它们的相似性。synchronized 方法或块提供了类似于操作系统原语的功能，它们的执行不会受到多线程机制的干扰，而这一对方法则相当于 block 和 wakeup 原语（这一对方法均声明为 synchronized）。它们的结合使得程序员可以实现操作系统上一系列精妙的进程间通信的算法（如信号量算法），并用于解决各种复杂的线程间通信问题。

关于 wait() 和 notify () 方法最后再说明以下两点注意事项。

① 调用 notify() 方法导致解除阻塞的线程是从因调用该对象的 wait() 方法而阻塞的线程中随机选取的，我们无法预料哪一个线程将会被选择，所以编程时要特别小心，避免因这种不确定性而产生问题。

② 除了 notify()，还有一个 notifyAll() 方法也可起到类似作用，唯一的区别在于，调用 notifyAll() 方法将把因调用该对象的 wait() 方法而阻塞的所有线程一次性全部解除阻塞。当然，只有获得锁的那一个线程才能进入可执行状态。

4．不建议使用的方法

（1）stop()方法

该方法在本质上是不安全的！调用该方法导致线程归还它占有的所有锁。此时引发一个 ThreadDeath 异常导致线程结束。如果之前由这些锁保护的某一对象正处于不一致状态，因为线程可能处理到半路就被强行中断，则其他线程将看到该对象的不一致状态。这可能导致应用程序崩溃。

（2）suspend()/resume()方法

此两个方法配合使用类似于 wait()和 notify()方法，可使线程进入阻塞状态后又恢复为可执行状态。其状态转换如下：

Running→Blocked：调用一个线程的 suspend()方法。线程不会自动恢复为可执行状态。

Blocked→Running：该线程的 resume()方法被调用。如果该方法一直未被调用，则线程会被长期地阻塞。

suspend()/resume()方法与 wait()/notify()方法很类似，但是是有以下几点区别：

- suspend()/resume()在 Thread 类定义，wait()/notify()在 Object 类定义。
- suspend()/resume()不释放占有的锁，wait()/notify()释放占有的锁。

- suspend()/resume()可在任何代码位置调用，wait()/notify()必须在 synchronized 代码段中调用。

但是 suspend()/resume()方法在 Java1.5 及以后版本已经不推荐使用了，原因是容易造成死锁。

10.4.3 优先级与线程调度

1. 线程优先级

在操作系统中的线程是有优先级的，因而 Java 线程的实现也需要考虑优先级和线程调度的问题。Java 运行环境采用一种简单的、确定的线程调度算法，称为固定优先级调度（fixed priority scheduling）。该算法基于可运行的线程之间的相对优先级进行调度。

每一个线程的优先级以一个整数表示。当线程被创建时，新线程继承了其创建者的优先级。调用 Thread 类中的 getPriority()方法和 setPriority()方法可以访问或设置优先级。优先级取值范围为：MIN_PRIORITY（1）～MAX_PRIORITY（10）。新线程的默认优先级是：NORM_PRIORITY（5）。JVM 的线程调度程序会根据优先级大小决定哪些线程先执行，优先级更高的线程会优先抢占 CPU 时间。相同优先级的线程有可能顺序执行，也可能分时执行。这取决于本地操作系统的线程调度策略。

所谓固定优先级调度是指在某一时刻有多个线程可运行时，JVM 选择其中优先级最高的线程运行，这就说明优先级的绝对数值是无意义的，只能起到相对的作用。仅当正在运行的线程转换为非运行状态时，低优先级的线程才会开始运行。而根据前文所述，线程停止运行的原因可能是：正在运行的线程执行结束，正在运行的线程自己调用 yield()方法主动放弃，在支持时间分片的平台上时间片结束，或其他原因（例如各种形式的阻塞）等。

JVM 的线程调度采取抢占（pre-empt）策略，即当一个更高优先级的线程进入可运行状态时发生抢占，抢占是指终止当前正运行线程而立即转去执行优先级更高的线程。而两个相同优先级的线程采用循环执行策略（round-robin）。JVM 本身未实现相同优先级线程之间的时间分片，当运行在支持时间分片的平台时，才会有时间分片的效果。

虽说在任一时刻应该是最高优先级的线程在运行，但这也不会绝对得到保证。调度程序有可能选择低优先级线程运行以避免饥饿（starvation）。优先级设置仅表达了程序员的愿望，JVM 线程调度会照顾这种愿望。故在设计优先级时，只应为效率因素而设计优先级以影响线程调度。不要将算法的语义正确性建立在线程优先级的基础上，也不要将算法的语义正确性建立在相同优先级线程的时间分片基础上！见例 10-13 和例 10-14。

【例 10-13】 线程优先级示例 1。

```
// 调用 yield ()方法只会将 CPU 时间交给相同优先级的线程
// 如果可运行线程只有较低优先级的线程，则会忽略这些 yield()调用
public class PriorityThread extends Thread {
    int number;
    public PriorityThread(int number) {
        this.number = number;
    }
    public void run() {
```

```
            for (int index = 1; index <= 100000; index++)
                if ((index % 10000) == 0) {
                    System.out.println("Thread #" + number +": " + index);
                    yield( );
                }
        }
        public static void main(String[ ] args) {
            Thread t1 = new PriorityThread(1);
            Thread t2 = new PriorityThread(2);
            t1.setPriority(2);
            t2.setPriority(3);
            t1.start( );
            t2.start( );
        }
}
```

运行结果如下：

```
Thread #2: 10000
Thread #2: 20000
Thread #2: 30000
Thread #2: 40000
Thread #2: 50000
Thread #2: 60000
Thread #2: 70000
Thread #2: 80000
Thread #2: 90000
Thread #2: 100000
Thread #1: 10000
Thread #1: 20000
Thread #1: 30000
Thread #1: 40000
Thread #1: 50000
Thread #1: 60000
Thread #1: 70000
Thread #1: 80000
Thread #1: 90000
Thread #1: 100000
```

【例 10-14】 线程优先级示例 2。

```
// 高优先级的线程会抢占正在运行的低优先级线程
public class PreemptedThread extends Thread {
    int number;
    public PreemptedThread(int number) {
        this.number = number;
    }
    public void run( ) {
```

```
        for (int index = 1; index <= 100000; index++)
            if ((index % 10000) == 0) {
                System.out.println("Thread #" + number + ": " + index);
            }
    }
    public static void main(String[ ] args) {
        Thread t1 = new PreemptedThread(1);
        Thread t2 = new PreemptedThread(2);
        t1.setPriority(2);
        t2.setPriority(3);
        // 等 t1 先运行，t2 等待一小段时间后才开始运行
        t1.start( );
        try {
            t2.sleep(10);
        } catch (Exception exc) {
        }
        t2.start( );
    }
}
```

运行结果如下：

```
Thread #1: 10000
Thread #1: 20000
Thread #2: 10000
Thread #2: 20000
Thread #2: 30000
Thread #2: 40000
Thread #2: 50000
Thread #2: 60000
Thread #2: 70000
Thread #2: 80000
Thread #2: 90000
Thread #2: 100000
Thread #1: 30000
Thread #1: 40000
Thread #1: 50000
Thread #1: 60000
Thread #1: 70000
Thread #1: 80000
Thread #1: 90000
Thread #1: 100000
```

由例 10-14 可以验证，JVM 对于线程的调度是采用抢占的策略，后开始的线程，如果优先级高，会抢占 CPU 时间，从而优先执行，执行完了才开始低优先级线程的执行。

2．守护线程

守护线程（daemon thread）是一类特殊的线程，也称为后台线程，为其他线程提供服务。

它与普通线程的区别在于：守护线程不作为应用程序的核心部分，当所有非守护线程（用户线程）终止时程序才终止运行，而守护线程却仍然在运行。当 JVM 检测到只剩下守护线程在运行的时候，就退出了当前应用程序的运行。Java 的 GUI 应用程序就是一种典型的守护线程应用的情况！

一个线程可应用以下两种方法标记为是否为守护线程：

① 调用 Thread 类的 isDaemon( )方法判断一个线程是否为守护线程。

② 调用 setDaemon(boolean)方法设置一个线程是否为守护线程。

另外，通过一个守护线程创建的新线程默认为是一个守护线程。守护线程经常用于在后台为其他线程提供服务，如垃圾收集、GUI 事件分派、系统日志等等（见例 10-15）。

【例 10-15】 守护线程示例。

```
// 定义若干简单的守护线程，演示正在执行的守护线程无法影响应用程序的终止
public class SimpleDaemons extends Thread {
	public SimpleDaemons( ) {
		setDaemon(true); // 必须在 start( )之前调用
		start( );
	}
	public void run( ) {
		while (true) {
			try {
				sleep(1000);
			} catch (InterruptedException exc) {
				throw new RuntimeException( );
			}
			System.out.println(this);
		}
	}
	public static void main(String[ ] args) {
		System.out.println("创建简单的守护线程 ...");
		for (int i = 0; i < 10; i++)
			new SimpleDaemons( );
		try {
			Thread.currentThread( ).sleep(1000);
		} catch (Exception exc) {}
		System.out.println("主程序运行结束！");
	}
}
```

运行结果如下：

```
创建简单的守护线程 ...
Thread[Thread-0,5,main]
Thread[Thread-1,5,main]
Thread[Thread-2,5,main]
Thread[Thread-4,5,main]
主程序运行结束！
```

```
Thread[Thread-6,5,main]
Thread[Thread-8,5,main]
Thread[Thread-5,5,main]
Thread[Thread-3,5,main]
Thread[Thread-7,5,main]
Thread[Thread-9,5,main]
```

从上面的结果可以看出，即使主程序运行结束后，只要守护线程还存在，程序就不会中止，一直到守护线程都结束，程序才中止运行。

10.4.4 使用线程组

在 Java 中，可以使用类 java.lang.ThreadGroup 对线程进行组操作。该类提供大量方法对线程组及其中的线程进行操作。每一线程都隶属于某一线程组。这种隶属关系在创建新线程时指定，并且这种隶属关系在线程的整个生命期内无法改变。在 Thread 类中可以通过以下构造方法，在创建线程时就需要指定其所在线程组：

- Thread(ThreadGroup group, Runnable r)
- Thread(ThreadGroup group, String name)
- Thread(ThreadGroup group, Runnable r, String name)

每一线程组都是类 ThreadGroup 的对象实例。在创建 Thread 实例时，若未指定线程组参数，则默认隶属于创建者线程所隶属的线程组。如：main 线程隶属于一个名为 main 的线程组（线程与线程组同名）。

线程组的作用是可以利用线程组机制帮助程序员简化对多个线程的管理，也可以通过线程组对若干个线程同时进行操作。例如，调用线程组的方法设置组中所有线程的优先级，调用线程组的方法启动或阻塞组中的所有线程，等等。线程组机制还可用于提高应用程序的线程安全性，可通过对线程分组分别处理安全特性不同的线程，也可通过线程组的层次结构支持采用不对等的安全措施。

线程组提供了以下四类操作。

① 集合管理方法，用于管理包含在线程组中的线程及子线程组。

② 组操作方法，用于设置或获取线程组对象的属性。

③ 组中所有线程的操作方法，针对组中所有线程与子线程组执行某一操作。例如，线程启动或恢复操作。

④ 访问限制方法，线程与线程组均支持安全管理器限制对线程的访问，这种访问限制可基于线程组的成员关系。

例如，线程集合管理方法包括以下操作方法。

int activeCount( )：返回本线程组中活动线程的数目。

int enumerate(Thread list[ ])：将线程组中的每一活动线程复制到数组 list 中。

int enumerate(Thread list[ ], boolean recurse)：将线程组中的每一活动线程复制到数组 list 中。参数 recurse 指定是否复制包括子线程组中的线程，返回复制到数组中的线程数目。

int activeGroupCount( )：返回本线程组中活动子线程组的数目。

int enumerate(ThreadGroup list[ ])：将线程组中的每一活动子线程组复制到数组 list 中。

int enumerate(ThreadGroup list[ ], boolean recurse)：将线程组中的每一活动子线程组复制到数组 list 中。参数 recurse 指定是否复制包括子线程组中的线程组。返回复制到数组中的线程组数目。

void list( )：打印本线程组的信息。通常仅用于程序调试。

【例 10-16】 线程组集合管理示例。

```
// 列出当前的所有活动线程
public class EnumerateThreads {
    public static void main(String[ ] args) {
        // 获得当前的线程组对象
        ThreadGroup currentGroup = Thread.currentThread( ).getThreadGroup( );
        // 返回当前活动线程的数目
        int count = currentGroup.activeCount( );
        // 将当前所有的活动线程对象取到一个线程数组中
        Thread[ ] threadList = new Thread[count];
        currentGroup.enumerate(threadList);
        // 列出数组中的所有线程名字
        System.out.println("共有" + count + "个活动线程。");
        for (int index = 0; index < count; index++) {
            System.out.print("线程#" + (index + 1) + " = ");
            if (threadList[index] != null)
                System.out.println(threadList[index].getName( ));
            else
                System.out.println("空");
        }
    }
}
```

组操作方法包括以下内容：

String getName( )：返回本线程组的名字。

ThreadGroup getParent( )：返回本线程组的父线程组，仅有最顶层线程组会返回 null。

boolean parentOf(ThreadGroup g)：判断本线程组是否指定线程组的上层线程组。

void setMaxPriority(int pri)：设置本线程组最高优先级。

int getMaxPriority( )：返回本线程组最高优先级，组中所有线程不可超过此优先级。若在线程组优先级改变前设置，则线程优先级可以高于组的优先级。

void setDaemon(boolean daemon)：设置本线程组是否为一个守护线程组。

boolean isDaemon( )：设置或返回本线程组是否为一个守护线程组。守护线程组随最后一个线程停止或最后一个子线程组撤销而撤销。

String toString( )：返回本线程组的字符串描述，输出格式为：类名[name = 线程名, maxpri = 最高优先级]。

【例 10-17】 线程组操作示例。

```
// 本例演示线程与线程组的优先级设置与访问
public class GroupPriority {
    public static void main(String[ ] args) {
```

```
            // 创建新线程组及新线程并输出其优先级
            ThreadGroup group = new ThreadGroup("普通级线程组");
            Thread thread = new Thread(group, "最高级线程");
            System.out.println("线程组的初始最大优先级 = " + group.getMaxPriority( ));
            System.out.println("线程的初始优先级 = " + thread.getPriority( ));
            // 将线程的优先级设置为最高级（10）
            thread.setPriority(Thread.MAX_PRIORITY);
            // 将线程组的最高优先级设置为 7，不会影响其中线程的优先级
            group.setMaxPriority(7);
            // 如果线程此时再设置高于线程组的优先级则结果优先级是 7
            //! thread.setPriority(Thread.MAX_PRIORITY);
            // 输出线程组与线程的优先级设置
            System.out.println("线程组的新最大优先级 = " + group.getMaxPriority( ));
            System.out.println("线程的新优先级 = " + thread.getPriority( ));
        }
    }
```

运行结果如下：

```
线程组的初始最大优先级 = 10
线程的初始优先级 = 5
线程组的新最大优先级 = 7
线程的新优先级 = 10
```

另外，在组中对于所有线程的操作方法中，主要包括：void interrupt( )，表示中断本线程组中的所有线程。void destroy( )、void suspend( )、void resume( )和 void stop( )，均为前文所述不安全的方法，不主张使用。

10.5 多线程的应用

10.5.1 使用定时器

定时器是一种常见的线程工具，主要用于调度计算任务以后台线程方式执行。定时器内部采用一个队列来管理它要调度的所有任务，每一个定时器对象实例都有一个后台线程，该定时器的所有任务均在该线程中依次执行。在这里需要注意：后台线程默认并不一定是守护线程，除非创建时显式地指定。

定时器调度任务时有两种不同的调度方式：一次执行和在固定时间间隔多次执行。

在 Java 中，主要应用以下类来进行定时器设置及操作：java.util.Timer、java.util.TimerTask 和 javax.swing.Timer。

定时器的所有任务执行完毕且其对象的引用不再有用，则可作为垃圾由 JVM 进行回收，也可调用定时器的 cancel()方法清除定时器中的任务。在设计一个定时器时，需要注意，应该将由定时器调度的那些任务设计为是短时间可执行完的，否则会导致后续任务延迟执行并堆集在队列中。

编写定时器线程执行的任务需要以下步骤。

① 编写 TimerTask 的一个子类，将计算任务定义在 run( )方法中。由定时器调度的任务须表达为 java.util.TimerTask 的实例。此操作类似于实现 Runnable 接口，程序员必须重定义其 run( )方法。

② 创建一个 Timer 类的实例（即一个定时器线程）。

③ 创建一个定时任务实例（利用定制的 TimerTask 子类实例化）。

④ 调用 Timer 类的 schedule( )方法调度定时任务执行。在调用 schedule( )方法时会将新任务添加到定时器的任务队列中。schedule( )方法有以下几个重载方法：

- void schedule(TimerTask task, long delay)
- void schedule(TimerTask task, Date time)
- void schedule(TimerTask task, long delay, long period)
- void schedule(TimerTask task, Date first, long period)

其中：task 表示待调度的定时任务；delay 表示延迟时间（以毫秒为单位），在该时间段以后任务开始执行；time/first 表示指定任务开始执行的时间点；period 表示间隔时间（以毫秒为单位），在定时器队列中的下一任务经过该时间段才开始执行（见例 10-18）。

【例 10-18】 定时器线程示例。

```
// 利用定时器调度一个任务，每 5 秒执行一次。
import java.util.*;
public class Reminder {
    Timer timer;
    public Reminder(int seconds) {
        timer = new Timer( );            // 第二步：创建 Timer 实例
        //第三步：创建任务实例，第四步：调度任务执行
        timer.schedule(new RemindTask( ), seconds * 1000);
    }
    class RemindTask extends TimerTask {   // 第一步：定义 TimerTask 子类
        public void run( ) {
            System.out.println("时间已到！");
            /*如果无此语句则程序长时间等待垃圾收集，就好像死循环一样！*/
            timer.cancel( );             // 终止定时器线程
        }
    }
    public static void main(String[ ] args) {
        System.out.println("任务调度开始 ...");
        new Reminder(5);
        System.out.println("任务调度结束。");
    }
}
```

运行结果如下：

```
任务调度开始 ...
任务调度结束。
时间已到！
```

在运行此程序的时候可以明显看出，在“任务调度结束”输出之后，停顿了 5 秒，才输出“时间已到”。这表示，此定时器线程已经成功运行！在 GUI 程序中，定时器的应用更加广泛。下面举一个在 Swing 中使用定时器的例子。

在 Swing 中使用定时器需要 javax.swing.Timer 类，它与 java.util.Timer 工作原理类似。其不同之处在于，它是由实现 ActionListener 接口来定义任务，而不是使用 run()方法，该定时器任务是在事件处理线程中执行，而不是专门的定时器线程，见例 10-19。

【例 10-19】 Swing 中使用定时器示例。

```
// 利用定时器调度一个任务，每 5 秒执行一次。
import javax.swing.*;
import java.awt.*;
import java.awt.event.*;
public class SwingTime {
    public static void main(String[ ] args) {
        JFrame frame = new JFrame( );
        frame.setDefaultCloseOperation(JFrame.EXIT_ON_CLOSE);
        Container contentPane = frame.getContentPane( );
        final JLabel label = new JLabel("", JLabel.CENTER);
        label.setFont(new Font("Serif", Font.PLAIN, 36));
        contentPane.add(label, BorderLayout.CENTER);
        frame.setSize(300, 100);
        frame.show( );
        ActionListener listener = new ActionListener() {
            int count = 1;
            public void actionPerformed(ActionEvent evt) {
                label.setText("" + count++);
            }
        };
        Timer timer = new Timer(500, listener);
        timer.start( );
    }
}
```

运行结果如图 10-3 所示。

图 10-3 中央的数字为 0.5 秒递增 1 次。一直持续下去。读者可以自行分析其运行原理，此处不再赘述。

图 10-3 例 10-19 的运行结果抓图

10.5.2 经典同步问题

计算机科学中经常是将复杂的理论与技术抽象为直观的、日常的简单问题，比如：递归程序设计与算法复杂性领域的河内塔问题，组合爆炸的货郎担问题（TSP），图论中的哥尼斯堡七桥问题，哈密尔顿回路问题，等等。

关于并发进程或线程共享信息或资源时，必须得到控制，此类情况需要用到多线程的相关知识，前人经过大量研究和实践，抽象出了几种经典的问题模型，可用于各种实际情况，此类问题属于计算机科学与技术中关于线程同步的经典问题。下面将逐一进行解释。

1．互斥问题（Mutual Exclusion Problem (Mutex)）

该问题于 1965 年由 Edsger W. Dijkstra 提出。该问题的提出背景是将需保护的访问共享资源的代码称为临界区（critical section）。在 Java 中，Java 线程通过对象的锁（即管程）提供互斥机制。将临界区放在 synchronized 方法或代码段中。

详细代码见源代码中的 MutexThread.java 文件，限于篇幅，不再列出。

2．生产者/消费者问题（Producer/Consumer Problem）

该问题于 1968 年由 Edsger W. Dijkstra 提出。该问题有一个读线程（消费者）和一个写线程（生产者），生产者和消费者共享一个缓冲区。当生产者快时，保证不会有数据遗漏消费，当消费者快时，保证不会有数据未生产就被消费。该问题要求解决如下并发需求：在任一时刻仅有一个生产者或消费者访问缓冲区，缓冲区满时生产者等待，缓冲区空时消费者等待。该问题还有两种常见的变形形式：一种是有多个生产者和多个消费者的情况，另一种情况是缓冲区为有界的情况。

详细代码见源代码中的 ProducerConsumerProblem.java 文件，限于篇幅，不再列出。

3．读数器/写数器问题（Readers/Writers Problem）

该问题于 1971 年由 P. J. Courtois 等人提出。该问题在于多个线程可以同时地读共享资源，并且在某一时刻只允许单个线程更新共享资源。对于大量读数器、少量写数器而言，该模型具有较高执行效率。读数器可并发地读，只有写数器需要实现互斥。故解决本问题需既支持并发的多个读数器，也需保证写数器的独占。如果以普通同步方法解决则会降低其并发性，从而影响程序效率。并发访问数据库是该问题的一个典型应用。

4．哲学家就餐问题（Dining Philosophers Problem）

该问题于 1968 年由 Edsger W. Dijkstra 提出。其含义为：5 个哲学家围桌而坐，可以进食亦可以思考。每人两侧有 1 支筷子，进食需同时拿起左右筷子，思考时均放下。该模型是多个进程或线程之间同步问题的一种抽象。需要考虑建立的并发模型中是否会出现死锁，模型中是否会出现有哲学家长期拿不到导致饿死？故而这是一个涉及死锁问题、公平性问题。

总结

本章主要介绍讲述了 Java 多线程编程的相关理论，包括创建线程，以及对多个线程进行调度、管理等。本章也介绍了几种典型的多线程应用，给出了几种多线程应用的参考代码，其中包括：定时器问题；线程池和资源池问题；互斥问题、生产/消费者问题等经典的同步问题。

本章重点包括以下几个方面：线程和进程的概念，创建 Java 线程的方法，线程的生存期和状态转换关系，线程的阻塞机制。

本章难点包括：线程同步问题，其中包括死锁、互斥等经典的线程同步问题。

第 11 章　网 络 编 程

本章要点：

☑ 网络协议和套接字
☑ 网络编程 API
☑ Socket 与 ServerSocket 通信
☑ URL 与 URLConnection 通信

Java 的网络功能非常强大， 网络应用是 Java 的优势，其网络类库不仅使用户可以开发、访问 Internet 应用层程序，而且还可以实现网络底层的通信。编程功能可以分为若干个包，其中最基本的网络功能包是 java.net，一般是使用该包中所提供的 URL 与 Socket 来进行编程。它们也是 RMI 与 Servlet 的编程基础。本章将讲解 Java 的网络编程知识。

11.1　网络基础知识

在通常情况下，程序员进行网络编程前，需掌握网络相关的基础知识，甚至需要对细节加以熟悉。网络通信协议是计算机间进行通信所遵守的各种规则的集合。篇幅所致，本章仅介绍必备的网络基础知识，详细内容参考相关书籍。

1．TCP/IP 协议

互联网的主要协议有：网络层的 IP 协议；传输层的 TCP 和 UDP 协议；应用层的 FTP、HTTP、SMTP 等协议。在 TCP/IP 协议组中有三个最常用的协议——TCP、IP、UDP。TCP 协议通过在端点与端点之间建立持续的连接进行通信，具有面向连接性。与 TCP 不同，UDP 是一种无连接的传输协议。理解这三个协议之间的交互对于开发网络应用程序是非常重要的。TCP/IP 四层参考模型如图 11-1 所示。

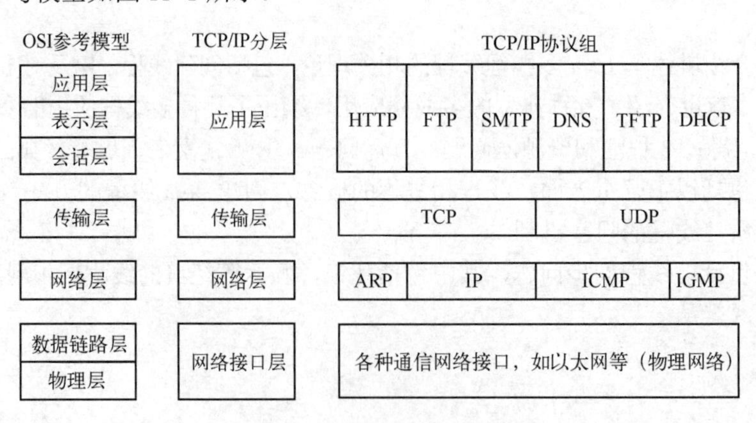

图 11-1　TCP/IP 四层参考模型

（1）TCP（传输控制协议）

TCP 是一种可靠的面向连接的传输服务。消息在传送时被分割成一个个的小包，TCP 负责收集这些信息包，并将其按照适当的次序放好后来进行发送，在接收端收到后再将这些信息包进行正确地还原。TCP 处理了 IP 协议中没有处理的通信问题，向应用程序提供可靠的通信连接，能自动适用网络的变化。它保障了在网络中正确无误地传递数据包。

（2）IP（网际协议）

Internet 将消息从一个主机传递到另外一个主机使用的协议称为网际协议（IP），它是 Internet 的网络协议。IP 协议负责将消息发送到指定的接收主机。可以使用广域网、局域网、高速网、低速网、无线网、有线网等几乎所有的网络通信技术。

（3）UDP（用户数据报包协议）

UDP 与 TCP 一样是属于传输层的协议，它要与 IP 协议配合使用实现不可靠、无连接的数据报服务，在传输数据时省去包头，但是它不能提供数据包的重传，常用于客户-服务器（C/S）模式中，可以节省建立连接与拆除连接的时间。

TCP/IP 协议组采用层次体系结构，从上到下分为应用层、传输层、网络层与数据链路层，每一层都实现特定的网络功能。

在网络上源主机的协议层与目的主机的同层协议通过下层提供的服务实现对话。在源主机与目的主机的同层实体称为伙伴或者对等进程。它们之间的对话实际上是在源主机上从上到下然后穿越网络到达目的主机后再从下到上到达相应层。下面以使用 TCP 协议传输文件为例说明 TCP/IP 的工作原理：

① 在源主机上应用层将一串字节流传给传输层；

② 传输层将字节流划分为 TCP 段，加上 TCP 包头交给网络层（IP）；

③ IP 层生成一个包，将 TCP 段放入其数据域，并加上源主机与目的主机的 IP 地址，然后将 IP 包交给数据链路层；

④ 数据链路层在其帧的数据部分装载 IP 包，发送到目的主机或者 IP 路由器；

⑤ 在目的主机中，数据链路层将数据链路层帧头去掉，将 IP 包交给网络层；

⑥ IP 层检查 IP 包头，如果检查的结果与计算出来的结果不一致，则该包将会被丢弃；

⑦如果检查的结果与计算结果一致，IP 层去掉 IP 头，将 TCP 段交给 TCP 层，TCP 层检查顺序号来判断 TCP 段的正确性；

⑧ TCP 层为 TCP 包头计算 TCP 头和数据。如果计算结果表明有错，TCP 层丢弃这个包，否则的话，则向源主机发送确认；

⑨ 在目的主机，TCP 层去掉 TCP 头，将字节流传给应用程序；

⑩ 目的主机接收到了源主机发送来的字节流，就像直接从源主机发来的一样。

2．套接字

套接字（sockets）是支持 TCP/IP 协议的网络通信的基本操作单元。可以将套接字看作不同主机之间的进程进行双向通信的端点。它构成了在单个主机内及整个网际间的编程界面。一般而言，跨机应用程序之间要在网络环境下进行通信，必须在网络的每一端都要建立一个套接字，两个套接字之间可以是有连接的，也可以是无连接的，并通过对套接字的读写操作实现网络通信功能。根据传输的数据类型的差异，套接字可以分为面向连接的套接字（stream sockets）与无连接的套接字（datagram sockets）。

（1）面向连接的套接字（stream sockets）

字节流不按照记录定界，在 TCP/IP 协议组中对应 TCP 协议。它是一个提供给用户进程的可靠的全双工的面向连接的协议，大多数的 Internet 应用程序如 FTP、Telnet 都要使用 TCP 协议。通信端点使 TCP 对应的 Internet 地址互相连接，可以保障按照正确的顺序以及单一和可靠的地址传输数据。由于它是字节流，所以包的长度没有限制，信息包的传递也不会重复，因此是一种常用的套接字类型。

（2）无连接的套接字（datagram sockets）

数据报对应记录型数据，在 TCP/IP 协议组中对应 UDP 协议。用数据报服务可以实现一些简单的网络服务，如网点检测程序 Ping。由于不建立连接，数据报协议比面向连接的协议快。但是不能保障所有数据都准确有序地到达目的地。不保障顺序性、可靠性与无重复性。它是无连接的服务，以独立的信息包进行传输，通信端点使用 UDP 对应的 UDP 对应的 Internet 地址。双方不需要互连，按照固定的最大长度进行传输，所以它适应于单个报文的传输或者是比较小的文件的传输。

11.2 网络编程 API

网络编程涉及多个包，如 java.net，java.rmim，java.nio，等等，但基础的网络编程只用到 java.net, 在 java.net 包中包含了主要的网络编程相关接口或类，本书只针对该包进行介绍。与网络编程有关的接口或类见表 11-1。

表 11-1 在 java.net 包中与网络编程有关的类

类名	说明
java.net.URI	表示统一资源标识符（URI）的引用
java.net.URL	表示统一资源定位器（URL）的引用
java.net.URLConnection	表示对 URL 所标示的资源的一个连接
java.net.InetAddress	表示 Internet 上的主机地址
java.net.Socket	表示一个套接字，实现程序之间的双向通信
java.net.ServerSocket	表示一个服务器套接字
java.net.DatagramPacket	表示 UDP 协议中的数据报包
java.net.DatagramSocket	在应用程序之间接收数据报包

注意：统一资源标识符和统一资源定位器的用法是不一样的，具体参考 API 文档，在 URL 编程中，一般会选用后者。下面就针对 URL 编程进行介绍。

11.3 URL 编程

URL 称为统一资源定位器（uniform resource locator），是用来描述如何在 Internet 上进行资源定位的字符串。Java 的 java.net.URL 类和 java.net.URLConnection 类使编程人员能很方便地利用 URL 在 Internet 上进行网络通信。下面分别对这两个类的编程机制进行阐述。

11.3.1 URL 类

URL 类的对象封装了连接的信息，URL 基本结构由协议、主机名、端口号、文件名和引用所构成 5 部分组成。其格式如下：

```
传输协议 ://主机名: 端口号/文件名#引用
```

注意：传输协议指协议名，如 HTTP、FTP 等。主机名指资源所在的计算机，可以是计算机的名称或域名，也可以是 IP 地址。端口号根据提供的服务不同而不同，为了区别不同服务使用不同端口号，服务一般会有默认端口号，如 HTTP 为 80，FTP 为 23。文件名包括了该文件的完整路径。在 HTTP 中，一个默认的文件名是 index.html。

例如，http://www.sina.com.cn:80/index.html 就是一个完整的 URL 的例子，它使用的协议是 HTTP，主机名是 www.sina.com.cn，端口号是 80，访问的文件名是 index.html，URL 类的构造方法有以下几种方式：

URL(String spec);

URL(String protocol,String host,int port,String file);

URL(String protocol,String host,int port,String file,URLStreamHandler handler);

URL(String protocol,String host,String file);

URL(URL context,int port,String spec);

URL(URL context,int port,String spec , URLStreamHandler handler)。

对于上述重载方法中的参数说明如下。

context：上下文，在参数 spec 为相对 URL 时解释 spec。

handler：指定上下文的处理器。

host：主机名。

file：文件路径名。

port：所使用的端口号。

protocal：所使用的协议。

spec：URL 字符串。

现在，读者应该知道使用 URL 类中的方法可以获取 URL 组件（协议、主机名、端口号、文件名、引用），此外，它还提供了获取 URL 所代表的资源的方法。表 11-2 中列出了 URL 类的主要方法。

表 11-2 URL 类的主要方法

方 法	说 明
Object.getContext()	获取该 URL 所标示的内容
String.getFile()	获取该 URL 的文件名
String.getHost()	获取该 URL 的主机名
Int.getPort()	获取该 URL 的端口号
String.getProtocal()	获取该 URL 的协议

续表

方　法	说　明
String.getQuery()	获取该 URL 的查询部分
String.getUserInfo()	获取该 URL 的用户信息
URLConnection openConnection()	打开由该 URL 标示的位置的连接
InputSttream openStream()	打开该 URL 的输入流
boolean sameFile（URL other）	判断两个 URL 是否只想同一个文件
void set（String protocol, String host, int port, String file, String ref）	设置该 URL 的域
String toExternalForm()	返回该 URL 的字符串

通过构造方法创建 URL 对象后，可以通过 openStream 方法打开连接的输入流，该流是一个字节流，可通过处理流处理后输出，下面通过例 11-1 来说明 URL 类的编程方法。

【例 11-1】 URL 类的编程方法。

```
import java.net.URL;
import java.net.MalformedURLException;
import java.io.*;
public class URLTestDemo{
    void display(){  //建立缓冲区
        byte[ ] buf=new byte[100];
        URL url;
        try{  //获取用户输入 URL
            System.out.print("请输入 URL: ");
            int count=System.in.read(buf);
            String addr=new String(buf,0,count);
            url = new URL(addr);
            //打开一个输入流
            InputStream ins = url.openStream( );
            BufferedReader bReader = new BufferedReader(new InputStreamReader(ins));
            //读取数据
            String info = bReader.readLine( );
            while(info != null) {
                System.out.println(info);
                info  = bReader.readLine( );
            }
        }catch(MalformedURLException e){
            System.out.println(e);
        }catch(IOException e) {
            System.out.println(e);
        }
    }
    public static void main(String[ ] args){
        URLTestDemo app=new URLTestDemo( );
        app.display( );
    }
}
```

运行程序时，当提示“请输入 URL:”，如输入 http://www.sina.com.cn:80/index.html，结果会通过 URL 对象的 openStream( )方法打开网络流，并会输出相关的 HTML 网页的源数据，运行结果，如图 11-2 所示。

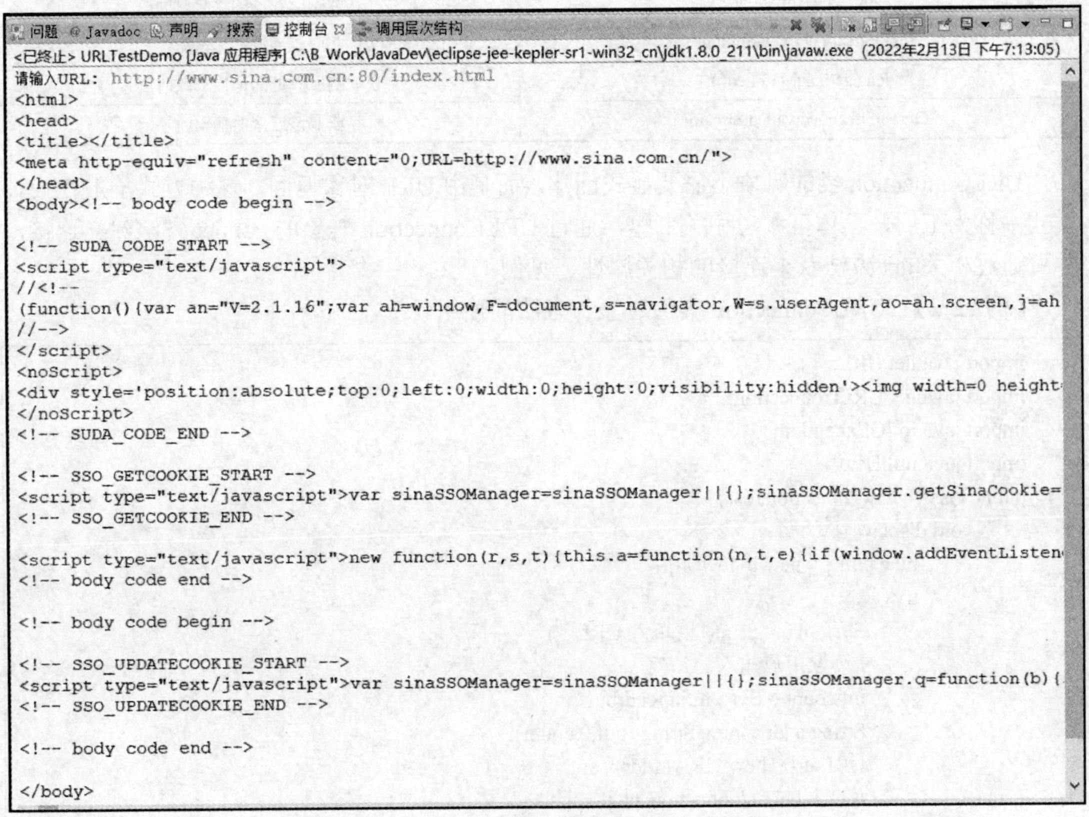

```
问题 @ Javadoc 声明 搜索 控制台 ☒ 调用层次结构
<已终止> URLTestDemo [Java 应用程序] C:\B_Work\JavaDev\eclipse-jee-kepler-sr1-win32_cn\jdk1.8.0_211\bin\javaw.exe (2022年2月13日 下午7:13:05)
请输入URL: http://www.sina.com.cn:80/index.html
<html>
<head>
<title></title>
<meta http-equiv="refresh" content="0;URL=http://www.sina.com.cn/">
</head>
<body><!-- body code begin -->

<!-- SUDA_CODE_START -->
<script type="text/javascript">
//<!--
(function(){var an="V=2.1.16";var ah=window,F=document,s=navigator,W=s.userAgent,ao=ah.screen,j=ah
//-->
</script>
<noScript>
<div style='position:absolute;top:0;left:0;width:0;height:0;visibility:hidden'><img width=0 height
</noScript>
<!-- SUDA_CODE_END -->

<!-- SSO_GETCOOKIE_START -->
<script type="text/javascript">var sinaSSOManager=sinaSSOManager||{};sinaSSOManager.getSinaCookie=
<!-- SSO_GETCOOKIE_END -->

<script type="text/javascript">new function(r,s,t){this.a=function(n,t,e){if(window.addEventListen
<!-- body code end -->

<!-- body code begin -->

<!-- SSO_UPDATECOOKIE_START -->
<script type="text/javascript">var sinaSSOManager=sinaSSOManager||{};sinaSSOManager.q=function(b){
<!-- SSO_UPDATECOOKIE_END -->

<!-- body code end -->

</body>
```

图 11-2　利用 URL 类在 Internet 上进行网络通信

11.3.2　URLConnection 类

URLConnection 类一般需要和 URL 类一起使用，代表对 URL 所定位的资源的一个连接。它是一个抽象类，需要通过子类对其继承以便提供 connect( )的实现，可通过 URL 类的 openConnection 方法来返回该子类的一个实例。在表 11-3 中列出了 URLConnection 类的一些常用的方法。

表 11-3　URLConnection 类的一些常用的方法

方法	说明
abstract void connect( )	建立 URL 连接
Object getContent( )	获取该 URL 的内容
String getContentEncoding( )	获取响应数据的内容编码
int getContentLength( )	获取响应数据的长度
String getContentType( )	获取响应数据的内容类型

续表

方法	说明
long getDate()	获取响应数据的创建时间
long getExpiration()	获取响应数据的终止时间
InputStream getInputStream()	获取该连接的输入流
long getLastModified()	获取响应数据的最后修改时间
OutputStream getOutputStream()	获取该连接的输出流

URLConnection 类的对象不需要显式创建，而是由 URL 对象返回，这种方式一般在设计模式中称为工厂，具体可参考相关书籍，通过 URLConnection 对象的 connet 方法建立连接，并可通过相关 get 方法获得连接的相关属性，见例 11-2。

【例 11-2】 URLConnection 类的对象与方法的使用。

```
import java.net.URL;
import java.net.URLConnection;
import java.io.IOException;
import java.util.Date;
public class URLConnectionTest{
    void display(){
        byte buf[] = new byte[100];
        try{
            System.out.print("请填入 URL: ");
            //读取用户输入的 URL
            int count = System.in.read(buf);
            String addr = new String (buf,0,count);
            URL url = new URL (addr);
            //创建 URLConnection 对象
            URLConnection c = url.openConnection();
            //建立连接
            c.connect();
            //显示该连接的相关信息
            System.out.println("内容的类型: " + c.getContentType());
            System.out.println("内容的编码: " + c.getContentEncoding());
            System.out.println("内容的长度: " + c.getContentLength());
            System.out.println("创建的日期: " + new Date(c.getDate()));
            System.out.println("最后修改的日期: " + new Date(c.getLastModified()));
            System.out.println("终止的日期: " + new Date(c.getExpiration()));
        }catch (IOException e){
            System.out.println(e);
        }
    }
    public static void main(String[] args){
        URLConnectionTest app=new URLConnectionTest();
        app.display();
    }
}
```

运行结果如图 11-3 所示。

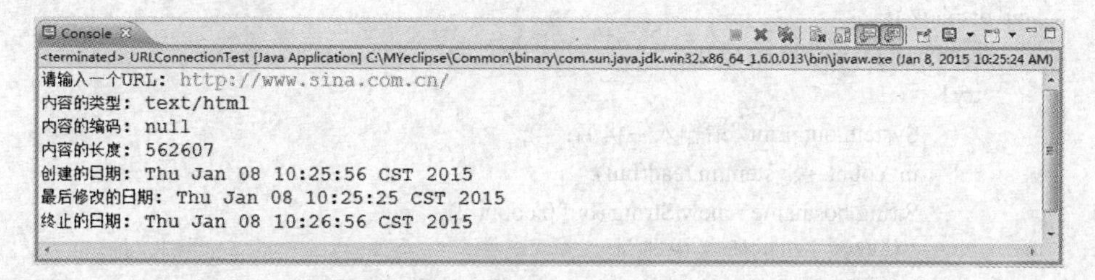

图 11-3　利用 URLConnection 类在 Internet 上进行网络通信

11.4　套接字编程

套接字英文原意是“插座”，通信领域称为“套接字”，表示网络通信上建立一个连接。Socket 通信属于网络底层的通信，它是网络运行的两个程序双向通信的一端，既可以接收请求，也可以发送请求，利用它就可以较方便地进行网络上数据的传输。Socket 套接字编程涉及的类主要有：InetAddress 类、Socket 类与 ServerSocket 类。下面将对这三个类在套接字编程方面的用法与功能分别给以介绍。

11.4.1　InetAddress 类

InetAddress 类类用于表示 Internet 上的主机地址，InetAddress 类的一个实例是由主机名与 IP 地址组成的。要让用户直接记住一个或多个 IP 地址是比较困难的，所以，就有了主机名的概念。当然，主机名最终还是要被转换成为 IP 地址，因为，在 Internet 上的每一台机器就是依靠 IP 地址来进行标识的。

InetAddress 类没有构造方法，要获取该类的一个实例化对象可以通过调用该类所提供的一些静态的 get 方法。表 11-4 中列出了 InetAddress 类的一些主要方法。

表 11-4　InetAddress 类的一些主要方法

方法	说明
byte getAddress()	获取 IP 地址
static InetAddress[ ] getAllByName(String host)	获取主机的所有 IP 地址
static InetAddress getByName(String host)	通过主机名来获取 IP 地址
String getHostAddress()	以带圆点的字符串形式获取 IP 地址
String getHostName()	获取主机名
static InetAddress getLocalHost()	获取本地机的 InetAddress 对象
boolean isMulticastAddress()	判断是否为多播地址

例 11-3 是一个 InetAddress 类的使用例子。

【例 11-3】 InetAddress 类的使用。

```
import java.net.InetAddress;
import java.io.IOException;
```

```
public class InetAddressTest{
    void display(){
        byte buf[ ] = new byte[100];
        try{
            System.out.print("请输入主机名：");
            int count = System.in.read(buf);
            String hostname = new String (buf,0,count-2);
            //获取该主机的所有 IP 地址
            InetAddress addrs[ ] = InetAddress.getAllByName(hostName);
            System.out.println( );
            System.out.println("主机" + addrs[0].getHostName( ) + "有如下的 IP 地址：");
            //显示该主机的所有地址
            for (int i=0; i<addrs.length; i++){
                System.out.println(addrs[i].getHostAddress( ));
            }
        }catch (IOException e){
            System.out.println(e);
        }
    }
    public static void main(String[ ] args){
        InetAddressTest app = new InetAddressTest( );
        app.display( );
    }
}
```

运行结果如图 11-4 所示。

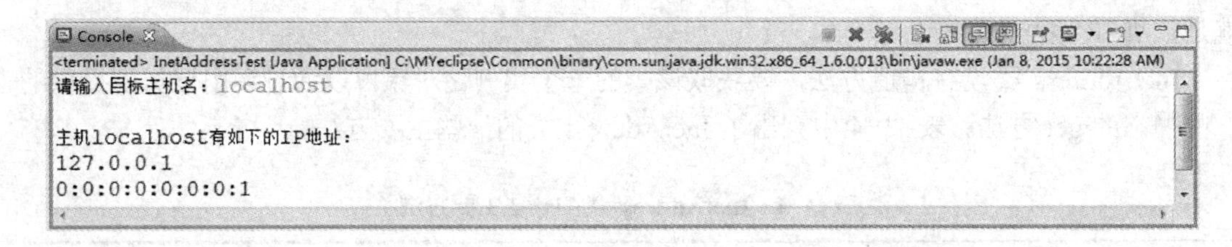

图 11-4 InetAddress 类的使用案例

11.4.2 Socket 类

Socket 类是套接字编程一个模块，用于运行在客户端所在的通信端点，用户创建一个 Socket 对象来建立和服务器的连接。Socket 连接可以是流连接，也可以是数据报连接，根据构造方法的调用来决定，它实现了程序之间的双向通信。当一个 Socket 连接建立以后，用户就可以从该 Socket 类的对象中获取输入输出流。Socket 类的构造方法有下面几种形式：

Socket(InetAddress address,int port)；

Socket(InetAddress address,int port,InetAddress localAddr,int localPort)；

Socket(String host,int port)；

Socket(String host,int port,InetAddress localAddr,int localPort)。

上述四个构造方法中的参数说明如下。

address：主机地址。

Host：主机地址。

localAddress：本地地址。

localPort：本地端口。

port: 主机监听端口。

上述重载的构造方法类似，用法稍有区别。例如通过第一个构造方法，客户端可以以指定的网络地址 InetAddress 和端口号 port，创建一个 Socket 连接，并向服务器端发出连接请求；而第三个则需要通过服务器主机名称 host 来建立连接。

Socket 类中的其他一些常用的方法见表 11-5。

表 11-5　Socket 类中的一些常用方法

方法	说明
void close()	关闭 Socket
InetAddress getInetAddress()	获取当前连接的 Internet 地址
InputStream getInputStream()	获取该 Socket 的输入流
InetAddress getLocalAddress()	获取本地地址
int getLocalPort()	获取本地端口号
OutputStream getOutputStream()	获取该 Socket 的输出流
int getPort()	获取远地端口号
int getSoLinger()	获取连接关闭后的发送数据延迟时间
int getSoTimeout()	获取读数据时的最长等待时间
void setSoLinger(Boolean on,int linger)	设置连接关闭后的发送数据延迟时间
void setSoTimeout(int timeout)	设置读数据时的最长等待时间
void shutdownInput()	关闭输入流
void shutdownOutput()	关闭输出流

综上所述，要实现一个客户端程序，首先必须要知道服务器的地址与侦听端口，用已知的地址与端口来创建一个 Socket 对象，就可以与服务器进行通信了。例 11-4 是一个简单的客户端程序，与该客户端程序对应的服务器端程序将在 11.4.3 节中给出。

【例 11-4】 一个简单的客户端程序。

```
import java.net.Socket;
import java.net.InetAddress;
import java.io.DataOutputStream;
import java.io.DataInputStream;
import java.io.IOException;
public class ClientTest implements Runnable{
    Thread thread;
    public void run(){
        Socket socket;
        DataOutputStream outStream;
```

```
            DataInputStream inStream;
            try{
                //连接到本地机的 8888 端口
                Socket = new Socket("localhost",8888);
                outStream = new DataOutputStream (socket.getOutputStream());
                inStream = new DataInputStream (socket.getInputStream());
                InetAddress addr = socket.getInetAddress();
                System.out.println("连接到服务器 "+addr.getHostAddress());
                while (true){
                    //从服务器读取数据
                    String str = inStream.readUTF();
                    System.out.println("服务器端信息： " + str);
                    thread.sleep(1000);
                    str = String.valueOf(Integer.parseInt(str)+1);
                    //向服务器发送数据
                    outStream.writeUTF(str);
                }
            }catch (IOException e){
                System.out.println(e);
            }catch (InterruptedException e){
                System.out.println(e);
            }
        }
        void start (){
            thread = new Thread(this);
            //打开线程
            thread.start();
        }
        public static void main(String[] args){
            ClientTest app = new ClientTest();
            app.start();
        }
    }
```

例 11-4 需要与 11.4.3 ServerSocket 类的例 11-5 一起运行，所以暂时还不能看到该程序的运行结果。

11.4.3 ServerSocket 类

ServerSocket 类是套接字编程一个模块，用于运行在服务器端，是用来侦听所有来自指定端口的连接，并为每一个新的连接创建一个 Socket 对象，完成后客户端与服务器端就可以进行通信了。ServerSocket 类的构造方法有以下几个。

ServerSocket(int port)；

ServerSocket(int port,int backlog)；

ServerSocket(int port,int backlog,InetAddress bindAddr)。

上述构造方法中的参数的涵义说明如下。

port：服务器侦听的端口号。

backlog：最大的连接数。

bindAddr：服务器所绑定的地址。

在表 11-6 中列出了 ServerSocket 类中的一些常用方法。

表 11-6 ServerSocket 类中的一些常用方法

方法	说明
Socket accept( )	接收该连接并返回该连接的 socket 对象
void close( )	关闭此服务器 Socket
InetAddress getInetAddress( )	获取该服务器 Socket 所绑定的地址
int getLocalPort( )	获取该服务器 Socket 所侦听的端口号
int getSoTimeout( )	设置连接的超时数
void setSoTimeout（int timeout）	获取该连接的超时数

例 11-5 是关于 ServerSocket 类运用的一个简单的服务器程序，该程序从客户端接受一个数字然后将该数字加一后返回给客户端。

【例 11-5】 一个简单的服务器程序。

```
import java.net.ServerSocket;
import java.net.Socket;
import java.net.InetAddress;
import java.io.IOException;
import java.io.DataInputStream;
import java.io.DataOutputStream;
public class ServerTest implements Runnable{
    Thread thread;
    public void run( ){
        try{
            String str;
            //创建服务器 Socket 并侦听端口 8888
            ServerSocket serverSocket = new ServerSocket (8888);
            //接收客户端的连接
            Socket socket = serverSocket.accept( );
            DataInputStream inStream = new DataInputStream(socket.getInputStream( ));
            DataOutputStream outStream = new DataOutputStream(socket.getOutputStream( ));
            InetAddress addr = socket.getInetAddress( );
            System.out.println("接收到来自 " + addr.getHostAddress( ) + " 的连接");
            //发送响应信息
            outStream.writeUTF("1");
            while (true){
                //接收客户端的信息
                str = inStream.readUTF( );
                System.out.println("客户端信息： " + str);
```

```
                    str = String.valueOf(Integer.parseInt(str) + 1);
                    //向客户端发送信息
                    outStream.writeUTF(str);
                }
            }catch (IOException e){
                System.out.println(e);
            }
        }void start (){
            thread=new Thread (this);
            //线程开始
            thread.start( );
        }
        public static void main(String[ ] args){
            ServerTest app = new ServerTest( );
            app.start( );
        }
}
```

例 11-5 与例 11-4 综合起来的运行结果如图 11-5 和图 11-6 所示。

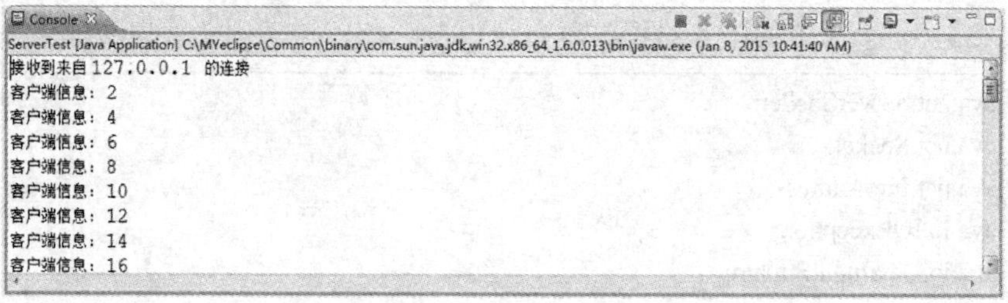

```
Console
ServerTest [Java Application] C:\MYeclipse\Common\binary\com.sun.java.jdk.win32.x86_64_1.6.0.013\bin\javaw.exe (Jan 8, 2015 10:41:40 AM)
接收到来自 127.0.0.1 的连接
客户端信息: 2
客户端信息: 4
客户端信息: 6
客户端信息: 8
客户端信息: 10
客户端信息: 12
客户端信息: 14
客户端信息: 16
```

图 11-5 Socket 类的使用案例效果图

```
Console
ClientTest [Java Application] C:\MYeclipse\Common\binary\com.sun.java.jdk.win32.x86_64_1.6.0.013\bin\javaw.exe (Jan 8, 2015 10:32:48 AM)
连接到服务器 127.0.0.1
服务器端信息: 1
服务器端信息: 3
服务器端信息: 5
服务器端信息: 7
服务器端信息: 9
服务器端信息: 11
服务器端信息: 13
服务器端信息: 15
服务器端信息: 17
服务器端信息: 19
```

图 11-6 ServerSocket 类的使用案例效果图

为了演示网络客户服务器端交互，下面创建一个类似于腾讯 QQ 的聊天程序，通过 Socket 类与 Server Socket 类的交互，来便于读者对于 Socket 类与 Server Socket 类的编程有更好的理解。首先需要定义服务器端程序（见例 11-6）。

【例 11-6】 一个类似腾讯 QQ 的服务器端程序 ServerDemo.java。

```
import java.net.*;
import java.io.*;
```

```
public class ServerDemo {
    public static void main(String[ ] args) throws IOException {
        //声明写到客户端的字符串变量
        String toClient;
        //声明客户端的文件写出类
        PrintWriter clientPrintWriter = null;
        //声明客户端的文件读入类
        BufferedReader clientBufferedReader = null;
        //与客户端通话的状态
        boolean runable = true;
        //创建 SeverSocket 的服务接口
        ServerSocket serverSocket = null;
        try {
            serverSocket = new ServerSocket(1234);   //使该接口应用端口 1234
        } catch (IOException e) {
            System.err.println("不能创建 1234 端口");
            e.printStackTrace( );
            System.exit(0);
        }
        //创建 Socket 的客户接口，当有客户端的程序访问该服务接口时激活该类
        Socket clientSocket = null;
        try {
            //通过 accept( )方法使服务器与客户端的 Socket 接口建立联系
            clientSocket = serverSocket.accept( );
        } catch (IOException e) {
            System.err.println("访问端口失败");
            e.printStackTrace( );
            System.exit(1);
        }
        //取得客户端的 Socket 接口的写出类
        clientPrintWriter = new PrintWriter(clientSocket.getOutputStream( ), true);
        //取得客户端的 Socket 接口的读入类
        clientBufferedReader = new BufferedReader(new InputStreamReader(clientSocket.getInputStream( )));
        //通过键盘输入器建立另一个文件读入器
        BufferedReader keyBufferedReader = new BufferedReader(new InputStreamReader(System.in));
        //当有客户端的程序进入时显示欢迎信息
        toClient = "您好,欢迎您!";
        clientPrintWriter.println(toClient);
        //建立显示客户端信息的线程
        ReadClientThread readClientThread = new ReadClientThread(clientBufferedReader);
        //启动线程
        readClientThread.start( );
        //进入与客户端对话程序
        while (runable) {
            //向客户端写出服务端的键入信息
            toClient = keyBufferedReader.readLine( );
```

```
                clientPrintWriter.println(toClient);
                //如果服务端写入"Bye."，退出对话程序
                if (toClient.equals("bye."))
                    break;
                //获取线程的运行状态
                runable = readClientThread.runable;
            }
            readClientThread.fromClient = "欢迎下次再来.";
            //关闭线程
            readClientThread.runable = false;
            //关闭客户端的文件写出器
            clientPrintWriter.close( );
            //关闭客户端的文件读入器
            clientBufferedReader.close( );
            //关闭键盘的文件读入器
            keyBufferedReader.close( );
            //关闭客户端接口
            clientSocket.close( );
            //关闭服务端接口
            serverSocket.close( );
        }
}
//读取客户端信息的线程类
class ReadClientThread extends Thread {
    BufferedReader bufferedReader = null;
    String fromClient = "";
    boolean runable = true;
    public ReadClientThread(BufferedReader in) {
        this.bufferedReader = in;
    }
    public void run() {
        while(runable){
            //显示客户端的信息
            try {
                fromClient = bufferedReader.readLine( );
            } catch (Exception e) {
                runable = false;
            }
            //当客户端输入 Bye.时，服务端结束显示客户端信息与向客户端写入信息的两个循环
            if(fromClient.equals("bye.")) {
                System.out.print("客户端程序退出");
                //结束向客户写入信息循环
                runable = false;
                //结束显示客户端信息循环
                break;
            }
```

```
                System.out.println("客户端:" + fromClient);
            }
        }
}
```

然后，创建客户端程序（见例 11-7）。

【例 11-7】 一个类似腾讯 QQ 的客户端程序 ClientDemo.java。

```
import java.io.*;
import java.net.*;
public class ClientDemo{
    public static void main(String[ ] args) throws IOException {
        //声明服务器的 Socket 类
        Socket serverSocket = null;
        //声明服务端文件写出类
        PrintWriter printWriter = null;
        //声明服务端文件读入类
        BufferedReader serverBufferedReader = null;
        //创建与服务器通话的状态变量
        boolean runable = true;
        //声明写到服务端的信息变量
        String toServer;
        try {
            //通过 1234 端口使客户端接口与服务器接口联系
            serverSocket = new Socket("bemyfriend", 1234);
            //创建服务端接口的写出类
            printWriter = new PrintWriter(serverSocket.getOutputStream( ), true);
            //创建服务端接口的读入类
            serverBufferedReader = new BufferedReader(new InputStreamReader(serverSocket.
getInputStream( )));
        }catch (UnknownHostException e) {
            System.err.println("找不到服务器");
            e.printStackTrace( );
            System.exit(0);
        }catch (IOException e) {
            System.err.println("不能获得 Socket 的读入与写出器");
            e.printStackTrace( );
            System.exit(0);
        }
        //创建键盘文件读入类
        BufferedReader keyBufferedReader = new BufferedReader(new InputStreamReader(System.in));
        //向服务器输入信息
        printWriter.println("新的用户登录");
        //建立显示服务端信息的线程
        ReadServerThread readServerThread = new ReadServerThread(serverBufferedReader);
        //启动线程
        readServerThread.start( );
```

```
        //进入与服务器对话的循环
        while (runable) {
            toServer = keyBufferedReader.readLine( );
            //向服务器输出信息
            printWriter.println(toServer);
            //当输入的信息是"Bye."时,退出程序
            if (toServer.equals("Bye."))break;
            //获取线程的运行状态
            runable = readServerThread.runable;
        }
        readServerThread.fromServer = "欢迎下次再来.";
        readServerThread.runable = false;
        //关闭服务端的文件写出类
        printWriter.close( );
        //关闭服务端的文件读入类
        serverBufferedReader.close( );
        //关闭键盘文件读入类
        keyBufferedReader.close( );
        serverSocket.close( );
    }
}
//读取服务端信息的线程
class ReadServerThread extends Thread {
    BufferedReader in = null;
    String fromServer = "";
    boolean runable = true;
    public ReadServerThread(BufferedReader in) {
        this.in = in;
    }
    public void run() {
        while (runable) {
            try {//显示来自服务器的信息
                fromServer = in.readLine( );
            } catch (Exception e) {
                runable = false;
            }
            //当服务端输入 Bye.时，结束对话程序
            if (fromServer.equals("Bye.")) {
                System.out.print("服务器程序退出");
                //结束向服务端写入信息循环
                runable = false;
                break;
            }
            System.out.println("服务器: " + fromServer);
        }
    }
```

```
}
```

在 Eclipse 中运行 ServerDemo 类文件，运行结果如图 11-7 所示。

```
问题 @ Javadoc 声明 搜索 控制台 调用层次结构
ServerDemo [Java 应用程序] C:\B_Work\JavaDev\eclipse-jee-kepler-sr1-win32_cn\jdk1.8.0_211\bin\javaw
创建端口1234成功
```

图 11-7　由 Socket 类与 Server Socket 类创建的聊天程序的效果图（1）

在 Eclipse 中运行 ClientDemo 类文件，运行结果如图 11-8 所示。

```
问题 @ Javadoc 声明 搜索 控制台 调用层次结构
ClientDemo [Java 应用程序] C:\B_Work\JavaDev\eclipse-jee-kepler-sr1-win32_cn\jdk1.8.0_211\bin\javaw.exe
服务器: 您好,欢迎您!
```

图 11-8　由 Socket 类与 Server Socket 类创建的聊天程序的效果图（2）

在客户端输入“您好，请问在哪所学校就读？”，按回车键结束，运行结果如图 11-9 所示。

```
问题 @ Javadoc 声明 搜索 控制台 调用层次结构
ClientDemo [Java 应用程序] C:\B_Work\JavaDev\eclipse-jee-kepler-sr1-win32_cn\jdk1.8.0_211\bin\javaw.exe
服务器: 您好,欢迎您!
您好，请问在哪所学校就读?
```

图 11-9　由 Socket 类与 Server Socket 类创建的聊天程序的效果图（3）

在服务器端显示的信息如图 11-10 所示。

```
问题 @ Javadoc 声明 搜索 控制台 调用层次结构
ServerDemo [Java 应用程序] C:\B_Work\JavaDev\eclipse-jee-kepler-sr1-win32_cn\jdk1.8.0_211\bin\javaw
创建端口1234成功
客户端:新的用户登陆
客户端:请问在哪所学校就读?
```

图 11-10　由 Socket 类与 Server Socket 类创建的聊天程序的效果图（4）

在服务器端输入“我在北京理工大学珠海学院，你呢？”，按回车键结束，运行结果如图 11-11 所示。

```
问题 @ Javadoc 声明 搜索 控制台 调用层次结构
ServerDemo [Java 应用程序] C:\B_Work\JavaDev\eclipse-jee-kepler-sr1-win32_cn\jdk1.8.0_211\bin\javaw.
创建端口1234成功
客户端:新的用户登陆
客户端:请问在哪所学校就读?
我在北京理工大学珠海学院，你呢?
```

图 11-11　由 Socket 类与 Server Socket 类创建的聊天程序的效果图（5）

在客户端显示的信息如图 11-12 所示。

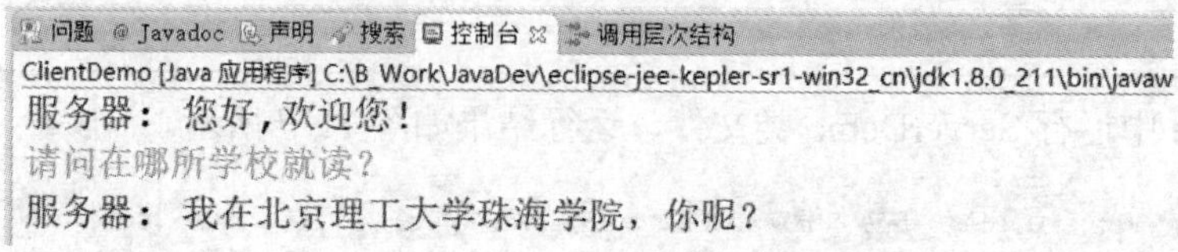

```
问题 @ Javadoc 声明 搜索 控制台 调用层次结构
ClientDemo [Java 应用程序] C:\B_Work\JavaDev\eclipse-jee-kepler-sr1-win32_cn\jdk1.8.0_211\bin\javaw
服务器： 您好,欢迎您!
请问在哪所学校就读?
服务器： 我在北京理工大学珠海学院，你呢?
```

图 11-12　由 Socket 类与 Server Socket 类创建的聊天程序的效果图（6）

在客户端输入“Bye.”，按回车键退出程序，运行结果如图 11-13 所示。

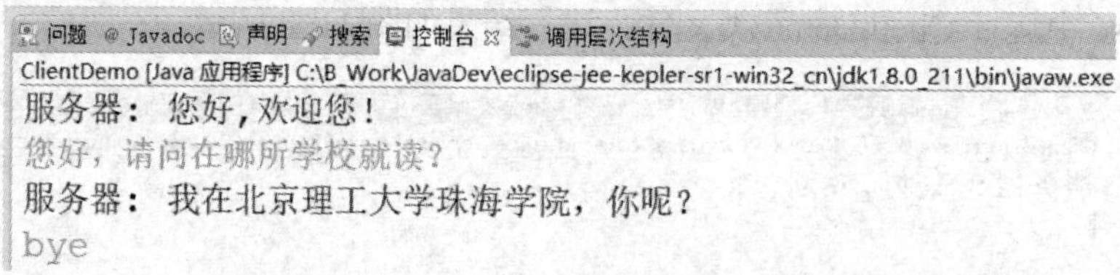

```
问题 @ Javadoc 声明 搜索 控制台 调用层次结构
ClientDemo [Java 应用程序] C:\B_Work\JavaDev\eclipse-jee-kepler-sr1-win32_cn\jdk1.8.0_211\bin\javaw.exe
服务器： 您好,欢迎您!
您好，请问在哪所学校就读?
服务器： 我在北京理工大学珠海学院，你呢?
bye
```

图 11-13　由 Socket 类与 Server Socket 类创建的聊天程序的效果图（7）

服务器端最终的运行结果如 11-14 所示。

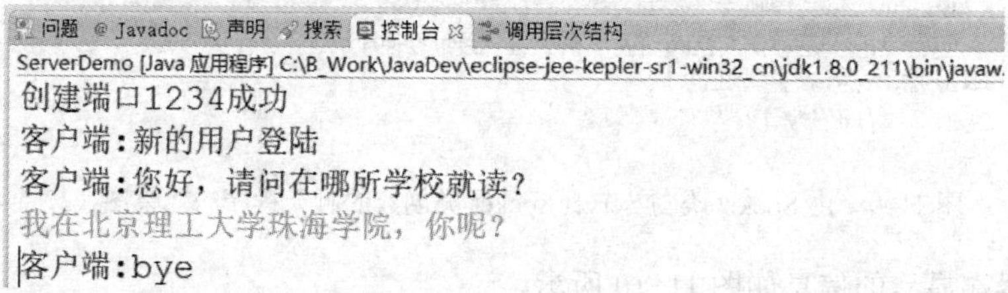

```
问题 @ Javadoc 声明 搜索 控制台 调用层次结构
ServerDemo [Java 应用程序] C:\B_Work\JavaDev\eclipse-jee-kepler-sr1-win32_cn\jdk1.8.0_211\bin\javaw.
创建端口1234成功
客户端:新的用户登陆
客户端:您好，请问在哪所学校就读?
我在北京理工大学珠海学院，你呢?
客户端:bye
```

图 11-14　由 Socket 类与 Server Socket 类创建的聊天程序的效果图（8）

总结

本章介绍了网络基础知识，网络编程主要的 API，介绍了两种基本的网络编程知识，如 URL 编程和套接字编程，在套接字编程中详细介绍了 Socket 与 ServerSocket 客户端和服务器端编程等方面的知识。在每一个知识点都给出了适当的案例来帮助读者理解相关的理论知识。

通过对本章的学习，读者可以了解到 Java 在 Internet 方面具有广泛而且重要的应用，读者应当具备可以编写比较完善的 Java 网络程序的能力。

参 考 文 献

[1] 庞永庆，翟鹏. Java 完全自学宝典. 北京：清华大学出版社，2008.
[2] 王建新. Java 程序设计. 北京：中国铁道出版社，2008.
[3] 刘万军，梁清华，王松波，等. Java 程序设计实践教程. 北京：清华大学出版社，2006.
[4] SIERRA K. Sun 认证 Java 程序员考试专业指导书 SCJP 考试指南. 张思宇，等译. 北京：电子工业出版社，2009.
[5] 张利国，刘伟. Java SE 应用程序设计. 北京：北京科海电子出版社，2008.
[6] 辛运帏，饶一梅. Java 语言程序设计. 北京：人民邮电出版社，2009.
[7] 北大青鸟信息技术有限公司. Java 面向对象程序设计. 北京：北大青鸟信息技术有限公司，2005.
[8] ECKEL B. Thinking in Java. 4th ed. Upper Saddle River, New Jersey: Prentice Hall，2008.
[9] 赵卓君. Java 程序设计基础教程. 北京：北京交通大学出版社，2010.
[10] 赵卓君. Java 程序设计高级教程. 北京：北京交通大学出版社，2011.
[11] 肖磊，李钟尉. Java 实用教程. 北京：人民邮电出版社，2010.